高职高专系列教材

TIAOSU XITONG YU WEIHU

调速系统与维护

王瑾 主编

中国石化出版社

内 容 提 要

本书以直流调速技术及其应用为核心,详细介绍了直流调速系统基础知识,包括单闭环直流调速系统、双闭环直流调速系统、可逆直流调速系统及计算机控制的直流调速系统,交流调速部分简单介绍了交流调压调速和变频调速的工作原理。另外,通过介绍常用直流调速系统实训设备的结构原理,详细论述了直流调速系统的调试与维护,其中包括主电路调试和维护、电源电路调试和维护、触发电路调试与维护、保护电路调试与维护、隔离电路调试与维护、反馈电路调试与维护、调节电路调试与维护及系统调试与维护等内容。

本书可供高职、高专和成人高校(包括电大、职大)电气工程及其自动化专业学生使用,也适用于一般工科高等院校非自控各相关类专业学生,并可供有关工程技术人员参考。

图书在版编目(CIP)数据

调速系统与维护 / 王瑾主编. —北京:中国石化出版社,2015.2

高职高专系列教材

ISBN 978-7-5114-3137-0

Ⅰ. ①调… Ⅱ. ①王… Ⅲ. ①直流调速 – 维修 – 高等职业教育 – 教材 Ⅳ. ①TM921.507

中国版本图书馆 CIP 数据核字(2014)第 039628 号

未经本社书面授权,本书任何部分不得被复制、抄袭,或者以任何形式或任何方式传播。版权所有,侵权必究。

中国石化出版社出版发行
地址:北京市东城区安定门外大街58号
邮编:100011 电话:(010)84271850
读者服务部电话:(010)84289974
http://www.sinopec-press.com
E-mail:press@sinopec.com
北京富泰印刷有限责任公司印刷
全国各地新华书店经销

*

787×1092 毫米 16 开本 15.75 印张 293 千字
2015 年 2 月第 1 版 2015 年 2 月第 1 次印刷
定价:40.00 元

前言
Preface

《调速系统与维护》课程是电气类专业的核心课程之一。该课程涉及自动控制原理、电力电子、模拟电子、数字电子、计算机控制和电机学等知识。通过对该课程的学习,学生应具备电力拖动控制系统设计、调试和维护的能力,并能针对不同的控制对象,根据性能指标要求,选择合适的控制规律、系统结构和单元部件。

《调速系统与维护》作为电气工程及其自动化专业一门难度较大的主干课程,其教学改革一直受到广泛重视。该课程的特点是知识覆盖面广,调速技术的更新发展较快,综合性、实践性强。针对这些特点,作为电气自动化专业的教师,尤其针对高职高专学校,理论课时少,基础知识薄弱的情况,必须对这门课程的教学方法进行深入的探讨,提出适应高职教育的教学方法,在有效的时间里,使学生掌握更多知识,并对其实践方案进行了研究实践。

本书以直流调速系统为主,交流调速系统为辅,在介绍各种常用直流调速系统的基本原理后,针对典型实训设备,综合介绍实际调速系统的工作原理,以及维护经验,以国家职业技能标准技师为基础,按照预备技师可持续发展需求和高技能人才培养特点,将职业岗位群的工作技能要求转化为院校的专业培养教学项目。以校企合作开放性办学模式取代传统封闭式办学模式,以任务引领型的一体化情境教学方式取代传统的理论与实训分离的课题教学方式,构建将社会终结性考核转变为过程化评价的现代技工教育课程体系。

本书立足高职高专教育人才培养目标,遵循主动适应社会发展需要、注重实际、强调应用。教材以直流调速技术及其应用为核心,先安排了第一篇:直流调速系统基础知识的讲授,包括单闭环直流调速系统、双闭环直流调速系统、可逆直流调速系统及计算机控制的直流调速系统,交流调速部分简单介绍了交流调压调速和变频调速的工作原理。这部分内容包含了许多自动控制理论的知识，使学生建立自动控制的概念，同时了解调速系统的性能指标和设计过程。

第二篇通过介绍常用直流调速系统实训设备的结构原理，使学生逐步掌握调速系统的调试与维护，其中包括：主电路调试与维护、电源电路调试与维护、触发电路调试与维护、保护电路调试与维护、隔离电路调试与维护、反馈电路调试与维护、调节电路调试与维护及系统调试与维护。内容详尽，使学生通过学习，起到举一反三的效果，对交流调速系统的设计也具有一定基本知识。教学过程对照相应实训设备，激发学生学习积极性。

本书的第一~七章由王瑾编写；第四章、第十章、第十一章、第十二章由李泉编写；第十三章、第十四章由李长速编写；第八章、第九章由郭彬编写，全书由王瑾统稿。马应魁教授在教材编写过程中给予了很多意见与帮助，在此一并表示感谢。本书在编写过程中参阅了部分兄弟院校的教材及国内外文献资料，在此，对原作者表示深深的敬意和衷心的感谢。

由于编者水平有限和编写时间比较仓促，书中疏漏和不妥之处，敬请读者批评指正。

目录 CONTENTS

第一篇 交直流调速系统

第一章 单闭环直流调速系统 / 3
第一节 直流调速系统的基本概念 / 3
第二节 转速负反馈有静差直流调速系统 / 7
第三节 转速负反馈无静差直流调速系统 / 20
第四节 具有电压负反馈和电流正反馈的直流调速系统 / 24

第二章 多环调速系统 / 36
第一节 转速、电流双闭环调速系统 / 36
第二节 转速超调的抑制——转速微分负反馈 / 44
第三节 调节器的工程设计方法 / 46

第三章 可逆调速系统 / 56
第一节 晶闸管-直流电动机可逆调速系统 / 56

第二节 有环流可逆调速系统 / 63
第三节 无环流可逆调速系统 / 64
第四节 直流脉宽调制（PWM）调速系统 / 70

第四章 计算机控制的直流调速系统 / 82
第一节 计算机数字控制的主要特点 / 82
第二节 计算机数字控制双闭环直流调速系统的硬件和软件 / 86
第三节 数字测速、数字滤波与数字PI调节器 / 89

第五章 交流调压调速系统——一种转差功率消耗型调速系统 / 104
第一节 概述 / 105
第二节 交流异步电动机调压调速系统 / 107

目录 CONTENTS

第六章　交流异步电动机变频调速系统——一种转差功率不变型调速系统 / 115
第一节　变压变频调速的基本控制方式和机械特性 / 115
第二节　变频器的分类及特点 / 118
第三节　晶闸管变频调速系统 / 124
第四节　正弦波脉宽调制（SPWM）逆变器 / 131

第二篇　直流调速系统调试与维护

第七章　主电路调试与维护 / 137
第一节　主电路调试 / 138
第二节　主电路维护 / 145

第八章　电源电路调试 / 148
第一节　电源电路的调试 / 149
第二节　电源电路的维护 / 153

第九章　触发电路的调试与维护 / 156
第一节　触发电路的调试 / 157
第二节　触发电路维护 / 169

第十章　保护电路调试与维护 / 173
第一节　保护电路调试 / 174
第二节　保护电路维护 / 183

第十一章　隔离电路调试与维护 / 187
第一节　隔离电路调试 / 188
第二节　隔离电路维护 / 195

第十二章　反馈电路调试与维护 / 200
第一节　反馈电路调试 / 201

第十三章　调节电路原理和调试维护 / 218
第一节　调节电路简介 / 218
第二节　调节电路的维护 / 231

第十四章　直流调速系统调试与维护 / 233

参考文献 / 245

第一篇　交直流调速系统

第一篇　文化政策與考核

第一章　单闭环直流调速系统

本章概述了单闭环直流调速系统的基本概念，介绍了转速负反馈有静差、无静差直流调速系统的组成、工作原理、稳态参数计算和系统的动静态特性，并叙述了限流保护——电流截止负反馈的工作原理，同时也阐述了其他反馈形式在调速系统中的应用。

第一节　直流调速系统的基本概念

一、直流电动机的调速方法

直流电动机具有良好的启、制动性能，适宜于在宽范围内调速，在轧钢机、矿井卷扬机、挖掘机、海洋钻机、大型起重机、金属切削机床、造纸机等电力拖动领域中得到了广泛应用。近年来，交流调速系统（尤其是变频器技术的迅速发展）大有取代直流调速系统的趋势，而直流调速系统在理论和实践上都比较成熟，并且从反馈闭环控制的角度来看，它又是交流调速系统的理论基础。因此首先应该掌握直流调速系统的控制过程。

他励直流电动机转速方程表达式为：

$$n = \frac{E}{C_e \Phi} = \frac{U_d - I_d R}{C_e \Phi} \tag{1-1}$$

式中　U_d——电枢电压；

I_d——电枢电流；

E——电枢电动势；

R——电枢回路总电阻；

n——转速，单位 r/min；

Φ——励磁磁通；

C_e——由电动机结构决定的电动势系数。

由他励直流电动机转速方程表达式可知，有三种人为改变参数的调速方式，即调节电枢电

压 U，减弱励磁磁通 $\varPhi$，改变电枢回路总电阻 R。

1. 调节电枢电压调速

从式（1-1）可知，当磁通 $\varPhi$ 和电阻 R 一定时，改变电枢电压 U，可以平滑地调节转速 n，机械特性将上下平移，如图 1-1 所示。由于受电动机绝缘性能的影响，电枢电压的变化只能向小于额定电压的方向变化，所以这种调速方式只能在电动机额定转速以下调速，其转速调节的下限受低速时运转不稳定的限制。因此，对于要求在一定范围内无级平滑调速的系统来说，以调节电枢电压方式为最好，调压调速是调速系统的主要调速方式。

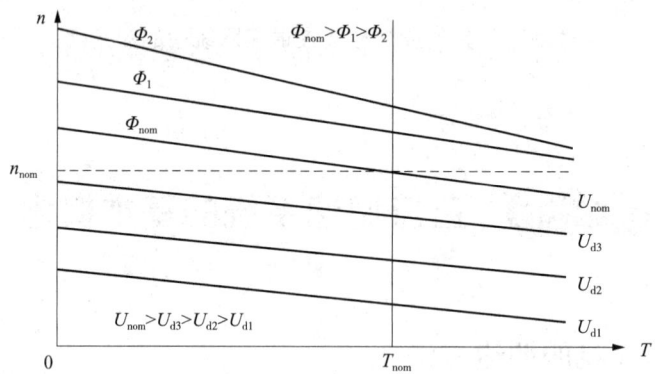

图 1-1　直流电动机机械特性

2. 减弱励磁磁通调速

从式（1-1）可知，当磁通 U 和电阻 R 一定时，减弱励磁磁通 $\varPhi$（即改变他励直流电动机的励磁电流，考虑到直流电动机额定运行下磁路系统已接近饱和，励磁电流只能减小），电动机转速将高于额定转速，其机械特性向上移动，如图 1-1 所示。

电动机最高转速受换向器和机械强度的限制，减弱励磁磁通调速范围不大。在实际生产中，往往只是配合调压方案，在额定转速以上作小范围的升速。这样调压与调磁相结合，可以扩大调速范围。

3. 改变电枢回路电阻调速

改变电枢回路电阻调速，一般是在电枢回路中串接附加电阻，损耗较大，且只能进行有级调速，电动机的机械特性较软，一般应用于少数小功率场合。工程上常用的主要是前两种调速方法。

二、直流调速系统的供电方式

采用调压调速必须有一个平滑可调的直流电枢电源。常用的可控直流电枢电源有以下三种。

①旋转变流机组：用交流电动机和直流发电机组成机组，以获得可调的直流电压。

②静止可控整流器：用静止的可控整流器，如晶闸管可控整流器，获得可调的直流电压。

③直流斩波器和脉宽调制变换器：用恒定直流电源或不可控整流电源供电，利用直流斩波器或脉宽调制变换器产生可变的平均电压。

1. 旋转变流机组

20 世纪 50 年代以前，工业生产中的直流调速系统，几乎全部采用旋转变流机组供电，如图 1-2 所示。由交流电动机（异步电动机或同步电动机）拖动直流发电机 G 实现变流，发电机给需要调速的直流电动机 M 供电。调节发电机的励磁电流 I_f 可改变其输出电压 U，从而调节直流电动机的转速 n。这样的调速系统简称 G-M 系统。如果改变 I_f 的方向，则 U 的极性和 n 的转向都跟着改变，所以 G-M 系统的可逆运行是很容易实现的。但为了供给直流发电机和电动机励磁电流，通常专门设置一台直流励磁发电机 GE。因此 G-M 系统设备多体积大、费用高、效率低、安装维护不便、运行噪声大。20 世纪 50 年代开始出现水银整流器，但水银污染环境，危害人身健康。

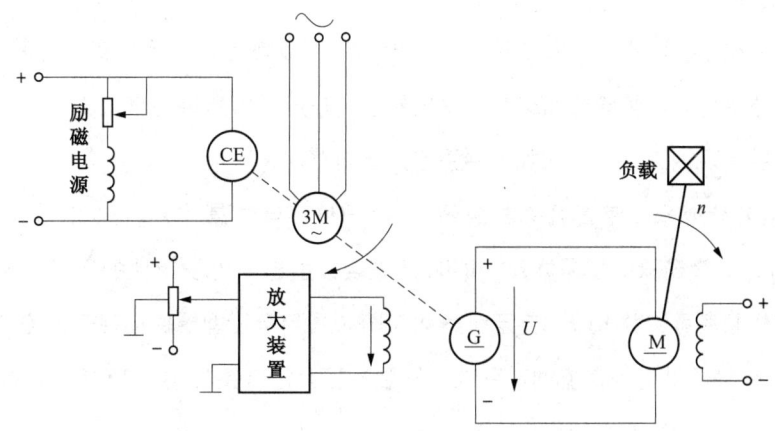

图 1-2 旋转变流机组供电的直流调速系统

2. 静止可控整流器

20 世纪 60 年代起，随着晶闸管的问世，晶闸管整流装置以其效率高、体积小、成本低、无噪声等优点获得广泛应用。其中，晶闸管可控整流器的功率放大倍数在 10^4 以上，其门极电流可以直接用晶体三极管来控制。在控制快速性方面，变流机组是秒级，而晶闸管整流器是毫秒级，这使得系统的动态性能大大提高。晶闸管-直流调速系统，简称 V-M 系统。最简单的 V-M 系统如图 1-3 所示。

晶闸管整流器也有缺点，如晶闸管承受过电压、过电流与 di/dt、du/dt 的能力较低，因此电路设有许多保护环节。当系统处于深调速状态时，晶闸管的导通角很小，使得系统的功率因

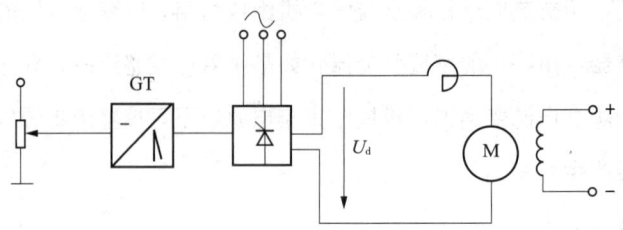

图 1-3 简单的 V-M 系统

数很低,并产生较大的谐波电流,引起电网电压畸变,殃及附近用电设备。若其设备容量在电网中所占比重较大,必须增设无功补偿和滤波装置。

必须说明,晶闸管元件的额定电流是用最大通态平均电流来度量的,电动机的转矩是和整流电流的平均值成正比的。而晶闸管元件和电动机的发热,却与整流电流有效值的平方值成正比。因此,当电流断续时,导通角小,同样的平均电流与其对应的有效值大得多,发热也严重得多。这一点在选择晶闸管元件、电机容量、整流电路形式、电抗器和导线截面时必须注意。

3. 直流斩波器

在铁路电力机车、城市电车和地铁电机等电力牵引设备上,常采用直流串励或复励电机,由恒压直流电源供电。晶闸管虽然也可用来控制直流电压,即所谓的直流斩波器,但作为开关元件的晶闸管要实现调速,需要附加一种强迫关断电路。

20 世纪 70 年代以来,随着可关断晶闸管(GTO)、电力晶体管(GTR)、电力场效应管(P-MOSFET)、绝缘栅双极型晶体管(IGBT)等全控型电力电子器件的迅速发展,由它们构成的斩波器工作频率可达数 KHz,甚至可达数 MHz,采用全控型器件实现开关控制时通常脉宽调制(PWM)变换器供电的直流调速系统。与晶闸管可控装置相比,PWM 系统具有开关频率高、低速运行稳定、动静态性能优良、效率高等一系列优点。

三、开环 V-M 系统的机械特性

电流连续时,晶闸管整流供电的直流电动机的机械特性方程式为:

$$n = \frac{U_{d0} - I_d R}{C_e \Phi} = \frac{1}{C_e \Phi} \left(\frac{m}{\pi} U_{sm} \sin \frac{\pi}{m} \cos\alpha - I_d R \right) = n_0 - \Delta n \qquad (1-2)$$

式中 U_{sm}——$\alpha=0$ 时整流线电压波形峰值;

m——交流电源在一周内整流电压波头数;

n_0——开环系统的理想空载转速;

Δn——开环系统的稳态速降。

由式（1-2）和图1-4可知，调节转速给定电压U_n^*，即改变了晶闸管触发电路的控制角α，从而调节了晶闸管装置的空载整流电压U_{d0}，也就调节了理想空载转速n_0若给定电压U_n^*与U_{d0}是线性关系，就可以根据工艺要求预先给定出所需的U_n^*值，以便确定所需的转速值，所以常常称U_n^*为转速给定值。由上式还可知，当电动机轴上加机械负载时，电枢回路就产生相应的电流I_d，此时即产生$\Delta n = I_d R/C_e \Phi$的

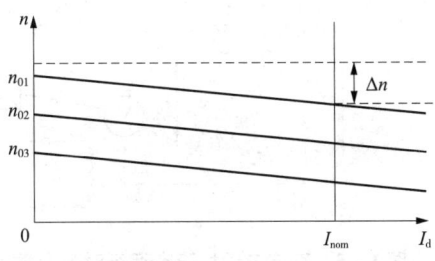

图1-4 开环系统的机械特性

转速降。Δn的大小反映了机械特性的硬度，Δn越小，硬度越大。显然，由于系统开环运行，Δn的大小完全取决于电枢回路电阻R及所加的负载大小。

另外，由于晶闸管整流装置的输出电压是脉动的，相应的负载电流也是脉动的。当电动机负载较轻或主回路电感量不足时，就造成了电流断续。这时，随着负载电流的减小，反电势急剧升高，使理想空载转速升高很多。

这样一来，不管是电流连续还是电流断续，开环V-M系统的机械特性仍然是很软的，一般不能满足对调速系统性能指标的要求，因此通常都需要设置反馈环节，以改善系统的机械特性。

第二节 转速负反馈有静差直流调速系统

一、系统的组成及静特性

在自动调速系统中，无论怎样调节，Δn都无法消除的系统，称为有静差系统。凡是通过适当调节可以使$\Delta n = 0$的系统，称为无静差系统。研究Δn的大小对生产机械具有十分重要的意义，因此在调速系统设计中，首先要设法减小Δn，甚至为零。根据反馈控制原理，要维持某一物理量基本不变，就应该引入该物理量的负反馈。因此可以引入被控量转速的负反馈，构成转速闭环控制系统。由于系统只有一个转速反馈环，故称为单闭环调速系统。

1. 系统的组成

为了分析的方便，对系统中的电压、电动势、电流均使用大写字母。在动态分析时就认为是瞬时值；在稳态分析时就认为是平均值。如图1-5所示，直流电动机有两个独立的电路，一个是电枢回路，另一个是励磁回路。直流电动机各物理量间的基本关系式是

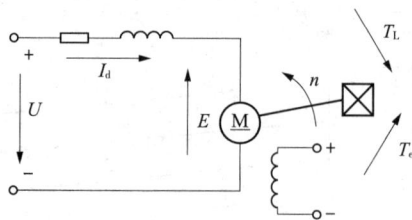

$$U = I_d R + L \frac{dI_d}{dt} + E$$

$$T_e = C_M \Phi I_d \quad (1-3)$$

$$T_e - T_L = \frac{GD^2}{375} \frac{dn}{dt}$$

$$E = C_e \Phi n$$

图1-5　直流电动机稳态运行时各参数之间的关系

式中　U、I_d——分别为电动机电枢瞬时电压、电流；

　　　T_e——电磁转矩；

　　　T_L——负载转矩；

　　　C_M——电动机额定励磁下的转矩电流比，N·m/A，$C_M = \frac{30}{\pi} C_e$；

　　　$C_e \Phi$——电动机额定励磁下的电动势转速比，V·min/r；

　　　GD^2——电力拖动运动部分折算到电动机轴上的飞轮惯量，N·m²。

　　　$GD^2/375$——转速惯量。

由式（1-3）可知，在平衡状态，电动机的电磁转矩 T_e 的大小主要取决于负载转矩 T_L，即电枢电流 I_d 的大小（即负载）。可见直流调速系统实质上是控制电动机转矩来完成的。当电动机负载转矩 T_L 发生变化时，直流电动机内部将会有转速自动调节过程以达到新的平衡。若以 T_L 增大为例说明其调节过程，如下所示：

$$T_L \uparrow \xrightarrow{T_e < T_L} n \downarrow \xrightarrow{E = C_e \Phi n} E \downarrow \xrightarrow{I_d = (U-E)/R} I_d \uparrow \xrightarrow{T_e = C_T I_d} T_e \uparrow \xrightarrow{\text{一直到}} T_e = T_L$$

由于系统的被控量是转速，在电动机轴上安装一台测速发电机 TG，从而引出与转速成正比的负反馈电压 U_{fn}，U_{fn} 与转速给定电压 U_n^* 比较后，得到偏差电压 ΔU_n，经放大器 A 放大后产生触发器 GT 的控制电压 U_{ct}，用以控制电动机的转速。这就组成了转速反馈控制的调速系统，其原理框图如图1-6所示。

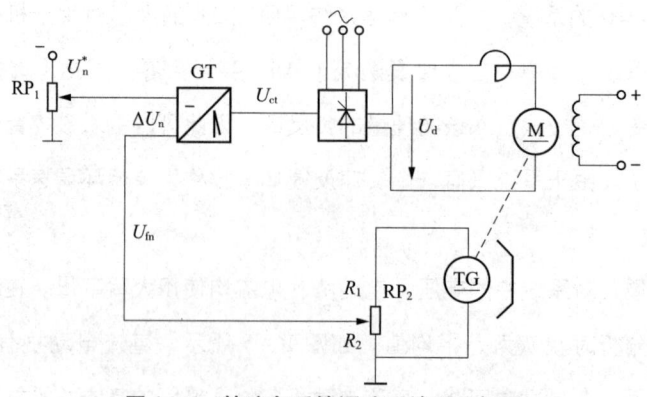

图1-6　转速负反馈调速系统原理框图

2. 系统的静特性

系统中各环节的稳态输入输出关系如下：

电压比较环节　　　　　　　　$\Delta U_n = U_n^* - U_{fn}$

放大器　　　　　　　　　　　$U_{ct} = K_p \Delta U_n$

晶闸管整流装置　　　　　　　$U_{d0} = K_s U_{ct}$

V－M 开环系统机械特性　　　$n = \dfrac{U_{d0} - I_d R}{C_e \phi}$

转速检测环节　　　　　　　　$U_{fn} = \alpha_2 C_{etg} n = \alpha n$

式中　K_p——放大器的电压放大倍数；

　　　K_s——晶闸管整流装置的放大倍数；

　　　α_2——反馈电位器分压比；

　　　C_{etg}——测速发电机额定磁通下的电动势转速比；

　　　$\alpha = \alpha_2 C_{etg}$——转速反馈系数，单位 V·min/r。

根据以上各环节的稳态输入输出关系，可画出转速负反馈单闭环调速系统的稳态结构图，如图 1－7 所示。图中各方块内的符号表示该环节的放大倍数，也称静态传递函数。

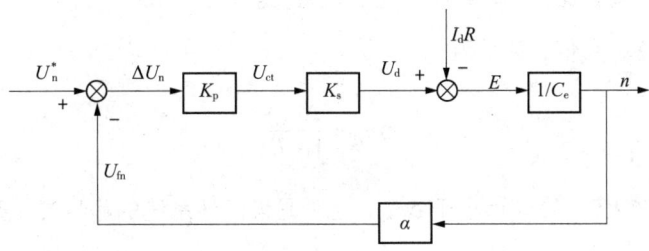

图 1－7　转速负反馈单闭环调速系统的稳态结构图

将结构图化简可得到闭环系统的静特性方程式

$$n = \dfrac{K_p K_s U_n^* - I_d R}{C_e \Phi (1 + K_p K_s \alpha / C_e \Phi)} = \dfrac{K_p K_s U_n^*}{C_e \Phi (1 + K)} - \dfrac{I_d R}{C_e \Phi (1 + K)} = n_{0cl} + \Delta n_{cl} \qquad (1-4)$$

式中　$K = K_p K_s \alpha / C_e \Phi$——闭环系统开环放大倍数；

　　　n_{0cl}、Δn_{cl}——分别为闭环系统的理想空载转速和稳态速降。

闭环调速系统的静特性表示闭环系统电动机转速与负载电流（转矩）的稳态关系，在形式上与开环机械特性相似，但在本质上二者有很大不同，一个是固有特性，另一个是调节的结果。

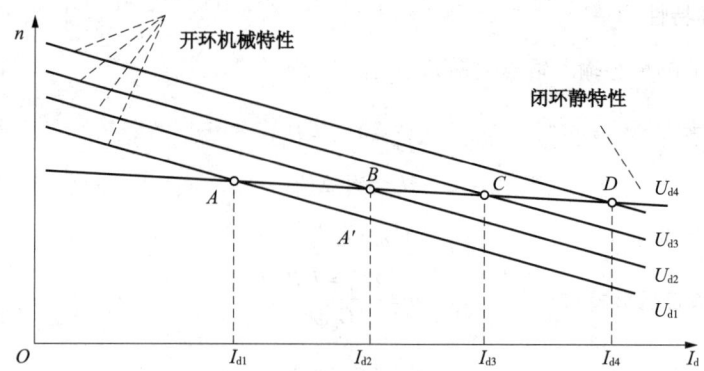

图 1-8 开环系统机械特性和闭环系统静特性的关系

二、闭环系统的静特性与开环系统机械特性的比较

将闭环系统的静特性与开环系统机械特性进行比较，就能清楚地看出闭环控制的优越性。如果断开转速反馈回路，则得到系统的开环机械特性为

$$n = \frac{U_d - I_d R}{C_e \Phi} = \frac{K_p K_s U_n^*}{C_e \Phi} - \frac{I_d R}{C_e \Phi} = n_{0\text{op}} + \Delta n_{\text{op}} \quad (1-5)$$

式中 $n_{0\text{op}}$ 和 Δn_{op} 分别为开环系统的理想空载转速和稳态速降。比较两式可以得出如下结论：

①闭环系统的静特性比开环系统机械特性硬得多。

在相同的负载下，它们的关系为

$$\Delta n_{\text{cl}} = \frac{\Delta n_{\text{op}}}{1+K} \quad (1-6)$$

显然，当 K 值较大时，Δn_{cl} 远小于 Δn_{op}，也就是说闭环系统的静特性比开环系统机械特性硬得多。

②闭环系统的静差率比开环系统的静差率小得多。

当 $n_{0\text{op}} = n_{0\text{cl}}$ 时，则有

$$S_{\text{cl}} = S_{\text{op}} / (1+K) \quad (1-7)$$

③当要求的静差率一定时，闭环系统的调速范围可以大大提高。

$$D_{\text{cl}} = (1+K) D_{\text{op}} \quad (1-8)$$

④闭环系统必须设置放大器。

由以上分析可以看出，上述三条优越性是建立在 K 值足够大的基础上。由系统的开环放大倍数 $K = K_p K_s \alpha / C_e \Phi$ 可以看出，若要增大 K 值，只能增大 K_p 和 α 值，因此必须设置放大器。在开环系统中，U_n^* 直接作为 U_{ct} 来控制，因而不用设置放大器，而在闭环系统中，引入转速负反

馈电压 U_{fn} 后,若要减小 Δn_{cl},$\Delta U_n = U_n^* - U_{fn}$ 就必须压得很低,所以必须设置放大器,才能获得足够的控制电压 U_{ct}。

综上所述,可得出这样的结论:闭环系统可以获得比开环系统硬得多的静特性,且闭环系统的开环放大倍数越大,静特性就越硬,在保证一定静差率要求下,其调速范围也大,但必须增设转速检测与反馈环节和放大器。

然而,在 V-M 系统中,Δn 的大小完全取决于电枢回路电阻 R 及所加的负载大小。闭环系统能减小稳态速降,但不能减小电阻。那么降低稳态速降的实质是什么呢?

在闭环系统中,当电动机的转速 n 由于某种原因(如机械负载转矩的增加)而下降时,系统将同时存在两个调节过程,一个是电动机内部的自动调节过程;另一个则是由于转速负反馈环节作用而使控制电路产生相应变化的自动调节过程,如下所示:

$$T_L\uparrow \longrightarrow n\downarrow \begin{cases} \longrightarrow E\downarrow \longrightarrow I_d\uparrow \longrightarrow T_e\uparrow \\ \longrightarrow U_n\downarrow \longrightarrow \Delta U_n\uparrow \longrightarrow U_{ct}\uparrow \longrightarrow U_{d0}\uparrow \longrightarrow I_d\uparrow \longrightarrow T_e\uparrow \longrightarrow n\uparrow \end{cases}$$

由上述调节过程可以看出,电动机内部的调节,主要是通过电动机反电动势 E 下降,使电流增加;而转速负反馈环节,则主要通过反馈闭环控制系统被控量的偏差进行控制的。通过转速负反馈电压 U_n 下降,使偏差电压 ΔU_n 增加,经过放大后 U_{ct} 增大,整流装置输出的电压 U_{d0} 上升,电枢电流增加,从而电磁转矩增加,转速回升。直至 $T_L = T_e$,调节过程才结束。可以看出,闭环调速系统系统可以大大减小转速降落。

例 1-1 龙门刨床工作台采用 Z_2-93 型直流电动机:$P_{nom} = 60\text{kW}$、$U_{nom} = 220\text{V}$、$I_{nom} = 305\text{A}$、$n_{nom} = 1000\text{r/min}$、$R_a = 0.05\Omega$、$K_s = 30$,晶闸管整流器的内阻 $R_{rec} = 0.13\Omega$,要求 $D = 20$,$s \leq 5\%$,问若采用开环 V-M 系统能否满足要求?若采用 $\alpha = 0.015\text{V}\cdot\text{min/r}$ 的转速负反馈闭环系统,放大器的放大倍数为多大时才能满足要求?

解:开环系统在额定负载下的转速降落为 $\Delta n_{nom} = \dfrac{I_{nom}R_a}{C_e\Phi}$

$C_e\Phi$ 可由电动机铭牌数据求出:

$$C_e\Phi = \frac{U_{nom} - I_{nom}R_a}{n_{nom}} = \frac{220 - 305 \times 0.05}{1000} = 0.2\text{V}\cdot\text{min/r}$$

所以

$$\Delta n_{nom} = \frac{I_{nom}R_\Sigma}{C_e\Phi} = \frac{305 \times (0.05 + 0.13)}{0.2} = 275\text{r/min}$$

高速时静差率

$$s_1 = \frac{\Delta n_{nom}}{n_{nom} + \Delta n_{nom}} = \frac{275}{1000 + 275} = 0.216 = 21.6\%$$

最低转速为

$$n_{min} = \frac{n_{nom}}{D} = \frac{1000}{20} = 50\text{r/min}$$

此时的静差率 $$s_2 = \frac{\Delta n_{\text{nom}}}{n_{\min} + \Delta n_{\text{nom}}} = \frac{275}{50+275} = 0.85 = 85\%$$

由以上计算可以看出，低速时的 s_2 远大于高速时的 s_1，而且二者均不能满足小于 5% 的要求，如果要满足 $D=20$，$s \leqslant 5\%$ 的要求，Δn_{nom} 应该是多少呢？

$$\Delta n_{\text{nom}} = \frac{n_{\text{nom}} s}{D(1-s)} = \frac{1000 \times 0.05}{20 \times (1-0.05)} = 2.63 \text{r/min}$$

很明显，只有把额定稳态速降从开环系统的 $\Delta n_{\text{op}} = 275 \text{r/min}$ 降低到 $\Delta n_{\text{cl}} = 2.63 \text{r/min}$ 以下，才能满足要求。若采用 $\alpha = 0.015 \text{V} \cdot \text{min/r}$ 转速负反馈闭环系统，放大器的放大倍数

$$K = \frac{\Delta n_{\text{op}}}{\Delta n_{\text{cl}}} - 1 = \frac{275}{2.63} - 1 = 103.6$$

$$K_{\text{p}} = \frac{K}{K_{\text{s}} \alpha / C_{\text{e}}} = \frac{103.6}{30 \times 0.015 / 0.2} = 46$$

可见只要放大器的放大倍数大于或等于 46，转速负反馈闭环系统就能满足要求。

三、反馈控制规律

转速闭环调速系统是一种基本的反馈控制系统，它具有以下四个基本特征，也就是反馈控制的基本规律。

1. 有静差

采用比例放大器的反馈控制系统是有静差的。从前面对静特性的分析中可以看出，闭环系统的稳态速降为

$$\Delta n_{\text{cl}} = \frac{RI_{\text{d}}}{C_{\text{e}} \Phi (1+K)} \tag{1-9}$$

只有当 $K \to \infty$ 时才能使 $\Delta n_{\text{cl}} = 0$（即实现无静差）。但实际上不可能获得无穷大的 K 值，况且过大的 K 值将导致系统不稳定。

从控制作用上看，放大器输出的控制电压 U_{ct} 与转速偏差 ΔU_{n} 成正比，如果实现无静差（$\Delta n_{\text{cl}} = 0$），则转速偏差 $\Delta U_{\text{n}} = 0$，$U_{\text{ct}} = 0$，控制系统就不能产生控制作用，系统将停止工作。所以这种系统是以偏差存在为前提的，反馈环节只是检测偏差，减小偏差，而不能消除偏差，因此它是有静差系统。

2. 被调量紧随给定量变化

在转速负反馈调速系统中，改变给定电压 U_{n}^*，转速就随之跟着变化。因此，对于反馈控制系统，被调量总是紧紧跟随着给定信号变化。

3. 闭环系统对包围在反馈环内的一切主通道上的扰动都有抑制能力

当给定电压 U_n^* 不变时,把引起被调量转速发生变化的所有因素称为扰动。前面讨论的引起稳态速降的负载变化称为主扰动。实际上,引起转速变化的因素还有很多,如交流电源电压波动,电动机励磁电流变化,温度变化引起的零点漂移造成放大器放大倍数的变化,由温度变化引起的主电路电阻的变化等,如图 1-9 所示。这些扰动最终都要影响被调量转速的变化,而且都会被检测环节检测出来,通过反馈控制作用减小它们对转速的影响。

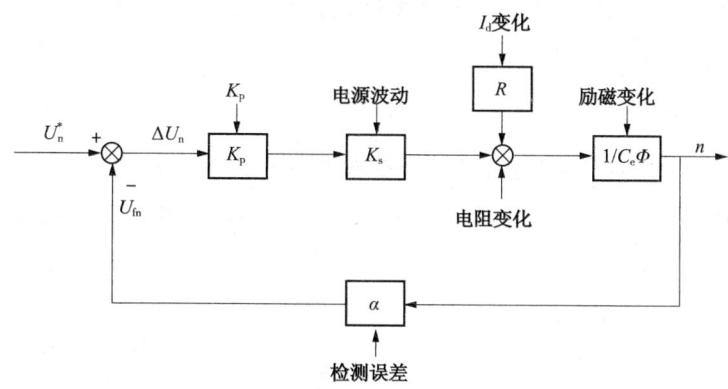

图 1-9 引起转速变化的因素

抗扰性能是反馈控制系统最突出的特征。根据这一特征,在设计系统时,一般只考虑主扰动,如在调速系统中只考虑负载扰动,按照抑制负载扰动的要求进行设计,则其他扰动的影响就必然会受到抑制。

4. 反馈控制系统对于给定电源和检测装置中的扰动是无法抑制的

由于被调量转速紧随给定电压变化,当给定电源发生不应有的波动,转速也随之变化。反馈控制系统无法鉴别是正常的调节还是不应有的波动,因此高精度的调速系统需要更高精度的稳压电源。

另外,反馈控制系统也无法抑制由于反馈检测环节本身的误差引起被调量的偏差。如测速发电机的励磁发生变化,则转速反馈电压 U_{fn} 必然改变,通过系统的反馈调节,反而使转速离开了原应保持的数值。此外,测速发电机输出电压中的纹波,由于制造和安装不良造成转子和定子间的偏心等,都会给系统带来周期性的干扰。为此,高精度的调速系统还必须有高精度的反馈检测元件作保证。

四、系统的稳态参数计算

设计有静差调速系统,首先必须进行系统静特性参数计算,以确定系统的构成,即围绕着如何满足稳态指标——调速范围 D 和静差率 s 进行,并通过动态校正使系统满足要求。下面以一个具体的直流调速系统说明系统稳态参数计算。

例 1-2 如图 1-10 所示的直流调速系统,根据下面给定的技术数据,对系统进行静态参数计算。已知数据如下:

(1) 电动机 额定数据为 $P_{nom}=10kW$、$U_{nom}=220V$、$I_{nom}=55A$、$n_{nom}=1000r/min$、电枢电阻 $R_a=0.05\Omega$。

(2) 晶闸管装置 三相全控桥式整流电路,整流变压器 Y/Y 连接,二次线电压 $U_{2l}=230V$,触发整流装置的放大倍数 $K_s=44$。

(3) KZ-D 系统 主回路总电阻 $R=1.0\Omega$。

测速发电机:ZYS231/110 型永磁式直流测速发电机,额定数据为 $P_{nom}=23.1W$、$U_{nom}=110V$、$I_{nom}=0.21A$、$n_{nom}=1900r/min$。生产机械:要求调速范围 $D=10$,静差率 $s\leq5\%$。

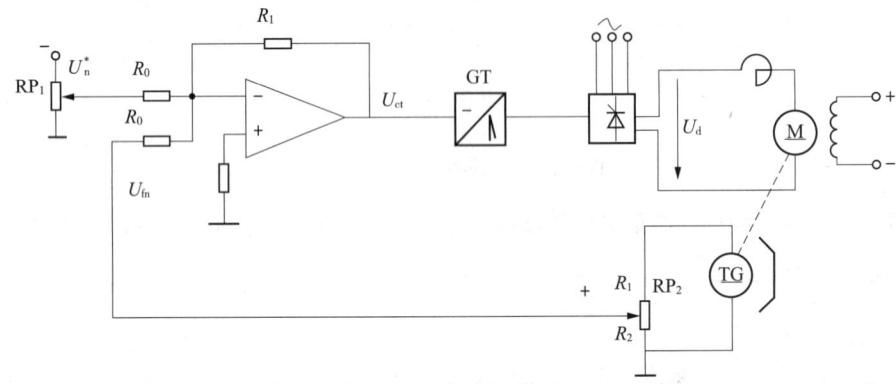

图 1-10 直流调速系统

解:(1) 为了满足 $D=10$,$s\leq5\%$,额定负载时调速系统的稳态速降应为

$$\Delta n_{cl} \leq \frac{n_{nom}s}{D(1-s)} = \frac{1000 \times 0.05}{10 \times (1-0.05)} = 5.26 r/min$$

(2) 根据 Δn_{cl},确定系统的开环放大倍数 K

$$K \geq \frac{I_{nom}R}{C_e\Delta n_{cl}} - 1 = \frac{55 \times 1.0}{0.1925 \times 5.26} - 1 = 53.3$$

式中 $C_e\Phi = \frac{U_{nom}-I_{nom}R_a}{n_{nom}} = \frac{220-55 \times 0.5}{1000} = 0.1925 V \cdot min/r$

(3) 计算测速反馈环节的参数

测速反馈系数 α 包含测速发电机的电动势转速比 C_{etg} 和电位器 RP_2 的分压系数 α_2,即 $\alpha = \alpha_2 C_{etg}$

根据测速发电机的数据，$C_{\text{etg}} = \dfrac{110}{1900} \approx 0.0579 \text{V} \cdot \text{min/r}$

本系统直流稳压电源为15V，最大转速给定为12V，对应电动机的额定转速（即 $U_n^* = 12\text{V}$ 时）$n = 1000\text{r/min}$。测速发电机与电动机直接硬轴连接。

当系统处于稳态时，近似认为 $U_n^* \approx U_{\text{fn}}$，

则

$$\alpha \approx \dfrac{U_n^*}{n_{\text{nom}}} = \dfrac{12}{1000} = 0.012 \text{V} \cdot \text{min/r}$$

$$\alpha_2 = \dfrac{\alpha}{C_{\text{etg}}} = \dfrac{0.012}{0.0579} \approx 0.2$$

电位器 RP_2 的选择方式：当测速发电机输出最高电压时，其电流约为额定值的20%，这样，测速发电机电枢压降对检测信号的线形度影响较小，则

$$R_{RP_2} \approx \dfrac{C_{\text{etg}} n_{\text{nom}}}{0.2 I_{\text{nom}}} = \dfrac{0.0579 \times 1000}{0.2 \times 0.21} \approx 1379 \Omega$$

此时，RP_2 所消耗的功率为

$$P_{RP_2} = C_{\text{etg}} n_{\text{nom}} \times 0.2 I_{\text{nom}} = 0.0579 \times 1000 \times 0.2 \times 0.21 \approx 2.43 \text{W}$$

为了使电位器不过热，实选功率应为消耗功率的一倍以上，故选 RP_2 为 10W、1.5kΩ 的可调电位器。

（4）计算放大器的电压放大倍数

$$K_p = \dfrac{KC_e\Phi}{\alpha K_s} = \dfrac{53.3 \times 0.1925}{0.012 \times 44} \approx 19.43$$

实取 $K_p = 20$。

如果取放大器输入电阻 $R_0 = 20\text{k}\Omega$，则 $R_1 = K_p R_0 = 400\text{k}\Omega$。

五、系统的动态性能分析

上面讨论了单闭环调速系统的稳态性能，如果转速负反馈闭环调速系统的开环放大系数 K 足够大，系统的稳态速降就会大大降低，能满足系统的稳态要求。

但是 K 过大时，可能引起系统的不稳定，需要采取动态校正，才能正常运行。为此，应进一步讨论系统的动态性能。

为定量分析有静差系统的动态性能，必须先建立系统的动态数学模型。一般步骤是：

①根据系统中各环节的物理规律，列出该环节动态过程的微分方程。

②将微分方程经过拉氏变换转换为对应的传递函数。

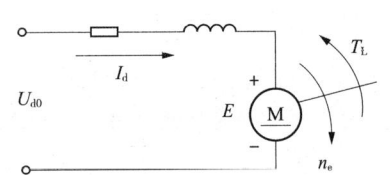

图1-11 他励直流电动机等效电路

③组成系统的动态结构图并求出系统的传递函数。

1. 直流电动机的传递函数

由他励直流电动机等效电路（图1-11）可知电枢回路的电压平衡方程式

$$\begin{cases} U = I_d R + L \dfrac{dI_d}{dt} + E \\ T_e = C_M \Phi I_d \\ T_e - T_L = \dfrac{GD^2}{375} \dfrac{dn}{dt} \\ E = C_e \Phi n \\ K_m = \dfrac{30}{\pi} K_e \end{cases} \quad (1-10)$$

在零初始条件下，对式（1-10）两侧进行拉氏变换得

$$U_{d0}(s) - E(s) = R[I_d(s) + T_L I_d(s)s] = RI_d(s)(1 + T_L s)$$

则电压与电流间的传递函数为

$$\frac{I_d(s)}{U_{d0}(s) - E(s)} = \frac{1/R}{1 + T_L s}$$

式中 T_L 为电枢回路电磁时间常数，$T_L = L/R$。

$$I_d - I_{dL} = \frac{J_G}{G_m} \frac{dn}{dt} = \frac{T_m}{R} \frac{dE}{dt}$$

式中 I_d——电枢电流；

I_{dL}——负载电流；

J_G——直流电动机的转动惯量，$J_G = \dfrac{GD^2}{375}$；

T_m——电动机的机电时间常数，$T_m = \dfrac{J_G R}{C_e C_m \Phi^2}$。

同理，对上式两侧进行拉氏变换得

$$\frac{E(s)}{I_d(s) - I_{dL}(s)} = \frac{R}{T_m s}$$

电动机各个环节的微分方程、拉氏变换式、传递函数的表达式如表1-1所示。直流电动机各环节对应的动态结构框图如图1-12所示。输入量为电动机电枢电压 U_{d0}，输出量为转速 n。

表1-1 直流电动机各环节的数学模型

微分方程	拉氏变换式	传递函数
$U_{d0} = Ri_d + L\dfrac{di_d}{dt} + e$	$U_{d0}(s) - E(s) = (LS+R)I_d s$	$\dfrac{I_d(s)}{U_{d0}(s) - E(s)} = \dfrac{1/R}{T_L s + 1}$
$i_d - i_{dL} = \dfrac{T_m}{R}\dfrac{de}{dt}$	$I_d(s) - I_{dL}(s) = \dfrac{T_m}{R} E(s) s$	$\dfrac{E(s)}{I_d(s) - I_{dL}(s)} = \dfrac{R}{T_m s}$
$E = C_e \Phi n$	$E(s) = C_e \Phi N(s)$	$\dfrac{N(s)}{E(s)} = \dfrac{1}{C_e \Phi}$

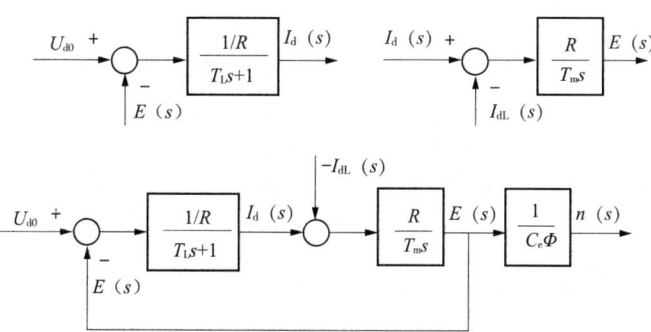

图1-12 各环节对应的动态结构框图

由此可见，直流电动机有两个输入量：一个是施加在电枢上的理想空载电压，是控制输入量；另一个是负载电流，是扰动输入量。

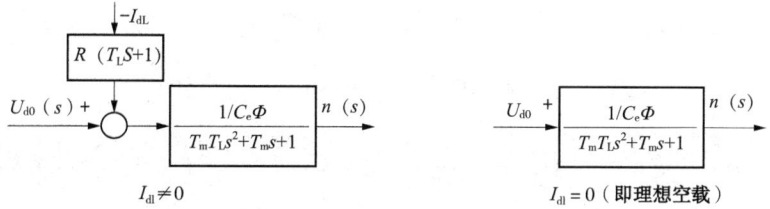

$I_{dl} \neq 0$ $I_{dl} = 0$（即理想空载）

2. 晶闸管触发和整流装置的传递函数

在晶闸管整流电路中，当控制角 α_1 变到 α_2 时，若晶闸管也已导通，则要等下一个自然换向点以后才起作用。这样，晶闸管整流电路的输出电压 U_{d0} 的改变，就叫控制电压的改变，延迟了一段时间 T_s，称为失控时间。由于它的大小随 U_{ct} 发生变化的时刻而改变，故 T_s 是随机的。最大可能的失控时间是两个自然换相点的时间，与交流电源的频率和晶闸管整流器的形成有关，由下式确定

$$T_{s\max} = \dfrac{1}{mf}$$

式中 f——交流电源频率；

   m——周内整流电压的波头。

用单位阶跃函数表示滞后，则晶闸管触发和整流装置的输入输出关系为

$$U_{d0} = K_s U_{ct}(t - T_s) \quad (1-11)$$

式中清楚地表明了 $t > T_s$ 时，U_{ct} 才起作用，经拉式变换后得

$$W_s(s) = \frac{U_{d0}(s)}{U_{ct}(s)} = K_s e^{-T_s s} \quad (1-12)$$

将 $e^{-T_s s}$ 按泰勒级数展开，则上式变成

$$\frac{U_{d0}(s)}{U_{ct}(s)} = K_s e^{-T_s s} = \frac{K_s}{e^{T_s s}} = \frac{K_s}{1 + T_s s + \frac{1}{2!}T_s^2 s^2 + \frac{1}{3!}T_s^3 s^3 + \cdots}$$

由于 T_s 很小，可忽略高次项，可将晶闸管变流装置近似成一阶惯性环节来处理，其传递函数为

$$\frac{U_{d0}(s)}{U_{ct}(s)} = \frac{K_s}{1 + T_s s} \quad (1-13)$$

准确的传递函数　　近似的传递函数

不同的电力电子变换器的传递函数，它们的表达式是相同的，只是在不同场合下，参数 K_s 和 T_s 的数值不同而已。相对于整个系统的响应时间来说，T_{smax} 并不大，一般情况下，可取其统计平均值，$T_s = T_{smax}/2$ 并认为是常数。各种整流器电路的失控时间如表 1-2 所示。

表 1-2　各种整流器电路的失控时间 T_s

整流电路形式	平均失控时间 T_s/ms	整流电路形式	平均失控时间 T_s/ms
单项半波	10	三项半波	3.33
单项桥式（全波）	5	三项桥式（全波）	1.67

3. 控制与检测环节的传递函数

直流闭环调速系统中的其他环节还有比例放大器和测速反馈环节，它们的响应都可以认为是瞬时的，因此它们的传递函数就是它们的放大系数，即

放大器：
$$W_a(s) = \frac{U_c(s)}{\Delta U_n(s)} = K_p \quad (1-14)$$

测速反馈：
$$W_{fn}(s) = \frac{U_n(s)}{n(s)} = K_{fn} \quad (1-15)$$

4. 闭环调速系统的动态结构图

反馈控制闭环调速系统的动态结构图如图 1-13 所示。

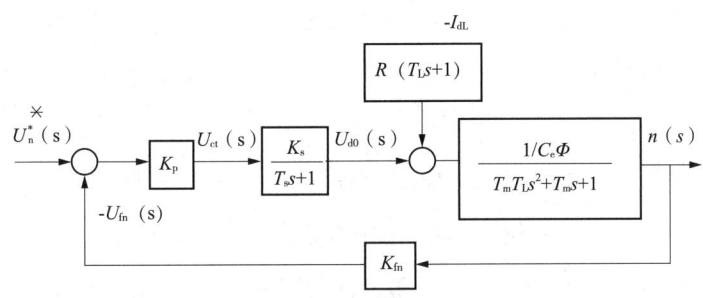

图 1-13 反馈控制闭环调速系统的动态结构图

5. 调速系统的开环传递函数

$$W(s) = \frac{K}{(T_s s + 1)(T_m T_L s^2 + T_m s + 1)} \quad (1-16)$$

式中 $K = K_p K_s K_{fn}/C_e \Phi$

6. 调速系统的闭环传递函数

$$W_{cl}(s) = \frac{\dfrac{K_p K_s / C_e \Phi}{(1+K)}}{\dfrac{T_m T_L T_s}{1+K} s^3 + \dfrac{T_m(T_L + T_s)}{1+K} s^2 + \dfrac{T_m + T_s}{1+K} s + 1}$$

7. 单闭环直流调速系统的稳定条件

由上可见,将电力电子变换器按一阶惯性环节处理后,带比例放大器的闭环直流调速系统可以看作是一个三阶线性系统。其特征方程为:

$$\frac{T_m T_L T_s}{1+K} s^3 + \frac{T_m(T_L + T_s)}{1+K} s^2 + \frac{T_m + T_s}{1+K} s + 1 = 0$$

其一般表达式为

$$a_0 s^3 + a_1 s^2 + a_2 s + a_3 = 0$$

根据三阶系统的劳斯-古尔维茨判断,系统稳定的充分必要条件是

$$a_0 > 0, \ a_1 > 0, \ a_2 > 0, \ a_3 > 0 \ 且 \ a_1 a_2 > a_0 a_3$$

显然各项系数都是大于零的,因此稳定条件就只有

$$\frac{T_m(T_L + T_s)}{1+K} \cdot \frac{T_m + T_s}{1+K} - \frac{T_m T_L T_s}{1+K} > 0$$

即

$$(T_L + T_s)(T_m + T_s) > (1+K) T_L T_s$$

化简整理得

$$K < \frac{T_m(T_L + T_s) + T_s^2}{T_L T_s}$$

K_{cr}为临界放大系数，K值超出此值系统将不稳定。这与前面讨论的静特性K越大越好是相矛盾的。对于自动控制系统，稳定条件是首要条件。因此必须增设动态校正装置或引入双闭环系统以满足稳定条件。

因此，采用比例（P）放大器控制的直流调速系统，是有静差的调速系统，K_p越大，系统精度越高；但K_p过大，将降低系统稳定性，使系统动态不稳定。

如果要消除系统误差，采用比例（P）放大器控制是不可能实现的，必须寻找其他的控制方法，如采用积分（I）调节器或比例积分（PI）调节器来代替比例放大器，就可实现无静差调速。

第三节 转速负反馈无静差直流调速系统

采用比例（P）放大器控制的直流调速系统，产生静差的原因，是由于采用了比例调节器，其转速调节器的输出为$U_c = K_p \Delta U_n$，故ΔU_n不能等于零。

如果采用积分（I）调节器或比例积分（PI）调节器代替比例放大器，就可以解决上述无法消除静差的问题。

一、积分调节器（P）和积分控制规律

1. 积分调节器

由运算放大器可构成一个积分电路，如图1-14所示。根据虚地点A建立电路方程

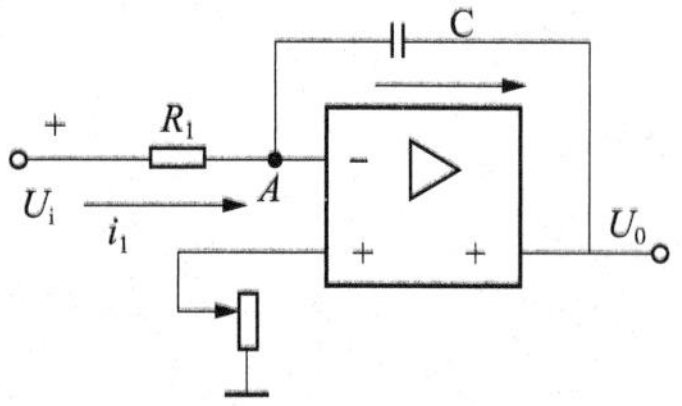

$$\because i_c = i_1, \therefore -C\frac{du_0}{dt} = \frac{u_i}{R_1}$$

即

$$u_0 = -\frac{1}{R_1 C}\int u_i dt = -\frac{1}{\tau}\int u_i dt \quad (1-17)$$

其传递函数为：

$$W_i(s) = \frac{U_O(s)}{U_i(s)} = \frac{1}{\tau s} \quad (1-18)$$

图1-14 积分调节器

式中 τ——积分时间常数，$\tau = R_1 C$。

阶跃输入时积分调节器的输入和输出动态过程如图1-15所示。积分调节器的特性：

①积累作用：积分器的输出量正比于输入量的积分；

②保持作用：当输入为零时，输出保持不变；

③延缓作用：当输入突变时，输出不会发生突变。

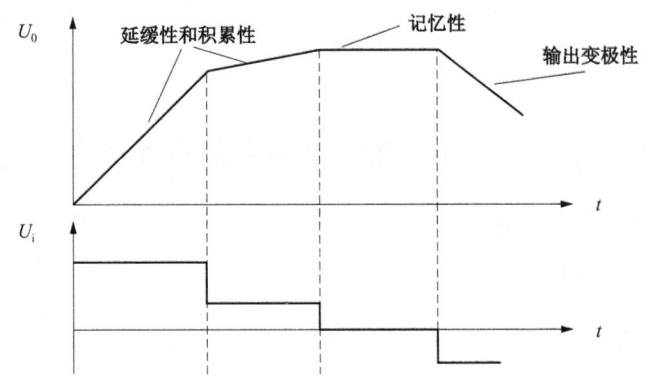

图 1-15　阶跃输入时积分调节器的输入和输出动态过程

2. 转速的积分控制规律

如果采用积分调节器，则控制电压为：

$$U_c = \frac{1}{\tau}\int_0^t \Delta U_n \mathrm{d}t \tag{1-19}$$

在动态过程中，当 ΔU_n 变化时，只要其极性不变，即只要仍是 $U_{sn} > U_{fn}$，积分调节器的输出 U_c 便随时间线性一直增长，输出量不断积累；只有达到 $U_{sn} = U_{fn}$，$\Delta U_n = 0$ 时，U_c 才停止上升；不到 ΔU_n 变负，U_c 不会下降。在这里，值得特别强调的是，当 $\Delta U_n = 0$ 时，输出量并不变为零，而是保持输入信号为零前的输出值，是一个终值 U_{cf}，此终值便保持恒定不变。在电路中，这个电压就是充了电的电容器的电压。若要实现积分调节器的输出量下降，只有使输入量与原输出量的极性相反。

采用积分调节器，当转速在稳态时达到与给定转速一致，系统仍有控制信号，保持系统稳定运行，实现无静差调速。带积分调节器的转速负反馈无静差直流调速系统如图 1-16 所示。

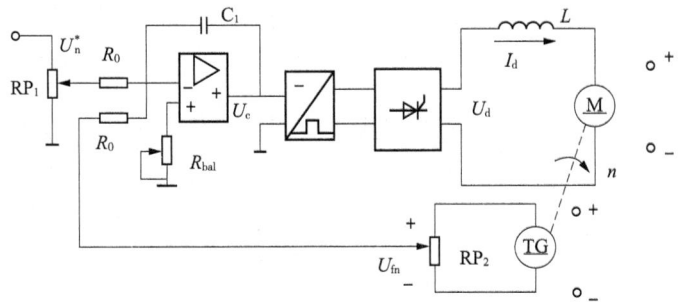

图 1-16　带积分调节器的转速负反馈无静差直流调速系统

在转速负反馈调速系统中若采用积分环节可以实现无静差调节，这是因为若以稳态速降 Δn 作为输入量，当稳态速降为零时，其积分积累过程不止，系统输出量 n 不断增长，使稳态速降减小，直至为零。但因为控制的滞后性，满足不了系统的快速性要求，既要稳态精度高，又要动态响应快,该怎么办呢?只要把比例和积分两种控制结合起来就行了,这便是比例积分控制。

二、比例积分调节器(PI)和比例积分控制规律

1. 比例积分调节器和控制规律

比例积分调节器(简称 PI 调节器),如图 1-17 所示。

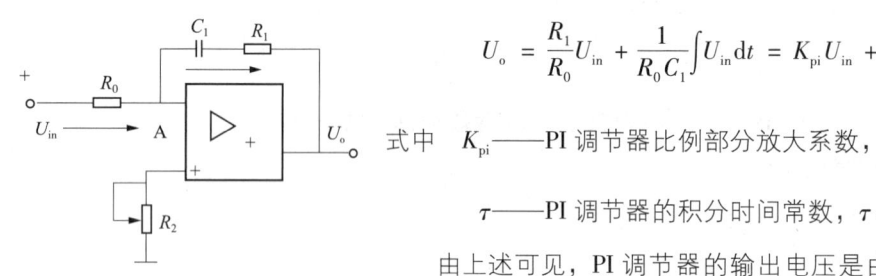

$$U_o = \frac{R_1}{R_0}U_{in} + \frac{1}{R_0 C_1}\int U_{in}dt = K_{pi}U_{in} + \frac{1}{\tau}\int U_{in}dt \quad (1-20)$$

式中 K_{pi}——PI 调节器比例部分放大系数,$K_{pi} = \frac{R_1}{R_2}$;

τ——PI 调节器的积分时间常数,$\tau = R_0 C_1$。

图 1-17 比例积分调节器

由上述可见,PI 调节器的输出电压是由比例和积分两个部分组成。比例部分 $K_{pi}U_{in}$ 能立即响应输出量的变化,加快响应过程;积分部分 $\frac{1}{\tau}\int U_{in}dt$ 是输入量对时间的积累过程,最后消除误差。在零初始状态和阶跃输入下,PI 调节器的输出特性如图 1-18 所示。比例积分调节器兼有二者的优点,在自动控制系统中获得广泛应用。

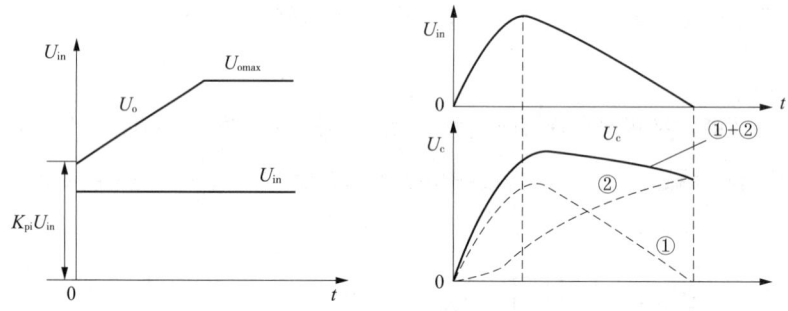

图 1-18 PI 调节器的输出特性

其传递函数为:

$$W_{pi}(s) = \frac{U_o(s)}{U_{in}(s)} = K_{pi} + \frac{1}{\tau s} = \frac{K_{pi}\tau s + 1}{\tau s}$$

PI 调节器控制的物理过程实质是,当突加输入信号时(动态时),由于电容两端电压不能突变,电容相当于短路,调节器相当于一个放大系数为 K_{pi} 的比例调节器,其输出端立即响应为 $K_{pi}U_{in}$,实现快速控制;此时放大系数数值不大,有利于系统的稳定。实际上,输出量不会无限制地增长,因为运算放大器会饱和,如 FC54 最大输出为 ±7 ~ ±12V。通常调节器都设有输出限幅电路,当输出电压达到运算放大器的限幅值时,就不再增长。稳态时,电容相当于开

路,同积分调节器,其稳态系数为运放开环放大倍数,数值很大(在 10^5 以上),这使系统的稳态误差大大减小。这样不仅很好地实现了快速性与无静差控制,同时又解决了系统的动、静态对放大系数要求的矛盾。由此可见,比例积分控制综合了比例控制和积分控制两种规律的优点,又克服了各自的缺点,扬长避短,互相补充。比例部分能迅速响应控制作用,积分部分则最终消除稳态偏差。

三、带 PI 调节器的无静差直流调速系统

PI 调节器的无静差直流调速系统如图 1-19 所示。

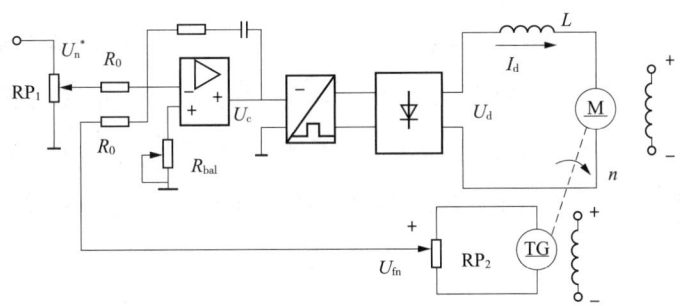

图 1-19 比例积分调节器的无静差速系统

系统采用转速负反馈,速度调节器(ASR)采用 PI 调节器。

1. 无静差的实现

稳态时,PI 调节器输入偏差电压 $U_n = 0$。当负载由 TL1 增至 TL2 时,转速下降,U_{fn} 下降使偏差电压 $\Delta U_n = U_n^* - U_{fn}$ 不为零,PI 调节器进入调节过程。

由图 1-18 可知,PI 调节器的输出电压的增量 ΔU_c 分为两部分。在调节过程的初始阶段,比例部分立即输出 $\Delta U_{c1} = K_p \Delta U_n$,波形与输入相似(见虚曲线①);积分部分 $0U_{c2}$ 波形为 ΔU_n 对时间的积分(见虚曲线②)。比例积分为曲线①和曲线②相加。

在初始阶段,由于输入较小,积分曲线上升较慢。比例部分正比于 ΔU_n,虚曲线①上升较快。当 Δn(ΔU_n)达到最大值时,比例部分输出 ΔU_{c1} 达到最大值,积分部分的输出电压 ΔU_{c2} 增长速度最大。此后,转速开始回升,ΔU_n 开始减小,比例部分 ΔU_{c1} 曲线转为下降,积分部分 ΔU_{c2} 继续上升,直至 ΔU_n 为零。此时积分部分起主要作用。在调节过程的初、中期,比例部分起主要作用,保证了系统的快速响应;在调节过程的后期,积分部分起主要作用,最后消除偏差。

由此可见,比例积分控制综合了比例控制和积分控制两种规律的优点,又克服了各自的缺点,扬长避短,互相补充。比例部分能迅速响应控制作用,积分部分则最终消除稳态偏差。

2. 稳态结构图

上述系统的稳态结构图如图 1-20 所示，其中代表 PI 调节器的方框中无法用放大系数表示，一般画出它的输出特性，以表明是比例积分作用。

系统无静差，静特性是不同转速时的一族水平线，如图 1-21 所示。

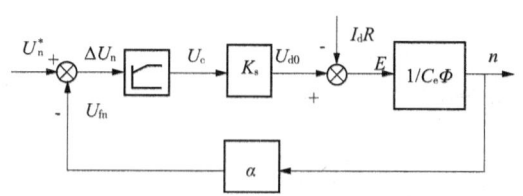

图 1-20　无静差直流调速系统稳态结构图

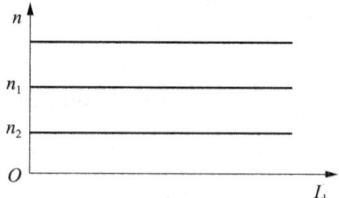

图 1-21　无静差直流调速系统的静特性

严格地说，"无静差"只是理论上的，实际系统在稳态时，PI 调节器积分电容两端电压不变，相当于运算放大器的反馈回路开路，其放大系数等于运算放大器本身的开环放大系数，数值最大但并不是无穷大。因此其输入端仍存在很小的，而不是零。这就是说，实际上仍有很小的静差，只是在一般精度要求下可以忽略不计而已。

第四节　具有电压负反馈和电流正反馈的直流调速系统

一、电压负反馈调速系统

转速负反馈调速系统，是调速系统中最常采用的基本形式，可以获得较满意的动、静态性能。但缺点是必须采用测速发电机，由此而带来了安装、维护麻烦和设备投资增加。在调速指标要求不高的系统中，往往以电压负反馈带电流正反馈来代替转速负反馈。

由式 $U_d - I_d R_a = E = C_e \Phi n$ 可知，如果忽略电枢压降，则直流电动机的转速 n 近似正比于电枢两端电压 U_d，所以采用电动机电枢电压负反馈代替转速负反馈，可以维持其端电压的基本不变，如图 1-22 所示，反馈检测元件是起分压作用的电位器 RP_2。电压反馈信号 $U_{fv} = \gamma U_d$，γ 为电压反馈系数。

为了分析方便，把电枢总电阻分成两部分，即 $R = R_{rec} + R_a$，R_{rec} 为晶闸管整流装置的内阻（含平波电抗器电阻），R_a 为电枢电阻。由此可知

$$U_{d0} - I_d R_{rec} = U_d$$

其稳态结构图如图 1-23 所示。利用迭加原理，即得电压负反馈调速系统的静特性方程式

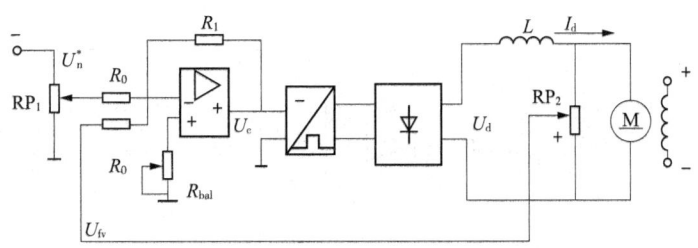

图 1-22 电压负反馈调速系统

$$n = \frac{K_p K_s U_n^*}{C_e \Phi (1+K)} - \frac{R_{rec} I_d}{C_e \Phi (1+K)} - \frac{R_a I_d}{C_e \Phi} \qquad (1-21)$$

式中 $K = \gamma K_p K_s$

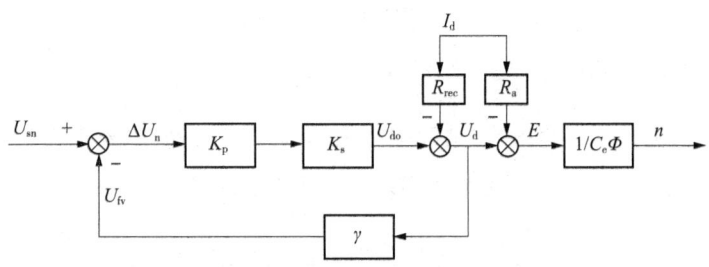

图 1-23 电压负反馈调速系统稳态结构图

由式 (1-21) 可知,电压负反馈把反馈环包围的整流装置内阻引起的稳态压降减小到 $1/(1+K)$。当负载电流增加时,$I_d R_{rec}$ 增大,电枢电压 U_d 降低,电压负反馈信号 U_{fv} 随之降低。输入放大器偏差电压 $\Delta U_n = U_n^* - U_{fv}$ 增大,使整流装置输出的电压增加,从而补偿了转速降落。由此可知,电压负反馈系统实际上是一个自动调压系统,扰动量 $I_d R_a$ 不包括在反馈环内,由它引起的稳态速降便得不到抑制,系统的稳定性较差。所以在此基础上再引入电流正反馈,以此补偿电枢电阻引起的稳态压降。

二、电压负反馈带电流补偿的调速系统

电压负反馈带电流补偿控制的调速系统如图 1-24 所示。在电枢回路中串入电流取样电阻 R_s,由 $I_d R_s$ 取得电流正反馈信号。$I_d R_s$ 的极性与转速给定信号一致,而与电压负反馈信号 U_u 的极性相反。设电流反馈系数为 β,电流正反馈信号为 $U_{fi} = \beta I_d$。

当负载增大使稳态速降增加时,电压负反馈信号 U_{fv} 随之降低,电流正反馈信号却增大,输入运算放大器的偏差电压 $\Delta U_n = U_{sn} - U_{fv} + U_{fi}$ 增大,使整流装置输出的电压增加,从而补偿了两部分电阻引起的转速降落。系统的稳态结构图如图 1-25 所示。

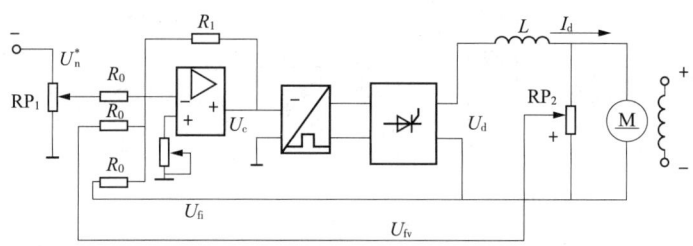

图1-24 电压负反馈带电流补偿控制的调速系统

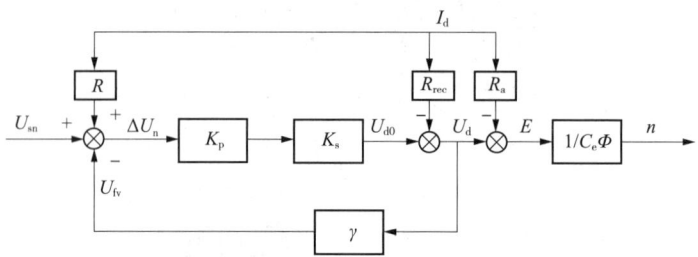

图1-25 电压负反馈带电流补偿控制的调速系统稳态结构图

利用结构图的运算法则,可以直接写出系统的静特性方程式为

$$n = \frac{K_p K_s U'_n}{C_e \Phi (1+K)} - \frac{(R_{rec} + R_s) I_d}{C_e \Phi (1+K)} + \frac{K_p K_s \beta I_d}{C_e \Phi (1+K)} - \frac{R_a I_d}{C_e \Phi} \qquad (1-22)$$

式中 $K = \gamma K_p K_s$。

其中 $\dfrac{K_p K_s \beta I_d}{C_e \Phi (1+K)}$ 项是由电流正反馈作用引起的,它能补偿另两项稳态速降,从而减小静差。

如果补偿控制参数配合得恰到好处,可使静差为零,这种补偿叫全补偿。但如果参数受温度等因素的影响而发生变化,变为过补偿,静特性上翘,系统不稳定。所以在工程实际中,常选择欠补偿。将 $R = R_{rec} + R_a + R_s$ 代入式(1-22),整理后得

$$n = \frac{K_p K_s U'_n}{C_e \Phi (1+K)} - (R + K R_a - K_p K_s \beta) \frac{I_d}{C_e \Phi (1+K)} \qquad (1-23)$$

欠补偿时,使电流正反馈系统的作用恰好抵消掉电枢电阻产生的一部分速降, $K_p K_s \beta = K R_a$,则式(1-23)变为

$$n = \frac{K_p K_s U_{sn}}{C_e \Phi (1+K)} - \frac{R I_d}{C_e \Phi (1+K)}$$

上式与转速负反馈调速系统的静特性方程式相同,这是电压负反馈加电流正反馈与转速负反馈完全相当。通常把这样的电压负反馈加电流正反馈叫做电动势负反馈。

应当指出,这样的"电动势负反馈"并不是真正的转速负反馈。这是因为电流正反馈与

电压负反馈（或转速负反馈）是性质完全不同的两种控制作用。首先，电压（或转速）负反馈属于被调量的负反馈，具有反馈控制规律。放大系数 K 越大，则静差越小，无论环境怎么变化都能可靠地减小静差。而电流正反馈是用一个正项去抵消原系统中的速降项。它完全依赖于参数的配合，当环境温度等因素是参数发生变化时，补偿作用便不可靠。从这个特点上看，电流正反馈不属于"反馈控制"，而称作"补偿控制"。由于电流的大小反映了负载扰动，所以又叫做负载扰动量的补偿控制。其次，反馈控制对一切包围在反馈环内的前向通道上的扰动都有抑制作用，而补偿控制只是针对一种扰动而言的，电流正反馈补偿控制只能补偿负载扰动，对于电网电压波动那样的扰动，反而起负作用。因此全面地看，补偿控制不是反馈控制。上述的电压负反馈电流补偿控制调速系统的性能不如转速负反馈调速系统，一般只适用于 $D \leq 20$，$s \geq 10\%$ 的调速系统。

三、限流保护——电流截止负反馈

1. 问题的提出

从上面的系统转速负反馈闭环调速系统讨论中可以看出，闭环控制已解决了转速调节问题，但是这样的系统还不能付诸实用，为什么？

众所周知，直流电动机全压启动时会产生很大的冲击电流，这不仅对电机换向不利，对过载能力低的晶闸管来说也是不允许的。对转速负反馈的闭环调速系统突加给定电压时，由于机械惯性，转速不可能立即建立起来，反馈电压仍为零，加在调节器上的输入偏差电压 $\Delta U_n = U_n^*$，几乎是其稳定工作值的 $(1+K)$ 倍。由于调节器和触发装置的惯性都很小，整流电压 U_d 立即达到最高值，电枢电流远远超过允许值。因此，必须采取措施限制系统启动时的冲击电流。

另外，有些生产机械的电动机可能会遇到堵转情况，例如，由于堵转，机械轴被卡住，或挖土机工作时遇到坚硬的石头等。在这种情况下，由于闭环系统的静特性很硬，若无限流环节，电枢电流将远远超过允许值。

2. 电流截止负反馈环节

为了解决上述问题，系统中必须设有自动限制电枢电流的环节。根据反馈控制的原理，应该引入电流负反馈。但是这种电流反馈作用只能在启动和堵转时存在，在电动机正常运行时应自动取消，以使电流随负反馈变化而变化。这种当电流达到一定程度时才出现的电流负反馈叫做电流截止负反馈。其电路如图 1-26 所示。图中电流反馈信号取自串联在电枢回路的小电阻 R_s 两端，$I_d R_s$ 正比于电枢电流。设 I_{dcr} 为临界截止电流，为了实现电流截止负反馈，引入比较电

压 U_{com} 并等于 $I_{dcr}R_s$,并将其与 I_dR_s 串联。

图 1-27 为另一种反馈控制环节。

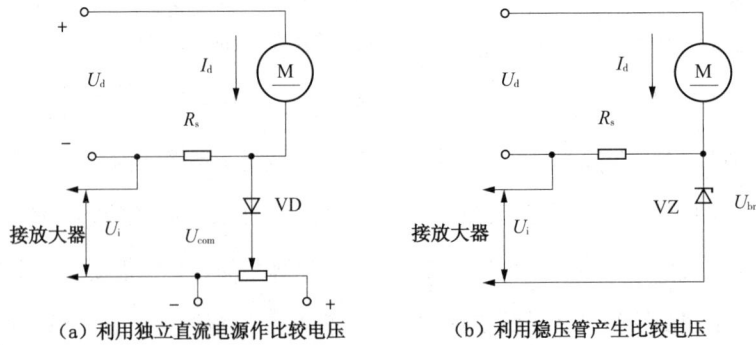

(a) 利用独立直流电源作比较电压　　(b) 利用稳压管产生比较电压

图 1-26　电流截止负反馈环节

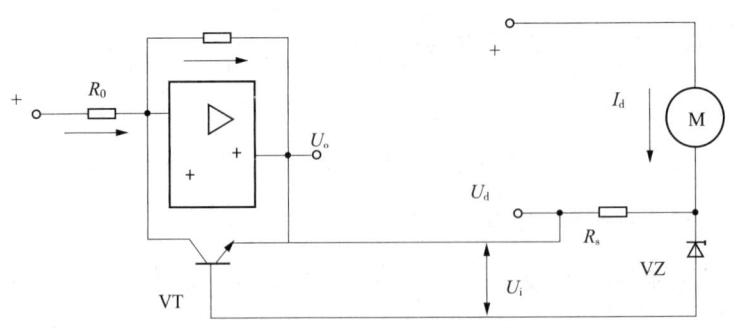

图 1-27　另一种反馈控制环节

3. 带电流截止负反馈环节的单闭环调速系统

在转速闭环调速系统的基础上,增加电流负反馈环节,就可构成带有电流截止负反馈环节的转速闭环调速系统,如图 1-28 所示。采用比例积分调节器以实现无静差,采用电流截止负反馈来限制动态过程的冲击电流。TA 为检测电流的电流互感器,经整流后得到电流反馈信号。当电流超过截止电流时,高于稳压管 VZ 的击穿电压,使晶体三极管 VT 导通,则 PI 调节器的输出电压接近于零,造成运算放大器的反馈电阻短路,封锁运算放大器,放大系数接近于零,则控制电压 U_c 近似为零。电力电子变换器的输出电压急剧下降,达到限制电流的目的。当负载电流减小时,从电位器上引出的正比于负载电流的电压不足以击穿稳压管 VZ,VT 截止,运算放大器恢复正常工作。R_s 是用来调节截止电流的。

当 $I_d < I_{dcr}$ 时,系统无静差,电流截止负反馈不起作用。系统的闭环静特性方程式为

$$n = \frac{K_p K_s U_n^*}{C_e \Phi (1+K)} - \frac{I_d R}{C_e \Phi (1+K)} = n_0 + \Delta n$$

静特性是不同转速时的一族水平线,如图 1-29 所示。

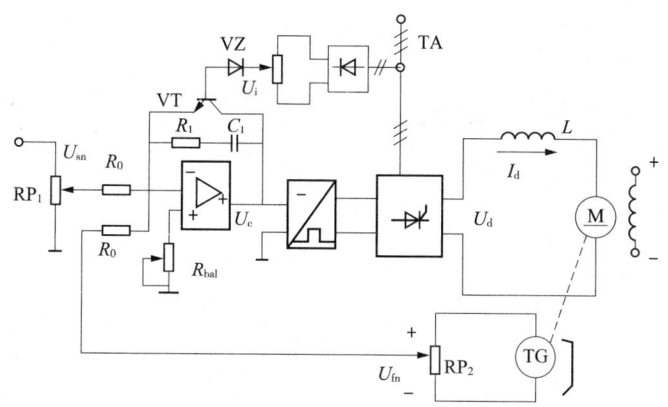

图 1-28 带电流截止负反馈环节的单闭环调速系统

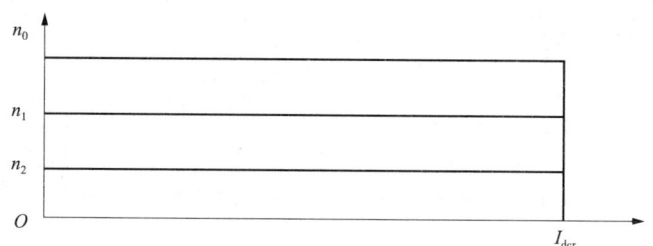

图 1-29 带电流截止的无静差直流调速系统的静特性

当 $I_d > I_{der}$ 时,电流截止负反馈起作用,$U_c = 0$,静特性急剧下垂,基本上是一条垂直线。整个静特性近似呈矩形。

这样的两段式静特性通常称为"挖土机特性"。当挖土机遇到坚硬的石块而过载时,电动机停下。

在实际系统中,也可以采用电流互感器来检测主回路的电流,从而将主回路与控制回路实行电气隔离,以保证人身和设备的安全。

四、小容量有静差直流调速系统实例

1. 系统的结构特点和技术数据

图 1-30 为典型线路 KZD-Ⅱ型小功率直流调速系统线路图。适用于 4kW 以下直流电动机无极调速。系统的主回路采用单相桥式半控整流线路。具有电流截止负反馈环节和电流正反馈(电动势负反馈)。具体技术数据如下:

交流电源电压	单相 220V	励磁电压电流	180V 1A
整流输出电压	直流 180V	调速范围	$D = 10$
最大输出电流	直流 30A	静差率	$s \leqslant 10\%$

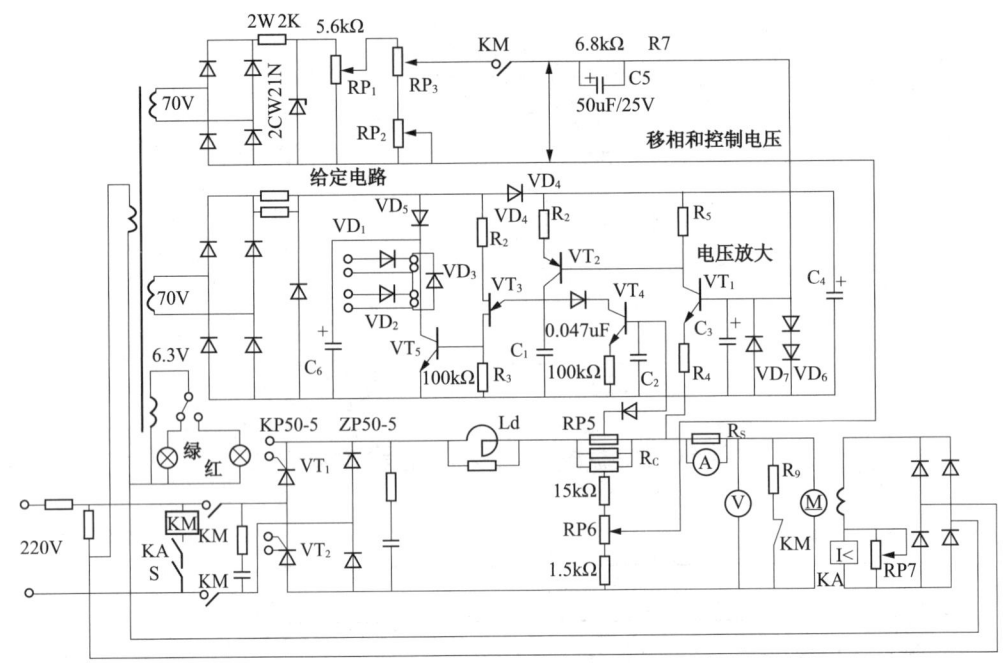

图 1-30 KZD-II 型小功率直流调速系统线路图

2. 定性分析

分析实际系统，一般先定性分析后定量分析。先分析各环节和各元件的作用，搞清楚系统的工作原理；再建立系统的数学模型，进一步定量分析。本系统仅进行定性分析。

主电路由单向交流 220V 电源供电，经单向半控桥整流，通过平波电抗器 L 给直流电动机供电。考虑到允许电网电压波动 ±5%，整流电路输出的最大直流电压为

$$U_{dmax} = 0.9 \times 220 \times 0.95 = 188V$$

式中 0.9——全波整流系数（平均值与有效值之比）；

0.95——电压降低 5% 引入的系数。

根据计算结果，最好选配额定电压为 180V 的电动机。但由于单向晶闸管整流装置的等效内阻较大（几欧~几十欧），为了使输出电压有较多的调节裕量，可以采用额定电压为 160V 的电动机。若采用额定电压为 220V 的电动机，则要相应地降低额定转速。

桥臂上的晶闸管和二极管分接在两边，这样可以使二极管兼有续流的作用。但两个晶闸管阴极间没有公共端，脉冲变压器的两个二次绕组间将会有 $\sqrt{2} \times 220V$ 的峰值电压。因此对两个二次绕组间的绝缘要求也要提高。平波电抗器 L_d 可以限制脉冲电流，但会延迟晶闸管的擎住电流的建立，而单结晶体管张弛振荡器的脉冲宽度较窄。为了保证可靠导通，在电抗器两端并联一电阻，既可以减少晶闸管控制电流建立的时间，也可以在主电路突然断电时，为电抗器提供放电回路。

主电路的交直流侧均设有阻容吸收电路,以吸收浪涌电压。由于晶闸管的单向导电性,电动机不能回馈制动。为加快制动和停车,采用 R_9 和接触器 KM 的常闭触点组成能耗制动回路。主电路中的 R_s 为电流表的分流器。

电动机励磁由有单独的单相不可控整流桥供电,为了防止失磁而引起"飞车"事故,在励磁电路中串入欠电流继电器 KA,只有励磁电流大于某数值时,KA 才动作,KA 的常开触点闭合,在主电路的接触器 KM 的控制回路中,KM 才能吸合。KA 的动作电流可调整。

主电路中 S 为手动开关,S 断开时,绿灯亮,表示已有电源,但系统尚未启动;S 闭合后,红灯亮,同时 KM 线圈得电,使主电路和控制电路均接通电源,系统启动。

①转速给定电压。由单相桥式整流器和稳压管构成的稳压电源,作为给定电源。RP_1 调整最高给定电压。RP_2 调整最低电压,RP_3 是速度给定电位器。

②触发电路。触发电路采用单结晶体管,以放大器 VT_2 控制电容 C_1 的充电电流和单结晶体管 VT_3 组成弛张振荡器,$R_2 = 560\Omega$(电阻为温度补偿电阻),$R_3 = 100\Omega$(电阻为输出电阻),经功放管和脉冲变压器 T 两路输出分别触发主电路晶闸管 VT_1 和 VT_2。VD_5 为隔离二极管,它使电容 C_6 两端电压能保持在整流电压的峰值。当 VT_5 突然导通时放电,可增加触发脉冲的功率和前沿陡度。VD_5 的另一个作用是阻挡 C_6 上的电压对单结晶体管同步电压的影响。VD_1 和 VD_2 保证只能通过正脉冲,保护晶闸管门极不受反向电压。

当晶体管 VT_2 基极电位降低时,VT_2 基极电流增加。其集电极电流也随着增加,于是电容 C_1 电压上升加快。使 VT_3 提早导通,触发脉冲前移,晶闸管整流器门极不受反向电压。

③放大电路。电压放大电路由晶体管 VT_1 和电阻 R_3 构成。在放大器的输入端综合转速给定信号和电压、电流反馈信号,经放大后输出信号供给 VT_2,来控制单结管触发电路的移相。两只串联的二极管 VD_6 为正向输入限幅值,VD_7 为反向输入限幅值。

为使放大器电路供电电压平稳,通常并联一电容。但 C_4 使电压过零点消失,又因为弛张振荡器和放大器共用一个电源,此电源电压兼起同步电压作用,若电压过零点消失,将无法使触发脉冲与主电路电压同步。为此,采用二极管 VD_4 来隔离电容 C_4 对同步电压的影响。

④电压负反馈和电流正反馈。本系统采用具有电流补偿控制的电压负反馈,如图 1 – 31 (a) 所示。电压反馈信号 U_u 取自分压电位器 RP_6,$1.5K\Omega$ 电阻、$15K\Omega$ 电阻分别限制 U_u 的上限和下限,调节 RP_6 即可调节电压反馈量的大小。电流反馈信号 U_i 取自电位器 RP_5,R_c 为取样电阻,阻值很小,功率很大,以减小电枢回路总电阻,有 RP_5 取出的 U_i 与 $I_d R_c$ 成正比。这样,转速给定 U_n^*、电压负反馈 U_u 和电流正反馈 U_i 三个信号按图示极性进行叠加,得到偏差电压 ΔU,加在放大器 VT_1 的输入端,如图 1 – 31 (b) 所示。

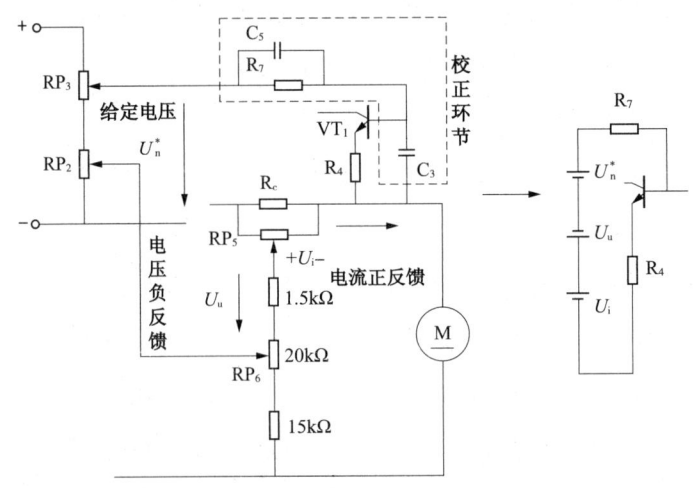

(a) 电压负反馈和电流正反馈电路　　(b) 控制信号的综合

图 1-31　给定电压、电压负反馈和电流正反馈控制信号的综合

⑤电流截止负反馈。电流截止负反馈信号取自电位器 RP_4，利用稳压管 2CW9 产生比较电压，当电枢电流 I_d 超过截止电流 I_{dcr} 时，稳压管被击穿，VT_4 导通，将触发电路中的电容 C_1 旁路，充电电流减小，C_1 充电时间加长，触发脉冲后移，整流输出电压降低，使主电路电流下降。当电流反馈信号增强到一定程度时，C_1 充电电流太弱，不能维持弛张振荡，因而停发触发脉冲，电动机堵转。当电枢电流减小时，稳压管又恢复阻断状态，VT_4 也恢复到截止状态，系统有自动恢复正常工作。由于电流是脉动的，当瞬时电流很小，甚至为零时，VT_4 不能导通，失去电流截止作业。在 VT_4 基极并联电容 C_2，对电流截止负反馈信号进行滤波，保证主电路平均电流大于截止电流时，系统能可靠地实现电流截止负反馈。集电极串入的二极管是为了防止电枢冲击电流过大时，电压将 VT_4 的 bc 结击穿，使 VT_3 导通误发信号。

⑥抗干扰、消振荡环节。由于晶闸管整流电压和电流中含有较多的高次谐波分量，这会影响系统的稳定。由电阻 R_7、电容 C_3、C_5 构成的串联滞后校正电路，在保证系统稳态精度的同时，提高了系统的动态稳定性。

本系统与前面介绍的有静差调速系统一样，转速降的补偿也是依靠偏差电压 ΔU 的变化来进行调节的，因此也是有静差调速系统。

本 章 小 结

(1) 直流电动机有三种调速方案：调节电枢电压，减弱励磁磁通，改变电枢回路电阻 R。其中调节电枢电压是直流调速系统的主要调速方案。开环 V-M 系统电流连续段的机械特性较硬，电流断续段特性较软。只要主电路电感量足够大，可以近似地只考虑连续段。对于断续特性明显的情况，可以用一段很陡的直线来代替，相当于把总电阻 R 换成一个更大的等效电阻。

（2）转速负反馈有静差系统的机械特性较开环系统硬的多，负载扰动引起的稳态速降减小为原开环系统的 $1/(1+K)$。K 值越大，稳态速降就越小。

（3）在对静差率和调速范围要求不高，系统扰动量可以补偿或影响不大的情况，可采用开环调速系统；在对静差率和调速范围要求较高，开环系统满足不了要求时，可采用转速负反馈的闭环调速系统；在要求不太高的场合，为了省去安装测速发电机的麻烦，可采用能反映负载变化的电压负反馈、电流补偿控制的调速系统。

（4）在有静差调速系统中，就是靠偏差信号的变化进行自动调节补偿的。它只能减小偏差而不能消除偏差。在无静差系统中，由于含有积分环节，则主要靠偏差信号对时间的积累来进行自动调节补偿的，依靠积分环节，最后消除静差，所以稳态时偏差为零，依靠积分环节的记忆作用使输出量维持在一定的数值上。比例积分调节器兼顾了系统的无静差和快速性。系统在调解过程中的初、中期，其比例环节起主要作用，使转速快速恢复；在调节过程的后期，其积分环节起主要作用，使转速恢复并最后消除静差。

（5）电流截止负反馈是在电动机启动或堵转时才起作用。当系统正常时是不起作用的。含有电流截止负反馈的调速系统具有"挖掘机特性"，可期限流保护作用。

习题与思考题

1. 直流电动机有哪几种调速方法？各有什么特点？

2. 在电压负反馈单闭环有静差调速系统中，当下列参数变化是系统是否有调节作用？为什么？

①放大器的放大系数 K_p；

②供电电网电压；

③电枢电阻 R_a；

④电动机励磁电流；

⑤电压反馈系数 γ。

（①、②参数变化时，系统有调节作用；③、④、⑤参数变化时，系统无调节作用。）

3. 试回答下列问题：

①在转速负反馈单闭环有静差调速系统中，突减负载后又进入稳定运行状态，此时晶闸管整流装置的输出电压 U_d 较之负载变化前是增加、减少还是不变？

②在无静差调速系统中，突加负载后进入稳态时转速 n 和整流装置的输出电压 U_d 是增加、减少还是不变？

③在采用 PI 调解器的单闭环自动调速系统中，调节对象包含有积分环节，突加给定电压后 PI 调解器没有饱和，系统到达稳态前被调量会出现超调吗？

(①U_d 减少；②n 不变，U_d 增加；③一定超调。)

4. 当闭环系统的开环放大倍数为 10 时，额定负载下的转速降为 15r/min，如果开环放大系数提高为 20，系统的转速降为多少？在同样的静差率要求下，调速范围可以扩大多少倍？

5. 某调速系统的调速范围是 150～1500，要求 $s = 2\%$，系统允许的稳态速降是多少？如果开环系统的稳态速降是 100r/min，则闭环系统的开环放大系数应有多大？（系统允许稳态降落 $\Delta n_{\text{nom}} = 3.06\text{r/min}$，开环放大系数 $K = 31.7$。）

6. 有一晶闸管稳压电源，其稳态结构图如图 1-32 所示，已知给定电压 $U_n^* = 8.8\text{V}$、$K_A = K_1 K_2 = 30$（K_1 为放大器放大系数，K_2 为晶闸管装置的放大系数），反馈系数 $\gamma = 0.7$。求：输出电压 U_d；若把反馈线断开，U_d 为何值？开环时的输出电压是闭环时的多少倍？若把反馈系数减小一倍，当保持同样的输出电压时，给定电压 U_n^* 应为多少？（①$U_d = 12\text{V}$；②开环时 $U_d = 264\text{V}$，是闭环的 22 倍；③$\gamma = 0.35$ 时，$U_n^* = 4.6\text{V}$。）

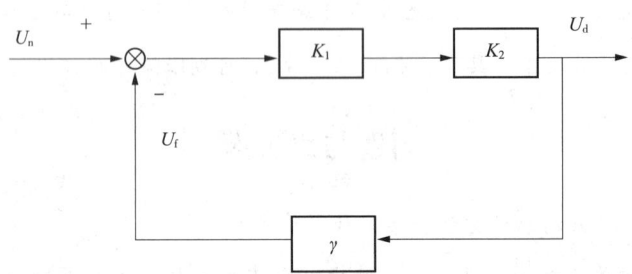

图 1-32 晶闸管稳压电源稳态结构图

7. 某 V-M 系统为转速负反馈有静差调速系统，电动机额定转速 $n = 1000\text{r/min}$，系统开环转速降落为 $\Delta n_{op} = 100\text{r/min}$，调速范围为 $D = 10$，如果要求系统的静差率由 15% 降落到 5%，则系统的开环系数将如何变化？（系统开环放大系数从 4.7 变为 18。）

8. 有一 V-M 系统，已知：$P_{\text{nom}} = 2.8\text{kW}$，$U_{\text{nom}} = 220\text{V}$，$I_{\text{nom}} = 15.6\text{A}$，$n_{\text{nom}} = 1500\text{r/min}$，$R_a = 1.5\Omega$，$R_{\text{rec}} = 1\Omega$，$K_s = 37$。

①开环工作时，试计算 $D = 30$ 时 s 的值。

②当 $D = 30$、$s = 10\%$ 时，计算系统允许的稳态速降。

③如为转速负反馈有静差调速系统，要求 $D = 30$、$s = 10\%$，在 $U_n^* = 10\text{V}$ 时使电动机在额定点工作，计算放大系数 K_p 和转速反馈系数 α。（①$s = 0.86$；②$\Delta n_{cl} = 5.56\text{r/min}$；③$K_p = 28.4$，$\alpha = 0.0067\text{V}\cdot\text{min/r}$。）

9. 为什么用积分控制的调速系统是无静差的？在转速单闭环调速系统中，当积分调节器

的输入偏差电压 $\Delta U = 0$ 时，调节器的输出电压是多少？它取决于哪些因素？

10. 在带电流截止环节的转速负反馈调速系统中，如果截止比较电压发生变化，对系统的静特性有什么影响？如果电流反馈电阻 R_s 大小发生变化，对静特性又有什么影响？

11. 转速负反馈调速系统中为了解决动静态之间的矛盾，可以采用比例积分调节器，为什么？

12. 发生下列情况，无静差调速系统是否会产生偏差？为什么？

①运算放大器产生零漂；

②给定电压由于稳压电源性能不好而不稳定；

③反馈电容间有漏电电流；

④测速发电机电压与转速不是线性关系。

第二章　多环调速系统

转速、电流双闭环控制的直流调速系统是应用最广性能很好的直流调速系统。本章着重介绍转速、电流双闭环直流调速系统的组成、工作原理、动静态特性及稳态参数计算,以及其控制规律、性能特点和设计方法,是各种交、直流电力拖动自动控制系统的重要基础。

第一节　转速、电流双闭环调速系统

一、问题的提出

采用开环调速系统,特性软;采用比例调节转速单闭环系统,有静差;采用 PI 调节器的转速负反馈单闭环直流调速系统,可以在保证系统稳定的前提下实现转速无静差。在单闭环直流调速系统中,电流截止负反馈环节是专门用来控制电流的,但它只能在超过临界电流值 I_{dcr} 以后,靠强烈的负反馈作用限制电流的冲击使电流迅速降下来,电磁转矩也随之减小,必定影响启动的快速性,带电流截止负反馈的单闭环调速系统启动时间的电流和转速波形如图 2-1 (a) 所示。

如果对系统的动态性能要求较高,单闭环系统就难以满足需要,例如要求快速起制动、突加负载动态速降小等等,这主要是因为单闭环系统中不能完全按照需求来控制动态过程的电流和转矩。

那么,如何提高快速性？　由：速度控制与电流控制的关系

$$T_e - T_L = C_M \Phi (I_d - I_L) = \frac{GD^2}{375} \frac{dn}{dt} \tag{2-1}$$

为提高快速性,需在充分利用电机过载能力 ($I_d = I_{dm}$) 的情况下,使电机以最大加速度升速或减速。

1. 理想的启动过程

对于经常正、反转运行的调速系统(龙门刨床、可逆轧钢机等),尽量缩短启、制动过程时间是提高生产效率的重要因素。

可在最大允许电流限制的条件下，充分利用电机的过载能力。

在过渡过程中，始终保持电流（转矩）为允许的最大值，使电力拖动系统以最大的加速度启动。

达到稳态转速后，立即让电流降下来，使转矩与负载相平衡，转入稳态运行。这样的理想的快速启动过程波形如图 2-1（b）所示。

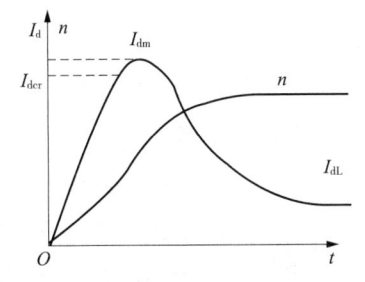
（a）带电流截止负反馈的单闭环调速系统的起动过程

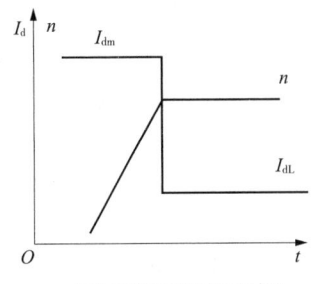
（b）理想的快速起动过程

图 2-1　直流调速系统起动过程的电流和转速波形

2. 解决思路

为了实现在允许条件下的最快起动，关键是要获得一段使电流保持为最大值 I_{dm} 的恒流过程。

按照反馈控制规律，采用某个物理量的负反馈就可以保持该量基本不变。那么，采用电流负反馈应该能够得到近似的恒流过程。

同时，希望能实现：

启动过程中，只有电流负反馈，没有转速负反馈。

达到稳态后，转速负反馈起主导作用；电流负反馈仅为电流随动子系统。

在原（转速）单闭环直流调速系统中再添加"电流"负反馈，就构成转速、电流双闭环调速系统。

二、转速、电流双闭环直流调速系统的组成及工作原理

为了实现转速和电流两种负反馈分别起作用，可在系统中设置两个调节器（电流调节器 ACR 和转速调节器 ASR），分别调节转速和电流，即分别引入转速负反馈和电流负反馈，二者之间实行嵌套（或称串级）联接。电流调节器 ACR 和电流检测反馈回路构成电流环；转速调节器 ASR 和转速检测反馈回路构成转速环，称为转速、电流双闭环直流调速系统，其结构如图 2-2 所示。

电流检测电路的原理如图 2-3 所示。

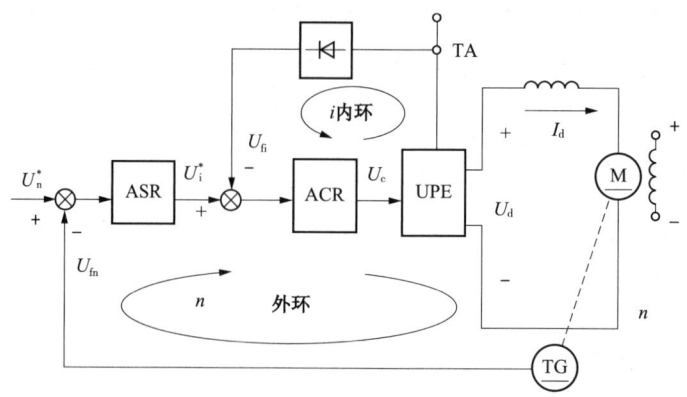

图 2-2 转速、电流双闭环直流调速系统结构

ASR—转速调节器；ACR—电流调节器；TG—测速发电机；TA—电流互感器；UPE—电力电子变换器

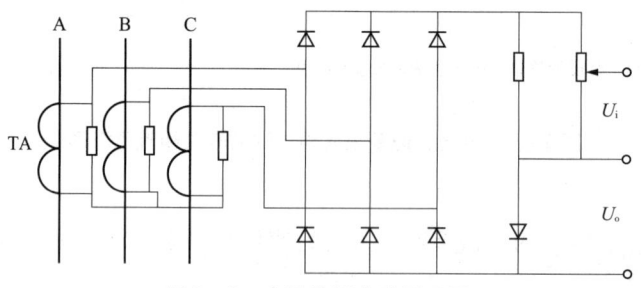

图 2-3 电流检测电路原理图

①把转速调节器的输出作电流调节器的输入；

②再用电流调节器的输出去控制电力电子变换器 UPE。

从闭环结构上看，电流环为内环，转速环为外环。这就形成了转速、电流双闭环调速系统。

为获得良好的静、动性能，转速和电流调节用 PI 调节器，如图 2-4 所示。

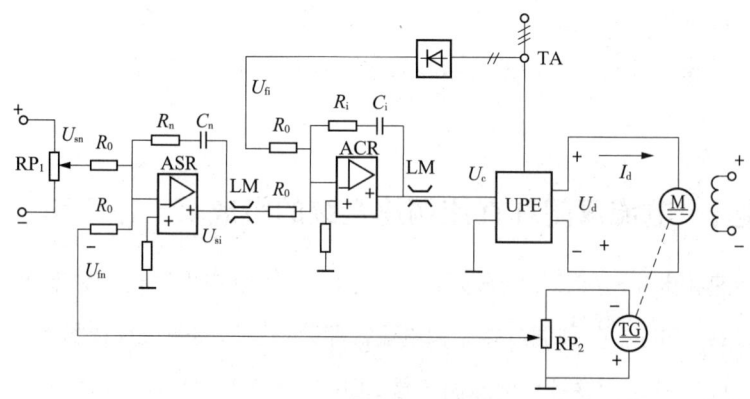

图 2-4 转速、电流双闭环直流调速电路原理图

图中标出的两个调节器输入输出电压的实际极性，是按照电力电子变换器的控制电压 U_c 为正电压的情况标出的，并考虑到运算放大器的倒相作用。给定电压极性与单环系统不同。两

个调节器的输出都带限幅,转速调节器 ASR 的输出限幅电压 U_{Sim} 决定了电流给定电压的最大值;电流调节器 ACR 的输出限幅电压 U_{cm} 限制了电力电子变换器的最大输出电压 U_{dm}。常用限幅电路如图 2-5 所示。

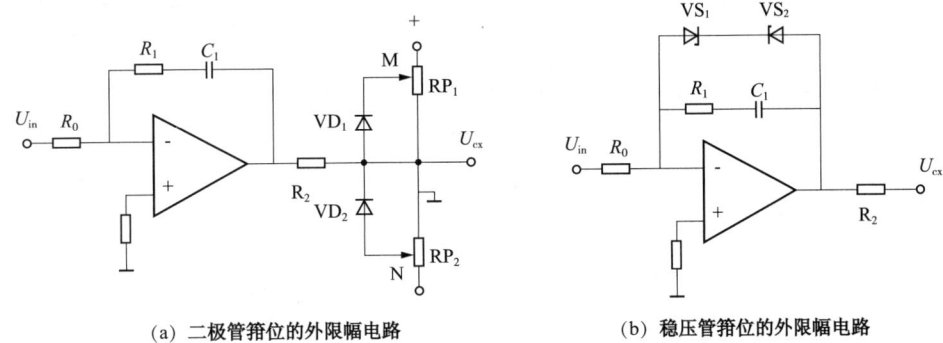

(a) 二极管箝位的外限幅电路　　　　(b) 稳压管箝位的外限幅电路

图 2-5　常用限幅电路

为了分析双闭环调速系统的静特性,必须先绘出它的稳态结构图。用带限幅的输出特性表示 PI 调节器,可得如图 2-6 所示的稳态结构框图。

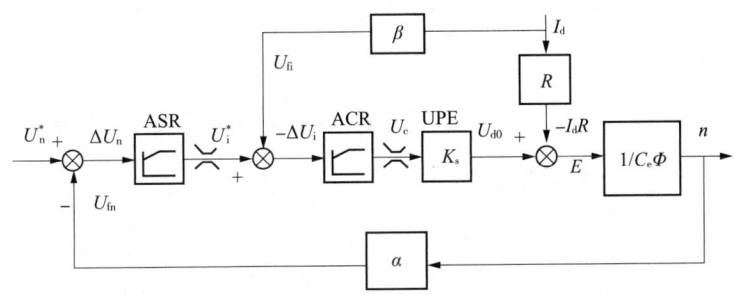

图 2-6　双闭环直流调速系统的稳态结构框图

α—转速反馈系数;β—电流反馈系数

三、转速、电流双闭环直流调速系统的静特性及稳态参数计算

双闭环直流调速系统的静特性如图 2-7 所示。分析静特性的关键是掌握带输出限幅 PI 调节器的稳态特征。存在两种状况:

(1) 饱和——输出达到限幅值

当调节器饱和时,输出为恒值,输入量的变化不再影响输出,除非有反向的输入信号使调节器退出饱和;换句话说,饱和的调节器暂时隔断了输入和输出间的联系,相当于使该调节环开环。

(2) 不饱和——输出未达到限幅值

当调节器不饱和时,PI 的作用使输入偏差电压在

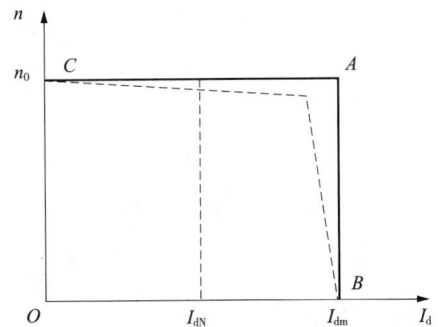

图 2-7　双闭环直流调速系统的静特性

稳态时总是零。

实际上，在正常运行时，电流调节器是不会达到饱和状态的。因此，对于静特性来说，只有转速调节器饱和与不饱和两种情况。

1. 转速调节器不饱和

$$U_n^* = U_{fn} = \alpha n = \alpha n_0$$
$$U_{si} = U_{fi} = \beta I_d \tag{2-2}$$

由第一个关系式可得：

$$n = \frac{U_{fn}}{\alpha} = n_0 \tag{2-3}$$

从而得到图 2-7 静特性的 CA 段，即运行段。

由于 ASR 不饱和，$U_{si} < U_{sim}$，可知 $I_d < I_{dm}$。就是说，CA 段静特性从理想空载状态的 $I_d = 0$ 一直延续到 $I_d = I_{dm}$（而 I_{dm} 一般都是大于额定电流 I_{dN} 的）。

这就是静特性的运行段，具有水平特性。

2. 转速调节器饱和

ASR 输出达限幅值 U_{sim}，转速外环呈开环状，转速变化对系统不再产生影响。双闭环系统变成一电流无静差单电流闭环调节系统。

稳态时：

$$I_d = \frac{U_{im}}{\beta} = I_{dm} \tag{2-4}$$

式中，最大电流 I_{dm} 是由设计者选定的，取决于电机的容许过载能力和拖动系统允许的最大加速度。

式（2-4）所描述的静特性是图 2-7 中的 AB 段，具有垂直的特性。

3. 两个调节器的作用

双闭环系统的静特性在负载电流小于 I_{dm} 时表现为转速无静差，这时转速负反馈起主要调节作用（运行段）。

当负载电流达到 I_{dm} 后，转速调节器饱和，电流调节器起主要调节作用，表现为电流无静差，得到过电流的自动保护。

这就是采用了两个 PI 调节器分别形成内、外两个闭环的效果。

然而实际上：

①运算放大器的开环放大系数并不是无穷大；

②为了避免零点飘移而采用"准 PI 调节器"。静特性的两段实际上都略有很小的静差，如图 2-7 中虚线所示。

稳态工作中，当两个调节器都不饱和时，各变量之间有下列关系：

控制电压：$U_c = \dfrac{U_{d0}}{K_s} = \dfrac{C_e\Phi n + I_d R}{K_s} = \dfrac{C_e\Phi U_{sn}/\alpha}{K_s}$

转速反馈系数：$\alpha = \dfrac{U_{nm}^*}{n_{\max}}$

电流反馈系数：$\beta = \dfrac{U_{sim}}{I_{dm}}$

这些关系也反映了 PI 调节器不同于 P 调节器的特点：P 调节器的输出量总是正比于其输入量；而 PI 调节器输出量的稳态值与输入无关，而是由它后面环节的需要决定的。后面需要 PI 调节器提供多么大的输出值，它就能提供多少，直到饱和为止。

鉴于这一特点，双闭环调速系统的稳态参数计算与单闭环有静差系统完全不同，而和无静差系统稳态计算相似。表明，用双 PI 调节器时，在稳态工作点上：

①转速 n 是由给定电压 U_{sn} 决定的；

②ASR 的输出量 U_{si} 是由负电流 I_{dL} 决定的；

③控制电压 U_c 的大小，同时取决于 n 和 I_{dL}，或取决于 U_{sn} 和 I_{dL}。

四、双闭环直流调速系统的数学模型和动态性能

在单闭环直流调速系统动态数学模型的基础上，考虑双闭环控制的结构，即可绘出双闭环直流调速系统的动态结构框图，如图 2-8 所示。

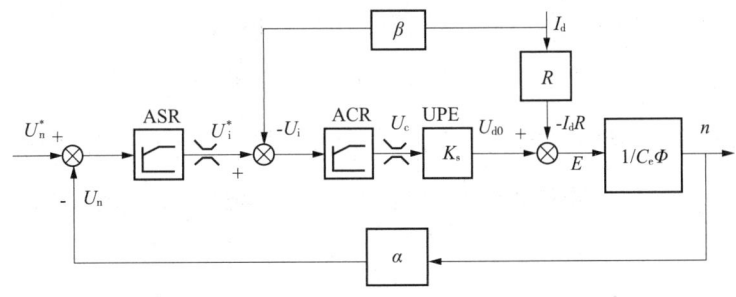

图 2-8 双闭环直流调速系统的动态结构框图

$W_{ASR}(s)$ 和 $W_{ACR}(s)$ 分别表示转速调节器和电流调节器的传递函数。如果采用 PI 调节器，则有：

$$W_{ASR}(s) = K_n \dfrac{\tau_n s + 1}{\tau_n s} \qquad W_{ACR}(s) = K_i \dfrac{\tau_i s + 1}{\tau_i s}$$

1. 启动过程分析

设置双闭环控制的一个重要目的就是要获得接近理想启动过程。分析双闭环调速系统的动态性能时,首先探讨它的启动过程。

在起动过程中转速调节器 ASR 经历了不饱和、饱和、退饱和三种情况,整个动态过程就分为对应的三个阶段。

双闭环直流调速系统突加给定电压由静止状态起动时,转速和电流的动态过程整个动态过程就分成图 2-9 所示的 Ⅰ、Ⅱ、Ⅲ 三个阶段:电流上升时间、转速上升时间、转速调整阶段。

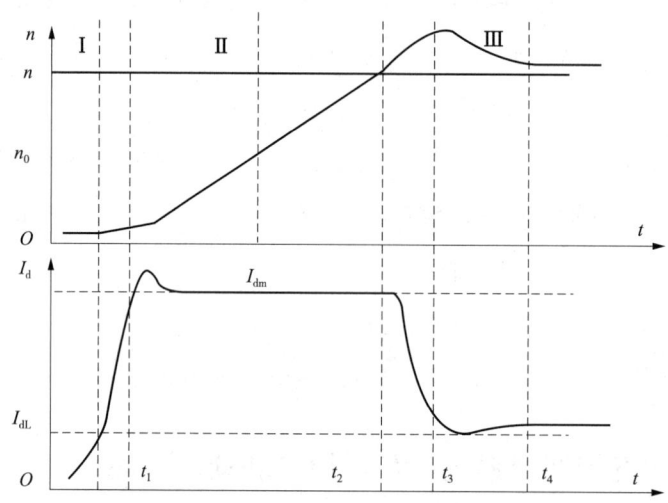

图 2-9　双闭环直流调速系统起动时的转速和电流波形

(1) 第 Ⅰ 阶段:电流上升的阶段

突加给定电压 U_n^* 后:I_d 上升。当 $I_d < I_{dL}$ 时,电机还不能转动。

当 $I_d \geq I_{dL}$ 时,电机开始起动。由于机电惯性,转速不会很快增长,因而转速调节器 ASR 的输入偏差电压的数值仍较大,其输出电压保持限幅值 U_{im}^*,强迫电流 I_d 迅速上升。

直到 $I_d = I_{dm}$,$U_i = U_{im}^*$,电流调节器很快就压制了 I_d 的增长。这一阶段结束。

(2) 第 Ⅱ 阶段:恒流升速阶段

这阶段,ASR 始终饱和,转速环相当于开环;系统成为在恒值电压 U_{im}^* 给定下的电流调节系统,电流 I_d 恒定,加速度恒定,转速线性增长。

同时,电机反电动势 E 线性增长。对电流调节系统,E 是一个线性渐增的扰动量,为了克服它的扰动,U_{d0} 和 U_c 基本上按线性增长,保持 I_d 恒定。

当 ACR 采用 PI 调节器时,要使其输出量线性增长,其输入偏差电压必须维持一定的恒值,

即 I_d 应略低于 I_{dm}。

恒流升速阶段是起动过程中的主要阶段——电机在最大电流下以恒加速度升速。

为了保证电流环的主要调节作用,在起动过程中 ACR 是不应饱和的,电力电子装置 UPE 的最大输出电压也须留有余地。这些都是设计时必须注意的。

(3) 第Ⅲ阶段转速调节阶段

当转速上升到给定值时,转速调节器 ASR 的输入偏差减少到零,但其输出却由于积分作用还维持在限幅值 U_{sim}^*,所以电机仍在加速,使转速超调。

转速超调后,ASR 输入偏差电压变负,使它开始退出饱和状态,U_{si}^* 和 I_d 很快下降。但是,只要 I_d 仍大于负载电流 I_{dL},转速就继续上升。

直到 $I_d = I_{dL}$ 时,转矩 $T_e = T_L$,则 $dn/dt = 0$,转速 n 才到达峰值($t = t_3$ 时)。此后,电动机开始在负载的阻力下减速,相应 $(t_3 \sim t_4)$ 小段时间内,$I_d < I_{dL}$,直到稳定。

如果调节器参数整定得不够好,会有些振荡过程。

在这最后的转速调节阶段内,ASR 和 ACR 都不饱和,ASR 起主导的转速调节作用,而 ACR 则力图使 I_d 尽快地跟随其给定值 U_{si}^*,或者说,电流内环是一个电流随动子系统。

综上所述,双闭环直流调速系统的起动过程有以下三个特点:

① 饱和非线性控制;

② 转速超调;

③ 准时间最优控制。

最后,应该指出:对于不可逆的电力电子变换器,双闭环控制只能保证良好的启动性能,却不能产生回馈制动。在制动时,当电流下降到零以后,自由停车。必须加快制动时,只能采用电阻能耗制动或电磁抱闸。

2. 动态抗扰性能分析

一般来说,双闭环调速系统具有比较满意的动态性能。

对于调速系统,最重要的动态性能是抗扰性能。主要是抗负载扰动和抗电网电压扰动的性能。

(1) 抗负载扰动

由动态结构框图(图 2-8)中可以看出,负载扰动在转速反馈环内、电流反馈环外。因此只能靠转速调节器 ASR 来产生抗负载扰动的作用。在设计 ASR 时,应要求有较好的抗扰性能指标。

(2) 抗电网电压扰动

在单闭环调速系统中,电网电压扰动的作用点离被调量较远,调节作用受到多个环节的延滞，因此单闭环调速系统抵抗电压扰动的性能要差一些。

双闭环系统中，由于增设了电流内环，电压波动可以通过电流反馈得到比较及时的调节，不必等它影响到转速以后才能反馈回来，抗扰性能大有改善。

因此，在双闭环系统中，由电网电压波动引起的转速动态变化会比单闭环系统小得多。

五、转速和电流两个调节器的作用

1. 转速调节器的作用

①转速调节器是调速系统的主导调节器，它使转速 n 很快地跟随给定电压变化；稳态时可减小转速误差；如果采用 PI 调节器，则可实现无静差。

②对负载变化起抗扰作用（抗负载扰动）。

③其输出限幅值决定电机允许的最大电流。

2. 电流调节器的作用

①作为内环的调节器，在外环转速调节过程中，其作用是"使电流紧紧跟随其电流给定信号"（即外环调节器的输出量）变化。

②对电网电压的波动起及时抗扰的作用。

③在转速动态过程中，保证获得电机允许的最大电流，从而加快（起动、升降速）动态过程。

④当电机过载甚至堵转时，限制电枢电流的最大值，起快速的自动保护作用。一旦故障消失，系统立即自动恢复正常。这个作用对系统的可靠运行来说是十分重要的。

第二节 转速超调的抑制——转速微分负反馈

一、问题的提出

由于双闭环直流调速系统具有良好的动、静态性能，所以它在冶金、机械、印刷、印染等行业得到广泛应用。但是，由于 ASR 采用了饱和非线性控制，启动过程结束进入转速调节阶段后，必须使转速超调，ASR 的输入偏差电压 ΔU_n 为负值，才能使 ASR 退出饱和。

这样，采用 PI 调节器的双闭环调速系统的转速响应必然有超调。对于不允许转速超调、或者对动态抗扰性能要求特别严格的生产机械，双闭环调速系统就不能满足要求。

实践证明，在转速调节器 ASR 上引入转速微分负反馈，可以抑制转速超调并能显著降低动态速降。

二、转速微分负反馈双闭环调速系统的基本原理

带微分负反馈的转速调节器如图 2-10 所示。和普通转速调节器相比，增加了电容 C_{dn} 和电阻 R_{dn}，即在转速负反馈的基础上叠加了一个转速微分负反馈信号。在转速变化过程中，将比普通双闭环调速系统更快达到平衡。普通双闭环系统的退饱和点在 O 点滞后于带微分负反馈的双闭环系统 T 点。T 点所对应的转速小于 n^*，所以有可能在系统工作之后没有超调而趋于稳定。

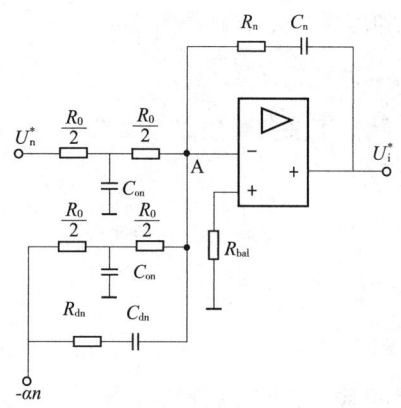

图 2-10 带微分负反馈的转速调节器

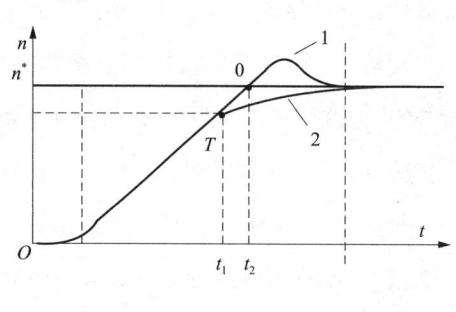

图 2-11 转速微分负反馈对启动过程的影响

1—普通双闭环系统；2—带微分负反馈的双闭环系统

带微分负反馈的转速调节器 A 点为虚地。则节点 A 的电流平衡方程为

$$\frac{U_n^*(s)}{R_0(T_{on}s+1)} - \frac{\alpha n(s)}{R_0(T_{on}s+1)} - \frac{\alpha n(s)}{R_{dn} + \frac{1}{C_{dn}s}} = \frac{-U_i^*(s)}{R_n + \frac{1}{C_n s}} \quad (2-5)$$

化简得

$$\frac{U_n^*(s)}{T_{on}s+1} - \frac{\alpha n(s)}{T_{on}s+1} - \frac{\alpha \tau_{dn} s n(s)}{T_{0dn}s+1} = \frac{-U_i^*(s)}{K_n \frac{\tau_n s+1}{\tau_n s}} \quad (2-6)$$

式中 τ_{dn}——转速微分时间常数，$\tau_{dn} = R_0 C_{dn}$；

T_{0dn}——转速微分滤波时间常数，$T_{0dn} = R_{dn} C_{dn}$；

τ_n——PI 调节器的超前时间常数，$\tau_n = R_n C_{dn}$；

K_n——比例放大系数，$K_n = R_n/R_0$。

C_{dn} 主要对转速信号进行微分，也称微分电容；R_{dn} 主要滤掉微分后带来的高频噪声，也称微分电阻。若 $T_{0dn} = T_{dn}$，按小惯性近似方法，令 $T_{\Sigma n} = T_{on} + 2T_{\Sigma i}$，进一步分析带转速微分负反

馈双闭环调速系统的抗负载扰动性能指标可以看出，引入微分负反馈后，动态速降得到降低，但恢复时间延长了。

第三节 调节器的工程设计方法

一、工程设计方法与步骤

直流调速系统动态参数的工程设计，包括确定预期典型系统、选择调节器类型、计算调节器参数。设计结果应满足生产机械工艺提出的静态与动态性能指标要求。

电动机、电力电子变换器（晶闸管整流起、触发器）可按负载的工艺要求来设计选择，速度与电流反馈系数可以通过稳态参数计算得到。

直流调速系统的调节器，主要运用频率特性工具进行设计。常用的基本思路是：

①根据生产机械和工艺要求确定系统的静态与动态性能指标；

②根据性能指标求出相应的预期开环对数频率特性；

③通过比较预期开环对数频率特性和控制对象的固有频率特性，确定调节器结构和参数。

一个控制系统的预期开环对数频率特性一般应具有以下几个特点：

①中频段以 $-20\mathrm{dB/dec}$ 的斜率穿越 0dB 线，中频带具有一定的宽度，以确保系统的稳定性；

②截止频率 ω_c 应近可能大一些，以确保系统的快速性；

③低频段的增益要高，以确保系统的稳态精度；

④高频段要衰减得快一些，以提高系统的抗干扰能力。

实际上，在设计时，要同时解决"稳"、"准"、"快"和"抗干扰"等各方面相互有矛盾的静、动态性能指标要求，常常需要引入校正装置。需要设计者有扎实的理论基础和丰富的实践经验。

一般来说，许多控制系统的开环传递函数都可表示为：

$$W(s) = \frac{K(\tau_1 s + 1)(\tau_2 s + 1)\cdots}{s^r(T_1 s + 1)(T_2 s + 1)\cdots} \qquad (2-7)$$

式中，分母中的 s^r 项表示该系统在原点处有 r 重极点，或者说，系统含有 r 个积分环节。

根据 $r = 0，1，2，\cdots$ 等不同数值，分别称作 0 型、Ⅰ 型、Ⅱ 型⋯系统。

自控理论已证明：0 型系统稳态精度低，而 Ⅲ 型和 Ⅲ 型以上的系统很难稳定。因此，为了保证稳定性和较好的稳态精度，多选用 Ⅰ 型和 Ⅱ 型系统。

二、典型系统

1. 典型 I 型系统

以典型 I 型系统为例，论述系统的设计过程。

典型 I 型系统的开环传递函数为

$$W(s) = \frac{K}{s(Ts+1)} \tag{2-8}$$

其闭环系统结构图和开环对数频率特性如图 2-12 所示。

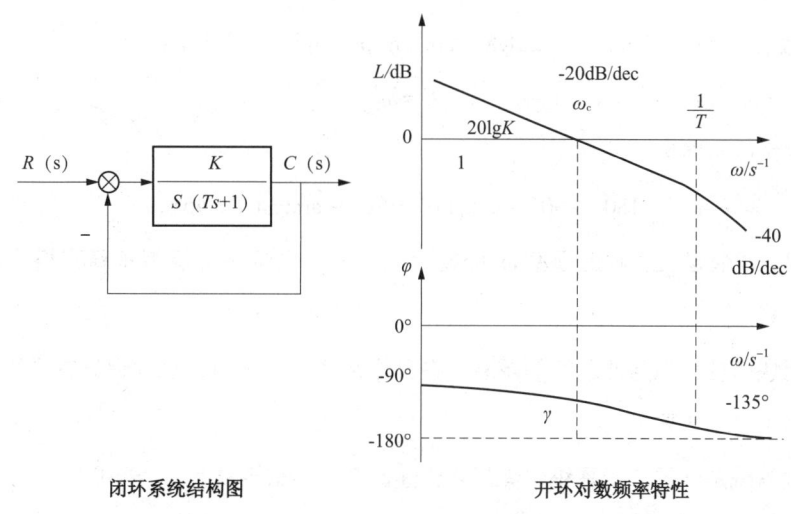

闭环系统结构图　　　　开环对数频率特性

图 2-12　典型 I 型系统

从闭环系统结构图看出，典型 I 型系统是由一个积分环节和一个惯性环节串联组成的单位反馈系统。从开环对数频率特性曲线可以看出，对数幅频特性的中频段以 -20dB/dec 的斜率穿越 0dB 线。只要参数的选择能保证足够的中频带宽度，系统就一定是稳定的，且有足够的稳定裕量。它包含两个参数：开环增益 K 和时间常数 T。时间常数 T 往往是控制对象本身固有的；能够由调节器改变的只有开环增益 K，即 K 是唯一的待定参数。设计时，需要按照性能指标选择参数 K 的大小。

（1）K 与系统稳态跟随性能的关系

稳态跟随性能可用不同给定输入信号作用下的稳态误差来表示，如表 2-1 所示。

表 2-1　I 型系统在不同输入信号作用下的稳态误差

输入信号	阶跃输入	斜坡输入	加速度输入
稳态误差	0	v_0K	∞

由此可见：

①在阶跃输入下的Ⅰ型系统稳态时是无差的；

②在斜坡输入下则有恒值稳态误差，且与 K 值成反比；

③在加速度输入下稳态误差为∞。

因此，Ⅰ型系统不能用于具有加速度输入的随动系统。

（2） K 与系统动态跟随性能的关系

从开环对数频率特性看出，当 $\omega_c < 1/T$ 时，特性以 $-20\mathrm{dB/dec}$ 斜率穿越零分贝线，系统有较好的稳定性。

在 $\omega = 1$ 处，
$$L(\omega) = 20\lg K = 20(\lg \omega_c - \lg 1) = 20\lg \omega_c \qquad (2-9)$$

所以：
$$K = \omega_c$$

于是，相角稳定裕度：
$$180° - 90° - \mathrm{arctg}\,\omega_c T = 90° - \mathrm{arctg}\,\omega_c T > 45° \qquad (2-10)$$

由此看出，K 值越大，截止频率 ω_c 也越大，系统响应越快；但相角稳定裕度，$\gamma = 90° - \mathrm{arctg}\,\omega_c T$ 越小。

这也说明快速性与稳定性之间的矛盾。在具体选择参数 K 时，必须保证在系统稳定的前提下，满足其他生产工艺要求。

典型Ⅰ型系统是一种二阶系统，其闭环传递函数的一般形式为
$$W_{cl}(s) = \frac{C(s)}{R(s)} = \frac{\omega_n^2}{s^2 + 2\xi\omega_n s + \omega_n^2} \qquad (2-11)$$

式中　ω_n——无阻尼时的自然振荡角频率，或称固有角频率；

　　　ξ——阻尼比，或称衰减系数。

典型Ⅰ型系统是二阶系统，其闭环传递函数
$$W_{cl}(s) = \frac{W(s)}{1 + W(s)} = \frac{K/T}{s^2 + s/T + K/T} \qquad (2-12)$$

K、T 与标准形式中的参数的换算关系：
$$\omega_n = \sqrt{K/T} \qquad \xi = 1/2\sqrt{1/KT}$$
$$\xi\omega_n = 1/2T$$

二阶系统的性质：

当 $\xi < 1$ 时，系统动态响应是欠阻尼的振荡特性，

当 $\xi > 1$ 时，系统动态响应是过阻尼的单调特性；

当 $\xi = 1$ 时，系统动态响应是临界阻尼。

由于过阻尼特性动态响应较慢，所以一般常把系统设计成欠阻尼状态，即

$$0 < \xi < 1 \quad (2-13)$$

下面列出欠阻尼二阶系统在零初始条件下的阶跃响应动态指标计算公式。

超调量：$\sigma = e^{-(\xi\pi/\sqrt{1-\xi^2})} \times 100\%$ （2-14）

峰值时间：$t_p = \dfrac{\pi}{\omega_n \sqrt{1-\xi^2}}$ （2-15）

上升时间：$t_r = \dfrac{2\xi T}{\sqrt{1-\xi^2}} (\pi - \arccos\xi)$ （2-16）

调节时间 t_s：$t_s \approx \dfrac{3}{\zeta\omega_n} = 6T \ (\Delta = 5\%) \ (\zeta < 0.9)$ （2-17）

截止频率：$\omega_c = \dfrac{[\sqrt{4\xi^2+1} - 2\xi^2]^{1/2}}{2\zeta T}$ （2-18）

相角稳定裕度：$\gamma = \arctan \dfrac{2\xi}{[\sqrt{4\xi^4+1} - 2\xi^2]^{1/2}}$ （2-19）

其动态性能指标与 K 及 ξ 的关系如表 2-2 所示。随着开环放大倍数 K 增大，阻尼比 ξ 减小，超调量 $\delta\%$ 增大，稳定性变差，调节时间 t_s 减小，快速性好。当 K 值过大时，调节时间 t_s 反而增大，快速性变差。当 $K = 1/2T$ 或 $\xi = 0.707$ 时，稳定性和快速性都较好，通常称为"Ⅰ型系统最佳工程参数"。此时，系统的跟踪性能指标为：$\delta\% = 4.4\%$，$t_s = 4.2T$（5%）。

实践证明，上述典型参数对应的性能指标适合于响应快而又不允许过大超调量的系统，一般情况下，都能满足工程设计要求。但工程最佳参数并不是唯一的参数选择，设计者或调试者应根据不同的控制要求，掌握参数变化对系统动态性能影响的规律，灵活选择满意的参数。典型Ⅰ型系统跟随性能指标或频域指标与参数的关系如表 2-2 所示。

表2-2　典型Ⅰ型系统跟随性能指标和频域指标与参数的关系

参数关系 KT	0.25	0.39	0.5	0.69	1.0
阻尼比 ζ	1.0	0.8	0.707	0.6	0.5
超调量 σ	0	1.5%	4.3%	9.5%	16.3%
上升时间 t_r	-	6.6T	4.7T	3.3T	2.4T
峰值时间 t_p	∞	8.3T	6.2T	4.7T	3.2T
调节时间 t_s（5%）	9.5	7.2	5.4	4.2	5.6
相角稳定裕度 γ	76.3°	69.9°	65.5°	59.2°	51.8°
截止频率 ω_c	0.243/T	0.367/T	0.455/T	0.596/T	0.786/T

2. K 与抗扰性能指标的关系

图 2-13 为扰动作用下的典型 I 型系统结构图,其开环传递函数为

$$W_1(s) W_2(s) = W(s) = \frac{K}{s(Ts+1)} \tag{2-20}$$

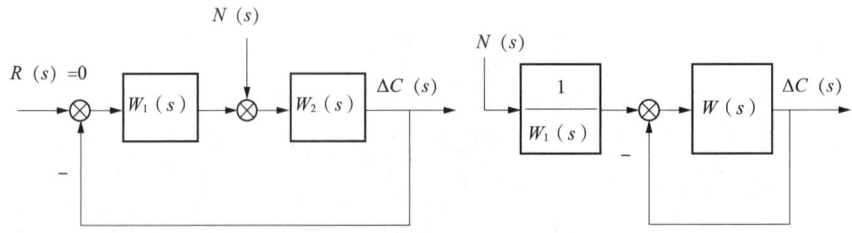

图 2-13 扰动作用下的典型 I 型系统结构图

这里仅讨论抗扰性能,可令给定输入 $R(s)=0$,则在扰动 $N(s)$ 作用下的输出表达式

$$\Delta C(s) = \frac{N(s)}{W_1(s)} \times \frac{W_1(s)}{1+W_1(s)} \tag{2-21}$$

显然,抗挠性能的优劣除了与其结构有关外,挠动作用点前的传递函数 $W_1(s)$ 对抗挠性能也有很大的影响;因此,仅靠典型系统的开环传递函数 $W(s)$ 并不能像分析跟随性能那样唯一地决定抗扰性能指标,挠动作用点的位置也是一个重要因素。某种定量的抗挠性能指标只适用于一种特定的挠动作用点 s 抗挠分析复杂。

若设
$$W_1(s) = \frac{K_{pi}\tau s + 1}{\tau s} \quad (\text{PI 调节器}) \tag{2-22}$$

$$W_2(s) = \frac{K_2}{(T_1 s+1)(T_2 s+1)} \quad (\text{电动机传递函数,且 } T_2 > T_1 = T) \tag{2-23}$$

令 $K_{pi}\tau = T_2$,使 PI 校正装置比例微分项与原系统中时间常数最大的惯性环节 $1/(T_2 s+1)$ 抵消,在阶跃挠动 $N(s) = N/s$ 下,输出变化量为:

$$\Delta C(s) = \frac{NK_2(Ts+1)}{(T_2 s+1)(Ts^2+s+K)} \tag{2-24}$$

如果按最佳参数选定:$KT = 0.5$,

$$\Delta C(s) = \frac{2NK_2 T(Ts+1)}{(T_2 s+1)(2T^2 s^2+2Ts+1)} \tag{2-25}$$

经过拉氏反变换,可得到阶跃挠动后输出变化量的动态过程函数 $\Delta C(t)$。

取:
$$m = T_1/T_2 < 1 \tag{2-26}$$

m 为控制对象中小时间常数与大时间常数的比值。取不同 m 值,可计算出相应的 $\Delta C(t)$ 动态过程曲线,并算出抗挠指标,即最大动态速降 ΔC_{max} 以及对应的时间 t_m、恢复时间 t_v,如表 2-3 所示。

表 2-3 典型 I 型系统动态抗扰性能指标与参数的关系

$m=\dfrac{T_1}{T_2}=\dfrac{T}{T_2}$	$\dfrac{1}{5}$	$\dfrac{1}{10}$	$\dfrac{1}{20}$	$\dfrac{1}{30}$
$\dfrac{\Delta C_{max}}{C_b}\times 100\%$	55.5%	33.2%	18.5%	12.9%
t_m/T	2.8	3.4	3.8	4.0
$t_v/T\ (5\%)$	14.7	21.7	28.7	30.4

可看出,当控制对象的两个时间常数相距较大时,动态降落减小,但恢复时间却拖得较长。

另外,抗挠性能的优劣不仅与控制对象的时间常数有关,还与给定作用的跟随性能的优劣有关。给定作用的跟随性能指标中,超调量 σ 较大,上升时间 t_r 越短的系统,其抗挠性能就越好;而超调量 σ 较小,上升时间 t_r 较长的系统,其抗挠恢复时间 t_v 也长。这就是典型 I 型系统的跟随性能和抗挠性能之间的内在联系以及它们之间的制约和矛盾所在,尤其在 T_2 较大时更为明显。所以,若以良好的抗扰性能为主要指标,而控制对象的 $T_2>10T$ 时,应将系统设计为典型 II 型系统。

典型 II 型系统的设计过程与典型 I 型系统的设计过程相似。

综上所述,简化的控制系统调节器设计基本思路是,把调节器的设计过程分作两步:

①选择调节器结构,使系统典型化并满足稳定和稳态精度。

②设计调节器的参数,以满足动态性能指标的要求。

这样做,就可把"稳、快、准和抗干扰"之间相互交叉的矛盾问题分成两步来解决:

第一步,解决主要矛盾:动态稳定性和稳态精度;

第二步,再进一步满足其他动态性能指标。

选择调节器结构时,只采用少量典型系统,其参数与系统性能指标的关系明确,可使参数设计方法规范化,减少设计工作量。

本 章 小 结

(1) 双闭环直流调速系统由速度调节器 ASR 去驱动电流调节器 ACR,再由 ACR 去驱动触发装置。电流环为内环,速度环为外环。

(2) 电流调节器 ACR 的作用

①在启动时,由于 ASR 的饱和作用,ACR 调节允许的最大电流 I_{dm},使过渡过程加快,实现快速启动。

②依靠 ACR 的调节作用，可限制最大电流，$I_{dm} \leq U_{im}^*/\beta$

③当电网电压的波动，起及时抗扰的作用，使当电网电压的波动，几乎对转速不产生影响。

④在电动机过载甚至堵转时，一方面限制过大的电流，起到快速的保护作用；另一方面，使转速迅速下降，实现了挖土机特性。

（3）转速调节器的作用

①稳定转速，使转速保持在 $n = U_{nm}^*/\alpha$ 的数值上。

②使转速 n 跟随给定电压 U_n^* 变化，稳定运行无静差。

③在负载变化（或前向通道各环节产生的扰动）而使转速出现偏差时，依靠 ASR 的调节来消除偏差，保持转速恒定。

④其输出限幅值决定电机允许的最大电流。

（4）实用的调节器线路，一般应有抑制零漂、输入限幅、输入滤波、输出限幅、输出限流、功率放大、比例系数可调、寄生振荡消除等附属电路。

（5）双闭环调速系统的启动过程分为三个阶段，第Ⅰ阶段电流上升的阶段第，第Ⅱ阶段恒流升速阶段，第Ⅲ阶段转速调节阶段。从启动时间上看第Ⅱ阶段恒流升速阶段为主要阶段，因此，双闭环调速系统基本上实现了在限制最大电流下的快速启动，利用了饱和非线性控制的方法，达到"准时间最优控制"。

（6）双闭环调速系统引入转速微分负反馈后，可使突加给定电压启动时转速调节器提早退饱和，从而有效地抑制以至消除转速超调。同时也增强了调速系统的抗扰性能，在负载扰动下的动态速降大大降低，但系统恢复时间有所延长。

（7）在设计双闭环调速系统时，一般是先内环后外环，调节器的结构和参数取决于稳态精度和动态校正的要求。双闭环调速系统动态校正的设计与调试都是按先内环后外环的顺序进行，在动态过程中可以认为外环对内环几乎无影响，而内环则是外环的一个组成环节。

习题与思考题

1. 转速、电流双闭环调速系统中，给定电压 U_n^* 不变，增加转速负反馈系数 α，系统稳定后转速负反馈电压是增加、减小还是不变？（不变）

2. 转速、电流双闭环调速系统稳态运行时，两个调节器的输入偏差电压和输出电压各是多少？为什么？

3. 如果反馈信号的极性接反了，会产生怎样的后果？

4. ASR、ACR 均采用 PI 调节器的双闭环调速系统，在带额定负载运行时，转速反馈线突然断线,当系统重新进入稳定运行时电流调节器的输入偏差信号 ΔU_i 是否为零?(ΔU_i 不为零)

5. 在转速、电流双闭环调速系统中,两个调节器 ASR、ACR 均采用 PI 调节器。试问:①调试中怎样才能做到 $U_{im}^* = 6V$ 时,$I_{dm} = 20A$;如欲使 $U_{nm}^* = 10V$ 时,$n = 1000r/min$,应调什么参数? ②如发现下垂段特性不够陡或工作段特性不够硬,应调节什么参数?(①当 U_{im}^* 固定时,只需调节电流反馈系数 β 即可实现;当 U_{nm}^* 已知时,调节转速反馈系数 α 可实现;②发现下垂段特性不够陡时,可增大 ACR 的稳态放大系数;如工作段特性不够硬时,可增大 ACR 的稳态放大系数)

6. 在转速、电流双闭环调速系统中,调节器 ASR、ACR 均采用 PI 调节器。当 ASR 输出达到 $U_{im}^* = 8$ 时,主电路电流达到最大电流 80A。当负载电流由 40A 增加到 70A 时,试问:

(1) U_i^* 应如何变化?

(2) U_c 应如何变化?

(3) U_c 值由哪些条件决定?

7. 图 2-14 是中小功率双闭环调速系统不可逆直流调速系统的典型线路,图中交流部分画成单线,对单相和三相都适用。主电路的过电压保护、过电流保护、电器控制电路和仪表均略去未画。试分析该系统有哪些反馈环节?它们在系统中各起什么作用?电位器各起什么作用?试分析电位器 RP_1、RP_3、RP_5、RP_{10}、RP_{12} 和 RP_{13} 等电位器触点向下移动后对系统性能(或参数)的影响。

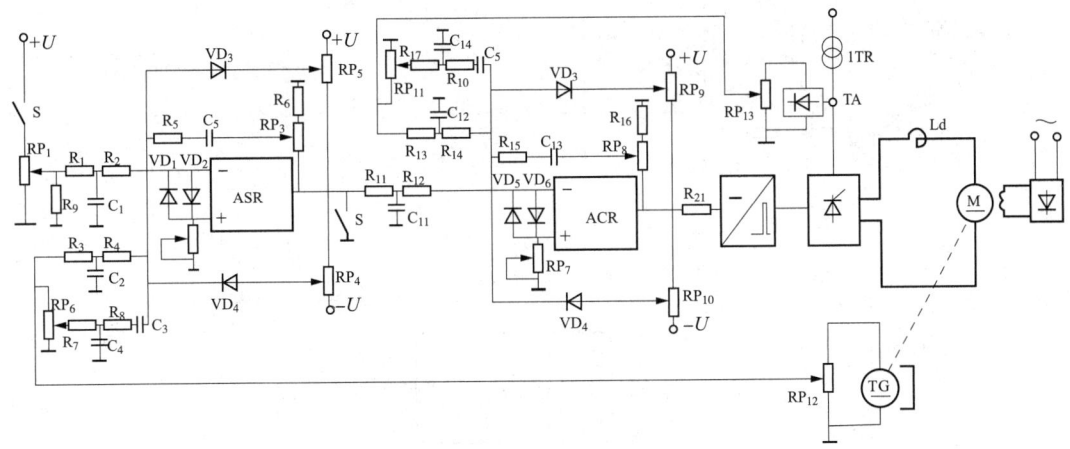

图 2-14 中小功率双闭环调速系统不可逆直流调素系统的典型线路

8. 在转速、电流双闭环调速系统中,出现电网电压波动与负载扰动时,哪个调节器起主要作用?(电网电压波动时,ACR 起主要调节作用;负载扰动时,ASR 起主要调节作用)

9. 有一系统,已知 $W_{obj}(s) = \dfrac{20}{(0.25s+1)(0.005s+1)}$,要求将系统校正成典型 I 型系

统,试选择调节器类型并计算调节器参数。

10. 有一系统,已知其前向通道传递函数为 $W(s) = \dfrac{20}{0.12s(0.01s+1)}$,反馈通道传递函数为 $\dfrac{0.003}{0.005s+1}$,将该系统校正为典型 I 型系统,画出校正后系统动态结构图。

11. 某双闭环调速系统,采用三相桥式全控整流电路,已知电动机参数为:$P_{nom}=550\text{kW}$, $U_{mom}=750\text{V}$, $I_{mom}=780\text{A}$, $n_{mom}=375\text{r/min}$, $C_e\Phi=1.92\text{V}\cdot\text{min/r}$,允许电流过载倍数 $\lambda=1.5$, $R=0.5\Omega$, $K_s=75$, $T_l=0.03\text{s}$, $T_m=0.084\text{s}$, $T_{oi}=0.002\text{s}$, $T_{on}=0.02\text{s}$, $U_{nm}^*=U_{im}^*=U_{cim}^*=12\text{V}$,调节器输入电阻 $R_0=40\text{k}\Omega$。设计指标:稳态无静差,电流超调量 $\delta_i \leq 5\%$,空载启动到额定转速时的转速超调量 $\delta_n \leq 10\%$,电流调节器已按典型 I 型系统设计,并取 $KT=0.5$。试选择转速调节器结构,并计算其参数。计算电流环和转速环的截止频率 ω_{ci} 和 ω_{cn},并考虑它们是否合理?(电流环截止频率 $\omega_{ci}=136.2\text{s}^{-1}$;转速环截止频率 $\omega_{cn}=22\text{s}^{-1}$)。

12. 图 2-15 为一通用电流继电器单元线路,试分析线路中各环节和各元件的作用,在读懂线路图的基础上,试回答下列问题(R_1、R_2、R_3、R_4、R_5、R_6 为 10kΩ,C_1、C_2、C_3 为 1Mf,$VD_1 \sim VD_5$ 均为 2CP14)

① 电阻 R_1、R_2 和电容 C_1 构成什么环节?

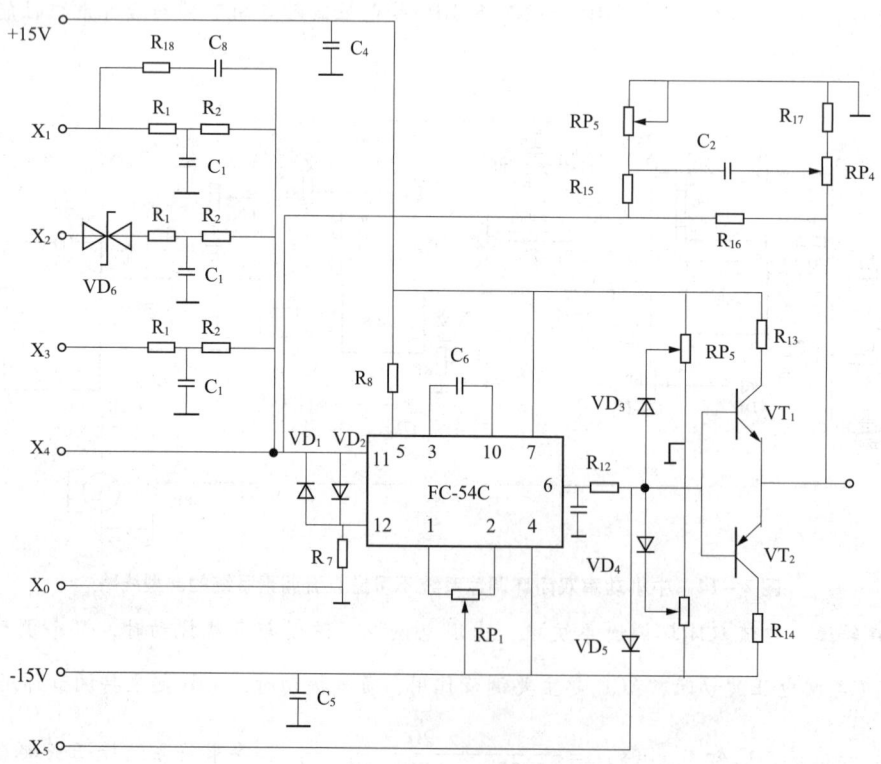

图 2-15 通用电流继电器单元线路

② 电阻 R_{18} 和电容 C_8 构成什么环节？

③ VD_6 是什么元件？起什么作用？

④ 电阻 R_{12}、R_{16} 各起什么作用？

（提示：电位器 RP_4 调节比例系数 K_i，电位器 RP_5 调节积分时间常数 T_i。X_3 端为给定信号输入端，X_1 端为反馈信号输入端，X_4 端为其他信号输入备用端。）

第三章 可逆调速系统

在生产实际中，有许多生产机械都要求电动机既能正、反转，又能快速制动，这类生产机械的拖动，需要四象限运行的特性，则必须采用可逆调速系统。

第一节 晶闸管－直流电动机可逆调速系统

一、实现可逆的方法

由 $T = C_m \Phi I_d$ 知，改变电机转矩方向有两种方法：

1. 改变电枢电流 I_d 的方向（电枢可逆）

I_d→电枢可逆系统→改变 U_d 的方向实现

2. 改变电机励磁磁通 Φ 的方向（磁场可逆）

Φ→磁场可逆系统→改变 I_f 的方向实现

二、两种方法简介

1. 电枢可逆

用于频繁启制动、过渡过程时间短、中小容量生产机械上。

优点：电枢回路电感量小，时间常数小（约几十 ms），正反向切换快速性好。

缺点：需要两套容量较大的 VT 整流装置，投资大。特别是容量大的可逆系统更为突出。

2. 磁场可逆

适用于不要求快速正反转的大容量可逆系统中（矿井提升机、电力机车）。

优点：供电装置功率小，容量较电枢可逆方案小的多，投资费用低、经济。

缺点：励磁回路电感量大，时间常数大，系统反向过程缓慢；控制线路复杂，必须保证在换向过程中当励磁磁通接近于零时，电枢供点电压为零（防止"飞车"）。

三、常用的可逆线路

1. 接触器切换线路（图3-1）

适用于不经常正反转的生产机械。

2. 晶闸管开关切换线路（图3-2）

适用于中、小功率的可逆系统。

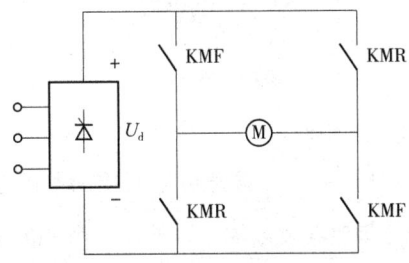

图3-1 接触器切换线路

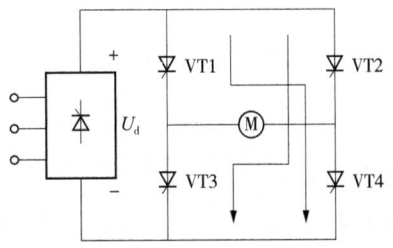

图3-2 晶闸管开关切换线路

3. 两组晶闸管反并联线路（图3-3）

适用于各种可逆系统。

采用两组晶闸管装置反并联的可逆线路，电动机正转时，由正组晶闸管装置 VF 供电；反转时则由反组晶闸管装置 VR 供电。正、反向运行时拖动系统分别工作在第一、三两个象限中，两组晶闸管分别由两套触发装置控制，都能灵活地控制电动机的启、制动和升、降速。

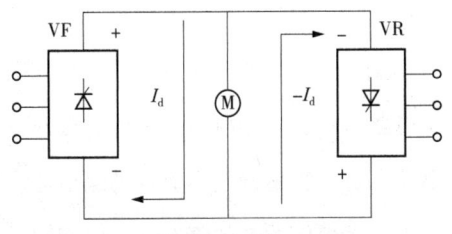

图3-3 两组晶闸管反并联线路

两组晶闸管装置反极性并联的可逆线路有两种接线方式，如图3-4所示。两种接线方式的区别为：

①反并联线路中，两组晶闸管的电源是共同的，而交叉连接的两组整流装置的供电电源是彼此独立的两个电源，或者是一台整流变压器有两套二次绕组。两个电源可以同相，也可以反相，或相差30°，这样在大容量系统中可实现多相整流，以减少整流装置对电网畸变的影响。反并联连接的可逆线路中，有两条环流回路，需4个限制环流的电抗器。

②交叉连接的可逆线路，由两个独立的交流电源供电，只有一条环流回路，所以只需要两只限制环流的电抗器。

电枢反接：由于电路中 L 小，电流反向速度快，但初期投资较大，因两组反并联的晶闸管容量大。在要求频繁、快速正反转的可逆系统中得到广泛应用，是可逆系统的主要形式。

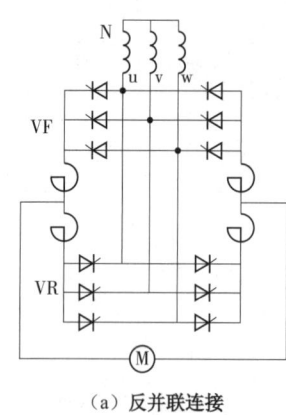 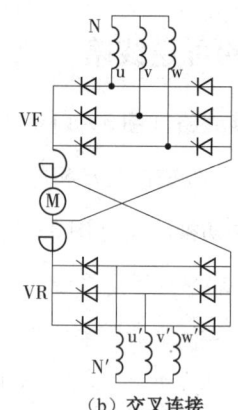

（a）反并联连接　　　　　　　（b）交叉连接

图 3-4　两组晶闸管反并联线路

磁场反接：由于励磁功率只占电动机额定功率的 1%～5%，显然磁场反接所需的晶闸管装置容量要小得多，只在电枢回路中用一组大容量的晶闸管装置就够了。但是，由于磁场回路中电感 L 大，励磁电流要比电枢电流的反向过程速度慢得多，大一些的电动机，其励磁时间常数可达几秒的数量级，如果任由励磁电流自然地衰减或增大，那么电流反向就可能需要 10s 以上的时间，为了尽可能快地反向，常采用"强迫励磁"的方法，即在励磁反向过程中加 2～5 倍的反向励磁电压，强迫励磁电流迅速改变，当达到所需励磁电流数值时立即将励磁电压降到正常值。此外，在反向过程中，当励磁电流由额定值下降到"零"这段时间里，如果电枢电流依然存在，电动机将会出现弱磁升速的现象，这在生产工艺上是不允许的。为了避免这种现象出现，应在磁通减弱时保证电枢电流为零，以免产生原方向的转矩，阻碍电动机反向。这无疑增加了控制系统的复杂性，但初期投资小。

因此励磁换向的方案只适用对快速性要求不高，正、反转不太频繁的大容量可逆系统，例如卷扬机、电力机车等。

四、晶闸管-电动机系统的四象限运行

在可逆调速系统中，正转运行时可利用反组晶闸管实现回馈制动，反转运行时同样可以利用正组晶闸管实现回馈制动。这样，采用两组晶闸管装置的反并联，就可实现电动机的四象限运行。

他励直流电动机无论是正转还是反转，都可以有两种工作状态，一种是电动状态，另一种是制动状态（发电状态）。

电动运行状态，就是指电动机电磁转矩方向与电动机转速方向相同，此时，电网给电动机输入能力，并转换为负载的动能。晶闸管装置工作在整流状态。

制动运行状态，就是指电动机电磁转矩方向与电动机转速方向相反，此时，电动机将动能转换为电能输出，晶闸管装置工作在有源逆变状态，如果将电能回送给电网，则这种制动叫做回馈制动。

1. 晶闸管装置工作状态分析

（1）整流工作状态（$0 < \alpha < \pi/2$）

当控制角 α 在 $0 \sim \pi/2$ 之间的某个对应角度触发晶闸管时，上述变流电路输出的直流平均电压为 $U_d = U_{d0}\cos\alpha$，因为此时 α 均小于 $\pi/2$，故 U_d 为正值。在该电压作用下，直流电机转动，卷扬机将重物提升起来，直流电机转动产生的反电势为 E_d，且 E_d 略小于输出直流平均电压 U_d，此时电枢回路的电流为

$$I_d = \frac{U_d - E_d}{R}$$

（2）中间状态（$\alpha = \pi/2$）

当卷扬机将重物提升到要求高度时，自然就需在某个位置停住，这时只要将控制角 α 调到等于 $\pi/2$ 的位置，变流器输出电压波形中正、负面积相等，电压平均值 U_d 为零，电动机停转（实际上采用电磁抱闸断电制动），反电势 E_d 也同时为零。此时，虽然 U_d 为零，但仍有微小的直流电流存在，注意，此时电路处于动态平衡状态，与电路切断、电动机停转具有本质的不同。

（3）有源逆变工作状态（$\pi/2 < \alpha < \pi$）

图 3-5 所示卷扬系统中，当重物放下时，由于重力对重物的作用，必将牵动电机使之向与重物上升相反的方向转动，电机产生的反电势 E_d 的极性也将随之反相。如果变流器仍工作在 $\alpha < \pi/2$ 的整流状态，从上面曾分析过的电源能量流转关系不难看出，此时将发生电源间类似短路的情况。为此，只能让变流器工作在 $\alpha > \pi/2$ 的状态，因为当 $\alpha > \pi/2$ 时，其输出直流平均电压 U_d 为负，出现两电源极性同时反向的情况，此时如果能满足 $E_d > U_d$，则回路中的电流为

$$I_d = \frac{U_d - E_d}{R}$$

电流的方向是从电势 E_d 的正极流出，从电压 U_d 的正极流入，电流方向未变。显然，这时电动机为发电状态运行，对外输出电能，变流器则吸收上述能量并馈送回交流电网去，此时的电路进入到有源逆变工作状态。

上述三种变流器的工作状态，电路分别从整流到中间状态，然后进入有源逆变的过程。

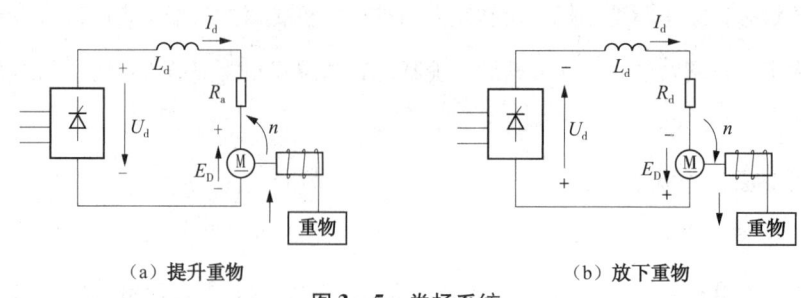

(a) 提升重物　　　　　　　　(b) 放下重物

图 3-5　卷扬系统

2. 实现有源逆变必须同时满足两个基本条件

（1）外部条件

务必要有一个极性与晶闸管导通方向一致的直流电势源。这种直流电势源可以是直流电机的电枢电势，也可以是蓄电池电势。它是使电能从变流器的直流侧回馈交流电网的源泉，其数值应稍大于变流器直流侧输出的直流平均电压。

（2）内部条件

要求变流器中晶闸管的控制角 $\alpha > \pi/2$，这样才能使变流器直流侧输出一个负的平均电压，以实现直流电源的能量向交流电网的流转。

上述两个条件必须同时具备才能实现有源逆变。

必须指出，对于半控桥或者带有续流二极管的可控整流电路，因为它们在任何情况下均不可能输出负电压，也不允许直流侧出现反极性的直流电势，所以不能实现有源逆变。

3. 电动机的回馈制动及其实现

有许多生产机械在运行过程中要求快速减速或停车，最经济有效的方法就是采用回馈制动，使电动机运行在第二象限的机械特性上，将制动期间释放的能量通过晶闸管装置回送到电网。晶闸管装置工作在逆变状态。

实现回馈制动，从电动机方面看，要么改变转速的方向，要么改变电磁转矩（即电枢电流）的方向。由于负载在减速制动过程中，转速方向不变，所以要实现回馈制动，只有设法改变电动机电磁转矩的方向，即改变电枢电流的方向。

对于单组 V-M 系统，要改变电枢电流的方向是不可能的，也就是说利用一组晶闸管装置不能实现回馈制动。但是，可以利用两组晶闸管装置组成的可逆线路实现直流电动机的快速回馈制动，即电动机制动时，原工作于整流的一组晶闸管装置逆变使电动机电流迅速降到零，然后利用另外一组晶闸管装置整流使电动机建立起反向电流后立刻逆变来实现电动机的回馈制动。

即使是不可逆系统，只要是要求快速回馈制动，也应有两组反并联（或交叉连接）的晶闸管装置，正组作为整流供电，反组提供逆变制动。这时反组晶闸管装置只在短时间内为电动机提供反向制动电流，并不提供稳态运行电流，因而其容量可以小一些。对于两组晶闸管装置供电的可逆系统，在正转时可以利用反组晶闸管实现回馈制动，反转时可以利用正组晶闸管实现回馈制动，正反转和制动的装置合二为一，两组晶闸管装置的容量自然就没有区别了。

归纳起来，可将可逆线路正反转时晶闸管装置和电机的工作状态列于表 3 – 1 中。

表 3 – 1　可逆线路正反转时晶闸管装置和电机的工作状态

V – M 系统的工作状态	正向运行	正向制动	反向运行	反向制动
电枢端电压极性	+	+	−	−
电枢电流极性	+	−	−	+
电机旋转方向	+	+	−	−
电机运行状态	电动	回馈发电	电动	回馈发电
晶闸管工作的组别和状态	正组整流	反组逆变	反组整流	正组逆变
机械特性所在象限	I	II	III	IV

五、可逆系统线路中的环流

1. 环流及其种类

以两组晶闸管装置反极性并联的可逆线路为例，电路虽然解决了电动机频繁正反转运行和回馈制动中电能的回馈通道，但同时带来了安全隐患，若控制不好，便产生环流，即不流过电动机或其他负载，而直接在两组晶闸管之间流通的短路电流 I_c。

环流的存在会显著加重晶闸管和变压器的负担、消耗无功功率，环流太大时甚至会导致晶闸管损坏，因此必须加以抑制。但环流也并非一无是处，只要控制得好，保证晶闸管安全工作，可以利用环流作为流过晶闸管的基本负载电流，即使在电动机空载或轻载时也可使晶闸管装置工作在电流连续区，避免了电流断续引起的非线性现象对系统静、动态性能的影响；并且在可逆系统中存在少量环流，可以保证电流的无间断反向，加快反向时的过渡过程。

环流可以分为静态环流和动态环流。

当晶闸管整流装置在某一触发角下稳定工作时，系统中所出现的环流叫做静态环流。静态环流又可分两种：

①直流平均环流：即环流电压有正向直流分量的环流。

②脉动环流：又称交流环流，即环流电压没有正向（晶闸管导电方向）直流分量的环流。

稳态运行时并不存在，只有当系统由一种工作状态过渡到另一种工作状态时才出现的环流叫做动态环流。

2. 直流环流与配合控制

（1）直流环流

反并联可逆线路中，如果两组晶闸管装置 VF 和 VR 同时整流，则会出现两个直流电源 U_{dof} 和 U_{dor} 顺串的短路现象，此时形成的短路电流就是直流平均环流，如图 3-6 所示。为防止产生直流平均环流，对两组晶闸管装置必须进行适当的控制：

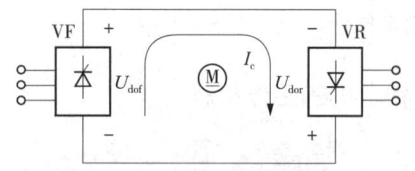

图 3-6 反并联可逆线路中的环流

采用配合控制，当一组晶闸管装置工作在整流状态时，另一组工作在逆变状态，则消除了直流平均环流，但仍有脉动环流——有环流系统。

采用封锁触发脉冲的方法，在任何时候，只允许一组晶闸管装置工作——无环流系统。

当正组晶闸管 VF 处于整流状态时，整流电压为 $U_{dof} = U_{domax}\cos\alpha_f$，同时使反组晶闸管 VR 处于逆变状态，逆变电压 $U_{dof} = U_{domax}\cos\alpha_f$，将整流电压 U_{dof} 顶住，使

$$U_{dor} \leqslant U_{dof}$$

在两组晶闸管反并联可逆线路中，消除直流环流的条件是 $\alpha \geqslant \beta$，即整流组的整流触发角大于或等于逆变组的逆变角。

（2）配合控制

在两组晶闸管反并联可逆线路中，按照 $\alpha = \beta$ 的条件来控制两组晶闸管，即可消除直流环流，这叫做 $\alpha = \beta$ 配合控制工作制。实现 $\alpha = \beta$ 配合控制工作制也是比较容易的，只要将两组晶闸管触发脉冲的零位都整定在 $90°$。并且使两组触发装置的移相控制电压大小相等、方向相反即可。所谓触发脉冲的零位，就是指移相控制电压 $U_c = 0$ 时，调节偏移电压 U_b 使触发脉冲的初始相位确定在 $\alpha_{f0} = \beta_{r0}$，这样的触发控制电路如图 3-7 所示，它用同一个控制电压 U_c 去控制两组触发装置，即正组触发装置 GTF 由 U_c 直接控制，而反组触发装置 GTR 经反向器 AR 去控制。

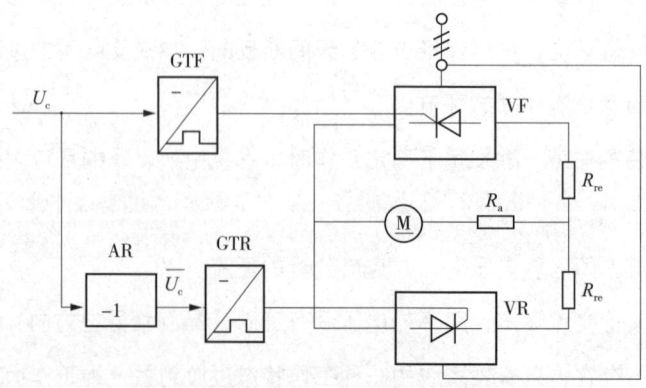

图 3-7 $\alpha = \beta$ 配合工作制可逆线路的控制方式

为了防止"逆变颠覆"现象,必须在控制电路中采用限幅作用,形成最小逆变角 β_{min} 保护。与此同时,对 α 角也实施 α_{min} 保护,以免出现直流平均环流。

一般取 $\alpha_{min} = \beta_{min} \geq 30°$。

3. 瞬时脉动环流及其抑制

直流平均环流可以用配合控制消除,而瞬时脉动环流却是自然存在的。为了抑制瞬时脉动环流,可在环流回路中串入电抗器,叫做环流电抗器,或称均衡电抗器。

环流电抗的大小可以按照把瞬时环流的直流分量限制在负载额定电流的5%~10%来设计。

第二节 有环流可逆调速系统

在工作下,电枢可逆系统中虽然可以消除直流平均环流,但是有瞬时脉动环流存在,所以这样的系统称为有(脉动)环流可逆调速系统。图3-8中主电路采用两组三相桥式晶闸管装置反并联的线路,以为有两条并联的环流通路,所以要用四个环流电抗器 L_{c1}, L_{c2}, L_{c3}, L_{c4}。由于环流电抗器流过较大的负载电流会饱和,因此在电枢回路中还要另外设置一个体积较大的平波电抗器 L_d。控制线路采用典型的转速、电流双闭环系统,速度调节器和电流调节器都设置了双向输出限幅,以限制最大动态电流和最小控制角 α_{min} 与 β_{min}。

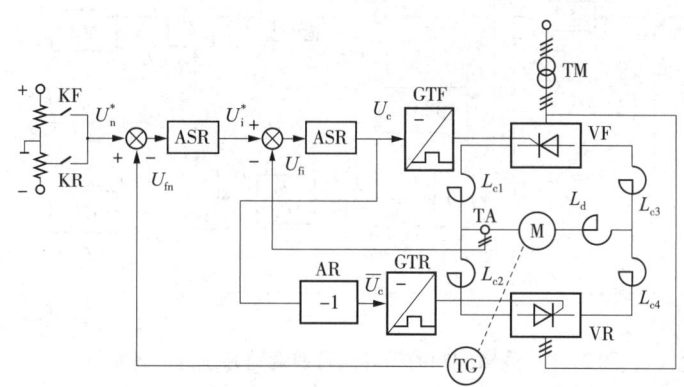

图3-8 $\alpha = \beta$ 配合控制的有环流可逆调速系统原理框图

尽管 $\alpha = \beta$ 配合控制有很多优点,但在实际应用中,由于参数的变化,元件的老化或其他干扰作用,控制角可能偏离 $\alpha = \beta$ 的关系。一旦变成 $\alpha < \beta$,整流电压将大于逆变电压,即使这个电压差很小,但由于均衡电抗器对直流不起作用,仍将产生较大的直流平均环流。

第三节 无环流可逆调速系统

环流可逆调速系统虽然具有反向快、过渡平滑等优点，但需要设置几个环流电抗器，增加了系统的体积、成本和损耗。因此，当生产工艺过程对系统过渡特性的平滑性要求不高时，特别是对于大容量的系统，从生产可靠性要求出发，常采用既没有直流环流又没有脉动环流的无环流可逆调速系统。按照实现无环流控制原理的不同，无环流可逆系统又可分为逻辑控制无环流系统和错位控制无环流系统。

一、逻辑控制的无环流可逆系统的组成及工作原理

无环流控制可逆系统当一组晶闸管工作时，用逻辑电路（硬件）或逻辑算法（软件）去封锁另一组晶闸管的触发脉冲，使它完全处于阻断状态，以确保两组晶闸管不同时工作，从根本上切断环流的通路，既没有直流平均环流，又没有瞬时脉动环流。这就是逻辑控制的无环流可逆系统，其工作原理如图3-9所示。

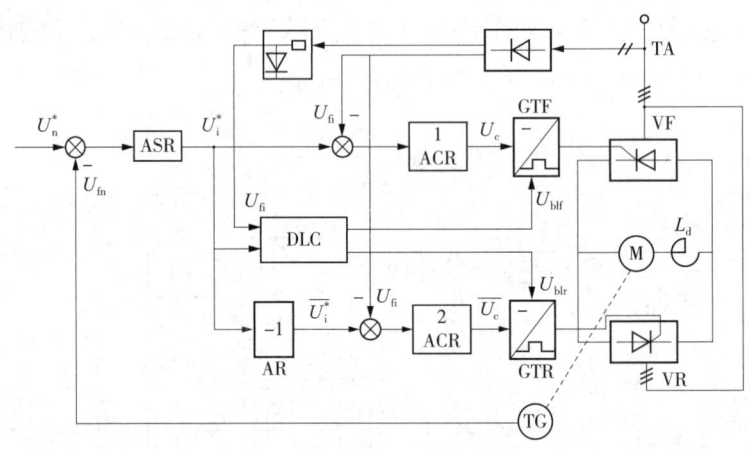

图3-9 逻辑控制的无环流可逆调速系统的原理框图

主电路为两组晶闸管装置反并联线路，因无环流，所以无环流电抗器，但为了保证稳定运行时电流波形的连续，有平波电抗器。

控制线路采用典型的转速、电流双闭环系统，设两个电流调节器，1ACR用来控制正组触发装置GTF，2ACR控制反组触发装置GTR，1ACR的给定信号经反号器AR作为2ACR的给定信号，这样可使电流反馈信号的极性在正、反转时都不必改变，从而可采用不反映极性的电流检测器。

设置了无环流逻辑控制器 DLC。判断哪一组触发电路工作，这是系统中的关键部件，确保主电路没有产生环流的可能。触发脉冲的零位仍整定在 $\alpha = 90°$，工作时移相方法仍和 $\alpha = \beta$ 配合工作制一样，只是用 DLC 来控制两组触发脉冲的封锁和开放。下面着重分析无环流逻辑控制器。

二、可逆系统对无环流逻辑控制器的要求

无环流逻辑控制器的任务是在正组晶闸管 VF 工作时封锁反组脉冲，在反组晶闸管 VR 工作时封锁正组脉冲。通常采用数字逻辑电路，使其输出信号以 "0" 和 "1" 的数字信号形式来执行封锁与开放的作用，"0" 表示封锁，"1" 表示开放，二者不能同时为 "1"，以确保两组不会同时开放。总结四象限时两组变流器工作状态，在各象限的极性如下：

Ⅰ 正向运行，开放 VF、封锁 VR

Ⅱ 正向制动，封锁 VF、开放 VR

Ⅲ 反向运行，封锁 VF、开放 VR

Ⅳ 反向制动，开放 VF、封锁 VR

反转运行和正转制动（或减速）的共同特征是：电动机产生负的转矩，在励磁恒定时，也就是要求有负的电流，而在这两种状态下的极性均为正。而正向运行和反向制动的特征是：要求电动机产生正的转矩，也就是要求有正的电流，而在这两种状态下的极性均为负。所以电枢电流的极性恰好反映了系统要产生负或正转矩（电流）的意图，可以用作逻辑切换的指令信号。不难看出，转速调节器 ASR 的输出 U_i^*，也就是电流给定信号，它的极性正好反映了电枢电流的极性。所以，电流给定信号 U_i^* 可以作为逻辑控制器的控制信号之一。DLC 首先鉴别 U_i^* 的极性，当 U_i^* 由正变负时，封锁反组，开放正组；反之，当 U_i^* 由负变正时，封锁正组，开放反组。

然而，仅用电流给定信号去控制 DLC 还是不够的。因为，U_i^* 的极性变化只是逻辑切换的必要条件，而不是充分条件。U_i^* 的极性变化只表明系统有了使电流（转矩）反向的意图，电流极性的真正改变要等到电流下降到零之后进行。这样，逻辑控制器还必须有一个 "零电流检测" 信号 U_{i0}，作为发出正、反组切换指令的充分条件。逻辑控制器只有在切换的必要和充分条件都满足后，并经过必要的逻辑判断，才能发出切换指令。

逻辑切换指令发出后，并不能立刻执行，还必须经过两段延时时间，即封锁延时 t_{d1} 和开放延时 t_{d2} 以确保系统的可靠工作。

封锁延时 t_{d1}，从发出切换指令到真正封锁原工作组的触发脉冲之前所等待的时间。检测到

零电流信号后，须等待一段时间 t_{d1}，使电流确实下降到零，而不只是脉动电流为零，才发出封锁本组脉冲的指令，才不致于发生逆变颠覆事故。

开放延时 t_{d2}，从封锁原工作组脉冲到开放另一组脉冲之间的等待时间。要封锁原工作组脉冲时，必须要等到电流过零时才能真正关断，而且，在关断之后，还要有一段恢复阻断的时间 t_{d2}，防止两组晶闸管同时导通造成的环流短路事故。

由以上分析可知，过小的 t_{d1} 和 t_{d2} 会因延时不够而造成两组晶闸管换流失败，造成事故；过大的延时将使切换时间拖长，增加切换死区，影响系统过渡过程的快速性。对于三相桥式电路，一般取 $t_{d1} = 2 \sim 3 \text{ms}$，$t_{d2} = 5 \sim 7 \text{ms}$。

最后，在 DLC 中还必须设置联锁保护电路，使其输出信号不可能同时出现"1"，以确保两组晶闸管的触发脉冲不可能同时开放。

综上所述，对无环流逻辑控制器的要求是：

①由电流给定信号的极性和零电流检测信号共同发出逻辑切换指令。当改变极性，且零电流检测器发出"零电流"信号时，允许封锁原工作组，开放另一组。

②发出切换指令后，须经过封锁延时时间，才能封锁原导通组脉冲；再经过开放延时时间后，才能开放另一组脉冲。

③无论在任何情况下，两组晶闸管绝对不允许同时加触发脉冲，当一组工作时，另一组的触发脉冲必须被封锁住。

三、无环流逻辑控制器的设计

逻辑控制器的组成及输入、输出信号如图 3-10 所示。其输入为反映转矩极性变化的电流给定信号 U_i^* 和零电流检测信号 U_{i0}，输出是封锁正组和封锁反组脉冲信号 U_{blf} 和 U_{blr}。这两个输出信号通常以数字信号形式表示："0"表示封锁，"1"表示开放。逻辑控制器由电平检测器、逻辑判断电路、延时电路、联锁保护电路组成。

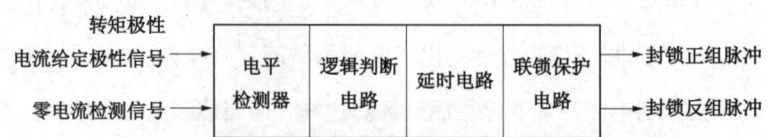

图 3-10 无环流逻辑控制器 DLC 的组成及输入、输出信号

1. 电平检测器

电平检测的任务是将控制系统中的模拟量转换成"1"或"0"两种状态的数字量，实际上是一个模数转换器。一般可用带正反馈的运算放大器组成，具有一定要求的继电特性即可，其原理、结构及继电特性如图 3-11 所示。

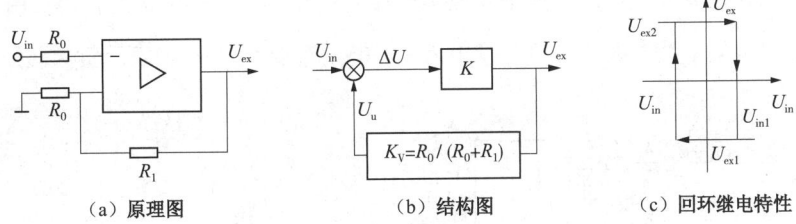

(a) 原理图　　　　　(b) 结构图　　　　(c) 回环继电特性

图 3-11　由带正反馈的运算放大器构成的电平检测器

从图 3-11（b）可得电平检测器的闭环放大倍数

$$K_{CL} = \frac{U_{ex}}{U_{in}} = \frac{K}{1-KK_V}$$

式中　K——运算放大器开环放大倍数；

K_V——正反馈系数，$K_V = \dfrac{R_0}{R_0+R_1}$。

当 K 一定时，若 $KK_V > 1$，即 R_1 越小，K_V 越大，正反馈越强，则放大器工作在具有回环的继电特性，如图 3-11（c）所示。例如，设放大器的放大倍数 $K=10^5$，输入电阻 $R_0=20\text{k}\Omega$，正反馈电阻 $R_1=20\text{M}\Omega$，则正反馈系数

$$K_V = \frac{R_0}{R_0+R_1} = \frac{20}{20+2000} \approx \frac{1}{100}$$

这时 $KK_V = 10^5 \times 1/100 \gg 1$。如设放大器限幅值为 ±10V，放大器原来处于负向深饱和状态，则反馈到同相输入端的电压 $U_u = K_V U_{ex} = 1/100 \times (-10) = -0.1\text{V}$，折算到反相输入端的电压应为 +0.1V。为了使输出从 -10V 翻转到 +10V，必须在反相输入端加负电压，其数值至少为 -0.1V，使 $\Delta U=0$，输出才能翻转。同理，U_{in} 至少为 +0.1V 才能使输出由 +10V 翻转到 -10V。因此，其输入输出特性出现回环，回环宽度的计算公式为

$$U = U_{in1} - U_{in2} = K_V U_{exm1} - K_V U_{exm2} = K_V (U_{exm1} - U_{exm2})$$

式中　U_{exm1}、U_{exm2}——正向和负向饱和输出电压；

U_{in1}、U_{in2}——输出由正翻转到负和由负翻转到正所需的最小输入电压。

显然，R_1 越小，K_V 越大，正反馈越强，回环宽度越大。但回环太宽，切换动作迟钝，容易产生振荡和超调；回环太小，降低了抗干扰能力，容易产生误动作。所以回环宽度一般取 0.2V 左右。

电平检测器根据转换的对象不同，又分为转矩极性鉴别器 DPT 和零电流检测器 DPZ。

图 3-12 为转矩极性鉴别器 DPT 的原理图和输入输出特性图。DPT 的输入信号为电流给定信号 U_i^*，它是左右对称的。其输出端是转矩极性信号 U_T，为数字量"1"或"0"，输出是上

下不对称的,即将运算放大器的正向饱和值 +10V 定义为"1",表示正向转矩;由于输出端加了二极管箝位负限幅电路,因此,负向输出为 -0.6V,定义为"0",表示负向转矩。

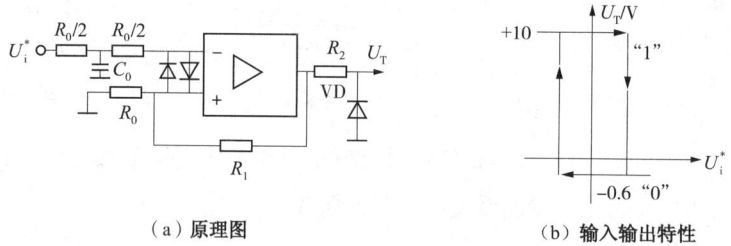

(a)原理图   (b)输入输出特性

图 3-12　转矩极性鉴别器 DPT

图 3-13 为零电流检测器 DPZ 的原理图和输入输出特性图。其输入信号为经电流互感器及整流输出的零电流信号 U_{i0},主电路有电流时,U_{i0} 约为 +0.6V,DPZ 的输出 $U_Z=0$;主电路电流接近零时,U_{i0} 下降到 +0.2V 左右,DPZ 的输出 $U_Z=1$。所以,DPZ 的输入是左右不对称的。为此,在转矩极性鉴别器的基础上,增加了一个负偏置电路,将特性向右偏移即可构成零电流检测器。而当主电路有电流时,U_Z 为"0"。

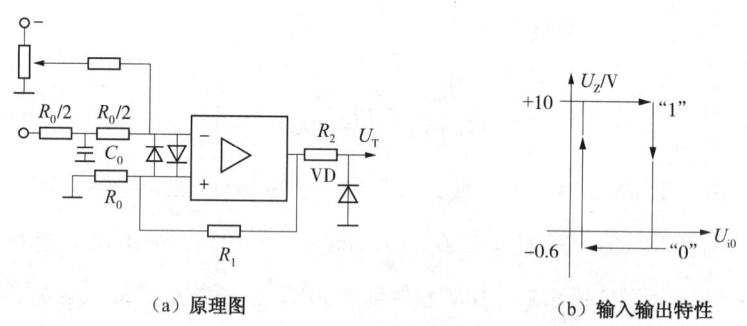

(a)原理图   (b)输入输出特性

图 3-13　零电流检测器 DPZ

2. 逻辑判断电路

逻辑判断的任务是根据两个电平检测器的输出信号 U_T 和 U_Z 的状态经运算后,正确地发出切换信号 U_F 和 U_R,封锁原来工作组的脉冲、开放另一组脉冲。U_F 和 U_R 均有"1"和"0"两种状态,究竟用"1"态还是"0"态表示封锁触发脉冲,取决于触发电路中晶体管的类型。对于采用 NPN 型的晶体管触发电路,现假定该指令信号为"1"态时开放脉冲,"0"态时封锁脉冲。

转矩极性鉴别,即 = - 时, = "1";即 = + 时, = "0"。

零电流检测,有电流时, = "0";电流为零, = "1"。

根据可逆系统电动机运行状态的情况,列出逻辑判断电路各量之间的逻辑关系(表 3-2),根据这些关系,写出其真值表(表 3-3)。

表 3-2 逻辑判断电路各量之间的逻辑关系

运行状态	转矩（电流给定）极性		电枢电流	逻辑电路输入		逻辑电路输出	
	T_e	U_i^*	I_d	U_T	U_Z	U_F	U_R
正向启动	+	−	无	1	1	1	0
	+	−	有	1	0	1	0
正向运行	+	−	有	1	0	1	0
正向制动	−	+	有（本组逆变）	0	0	0	0
	−	+	无（逆变结束）	0	1	0	1
	−	+	有（制动电流）	0	0	0	1
反向启动	−	+	无	0	1	0	1
	−	+	有	0	0	0	1
反向运行	−	+	有	0	0	0	1
反向制动	+	−	有（本组逆变）	1	0	0	1
	+	−	无（逆变结束）	1	1	1	0
	+	−	有（制动电流）	1	0	1	0

删去表 3-2 中的重复项，可得逻辑判断电路真值。

表 3-3 逻辑判断电路真值

U_T	U_Z	U_F	U_R	U_T	U_Z	U_F	U_R
1	1	1	0	0	1	0	1
1	0	1	0	0	0	0	1
0	0	1	0	1	0	0	1

根据真值表，按脉冲封锁条件可列出下列逻辑代数式

$$\overline{U_F} = U_R\ (\overline{U_T}U_Z + \overline{U_T}\,\overline{U_Z} + U_T\overline{U_Z})$$

$$= U_R\ (\overline{U_T} + U_T\overline{U_Z})\ = U_R\ (\overline{U_T} + \overline{U_Z})$$

若用与非门实现，可变换成

$$U_F = \overline{U_R\ (\overline{\overline{U_T}} + \overline{\overline{U_Z}})} = \overline{U_R\ \overline{U_T U_Z}}$$

同理，可以写出 U_R 的逻辑代数与非门表达式

$$U_R = \overline{U_F\ \overline{\overline{U_T U_Z} U_Z}}$$

根据以上两式可以采用具有高抗干扰能力的 HTL 与非门组成逻辑判断电路，如图 3-14 中的逻辑判断电路所示。

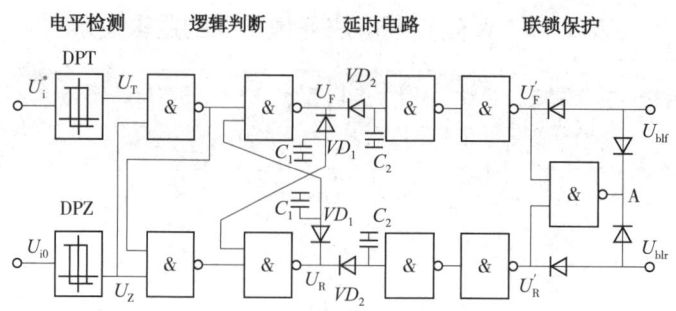

图 3-14 无环流逻辑控制器 DLC 原理图

3. 延时电路

在逻辑判断电路发出切换指令 U_F 和 U_R 之后，必须经过封锁延时 t_{d1} 和开放延时 t_{d2}，才能执行切换指令，因此，无环流逻辑控制器中必须设置相应的延时电路。延时电路的种类很多，最简单的是阻容延时电路，它是由接在与非门输入端的电容 C 和二极管 VD 组成，如图 3-15 所示。

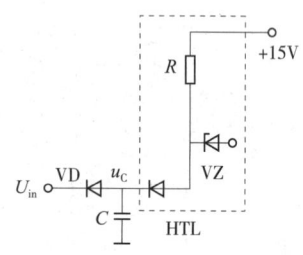

图 3-15 延时电路

当延时电路输入 U_{in} 由"0"变"1"时，由于二极管的隔离作用，必须先使电容 C 充电（由 HTL+15V 电源经其内部电阻 R 向 C 充电），待电容端电压充电至开门电平时，输出才由"1"变"0"，延时时间由下式计算

$$t = RC\ln\frac{U}{U-U_H}$$

4. 联锁保护电路

在正常工作时，逻辑判断与延时电路的两个输出和总是一个为"1"态而另一个为"0"态。一旦电路发生故障，两个输出和如果同时为"1"态，将造成两组晶闸管同时开放，导致电源短路。

为了避免这种事故，在无环流逻辑控制器的最后部分设置了多"1"联锁保护电路，当遇到 U'_F 和 U'_R 同时为"1"故障时，A 点电位立即变为"0"态，使两组脉冲同时封锁，这样就可避免两组晶闸管同时处于整流状态而造成短路的事故。

第四节 直流脉宽调制（PWM）调速系统

20 世纪 70 年代以前，以晶闸管为基础组成的相控整流装置是机电传动中主要使用的变速装置，但是由于晶闸管是一种只能控制其导通不能控制其关断的半控型器件，使得由其构成的

V-M系统的性能受到一定的限制。电力电子器件的发展，使得称为第二代电力电子器件的既能控制其导通又能控制其关断的全控型器件得到了广泛的应用，采用全控型电力电子器件GTO（门极可关断晶闸管）、GTR（电力晶体管）、P-MOSFET（电力场效应管）、IGBT（绝缘栅极双极型晶体管）等组成的直流脉冲宽度调制型（PWM）调速系统已发展成熟，用途越来越广，在直流电气传动中呈现越来越普遍的趋势。与V-M系统相比，PWM系统在很多方面具有较大的优越性：①主电路线路简单，需用的功率元件少；②开关频率高，电流容易连续，谐波少，电机损耗和发热都较小；③低速性能好，稳速精度高，调速范围宽；④系统频带宽，快速响应性能好，动态抗干扰能力强；⑤主电路元件工作在开关状态，导通损耗小，装置效率高；⑥直流电源采用不控三相整流时，电网功率因数高。

脉宽调速系统和V-M系统之间的主要区别在于主电路和PWM控制电路，至于闭环系统以及静、动态分析和设计，基本上都是一样的，不必重复讨论。因此，本节仅就PWM调速系统的几个特有问题进行简单介绍和讨论。

一、直流电动机的PWM控制原理

脉宽调速系统的主电路采用脉宽调制式变换器，简称PWM变换器，如图3-16所示。开关S表示脉宽调制器，调速系统的外加电源电压U_s为固定的直流电压，当开关S闭合时，直流电流经过开关S给电动机M供电；当开关S断开时，直流电源供给M的电流被切断，M的储能经二极管VD续流，电枢两端电压近似为零。如果开关S按照某固定频率开闭而改变周期内的接通时间时，控制脉冲宽度相应改变，从而电动机两端平均电压，达到调速目的。其平均电压为

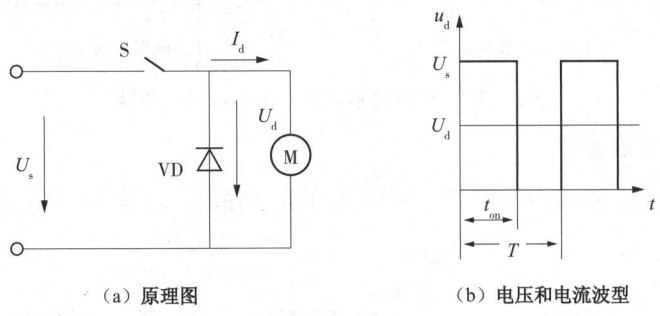

（a）原理图　　　（b）电压和电流波型

图3-16　脉宽调速系统原理图

$$U_d = \frac{1}{T}\int_0^{t_{on}} U_s dt = \frac{t_{on}}{T} U_s = \rho U_s$$

式中　T——脉冲周期；

　　　t_{on}——接通时间。

可见，在电源 U_s 与 PWM 波的周期 T 固定的条件下，U_d 可随 ρ 的改变而平滑调节，从而实现电动机的平滑调速。

脉宽调制变换器就是一种直流斩波器。直流斩波调速最早是用在直流供电的电动车辆和机车中，取代变电阻调速，可以获得显著的节能效果。

PWM 变换器有不可逆和可逆两类，可逆变换器又有双极式、单极式和受限单极式多种电路。

二、脉宽调制变换器

脉宽调速系统的主要电路采用脉宽调制式变换器，简称 PWM 变换器。PWM 变换器有不可逆和可逆两类，可逆变换器又有双极式、单极式和受限单极式等多种电路。

1. 不可逆 PWM 变换

不可逆 PWM 变换器分为无制动作用和有制动作用两种。图 3-17（a）所示为无制动作用的简单不可逆 PWM 变换器主电路原理图，其开关器件采用全控型的电力电子器件（图中为电力晶体管，也可以是 MOSFET 或 IGBT 等）。电源电压 U_s 一般由交流电网经不可控整流电路提供。电容 C 的作用是滤波，二极管 VD 在电力晶体管 VT 关断时为电动机电枢回路提供释放电储能的续流回路。

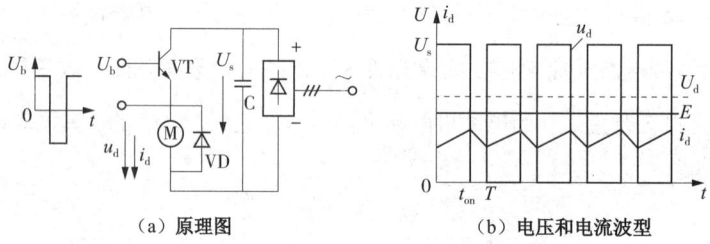

（a）原理图　　　　　（b）电压和电流波型

图 3-17　简单的不可逆 PWM 变换器电路

2. 可逆 PWM 变换器

可逆 PWM 变换器主电路的结构形式有 T 型和 H 型两种，其基本电路如图 3-18 所示。

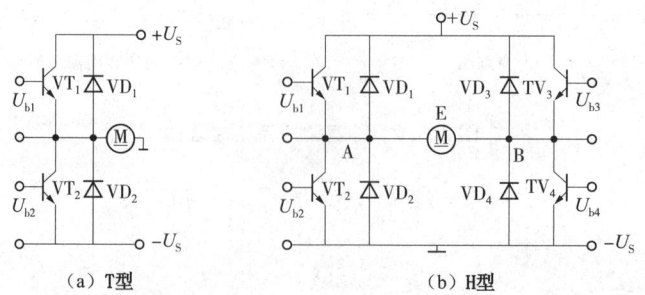

（a）T 型　　　　　　　　　（b）H 型

图 3-18　可逆 PWM 变换器主电路

T型电路由两个可控电力电子器件与两个续流二极管组成,所用元件少,线路简单,构成系统时便于引出反馈,适用于作为电压低于 50V 的电动机的可控电压源;但是 T 型电路需要正负对称的双极性直流电源,电路中的电力电子器件要求承受两倍的电源电压,在相同的直流电源电压下,其输出电压的幅值为 H 型电路的一半。H 型电路是实际上广泛应用的可逆 PWM 变换器电路,它是由 4 个可控电力电子器件(以下以电力晶体管为例)和 4 个续流二极管组成的桥式电路,这种电路只需要单极性电源,所需电力电子器件的耐压相对较低,但是构成调速系统的电动机电枢两端浮地。

三、脉宽调速系统的控制电路

由全控型电力电子器件构成的 PWM 变换器是一种理想的直流功率变换装置,省去了晶闸管变流器所需的换流电路,具有比晶闸管变流器更为优越的性能,PWM 直流调速系统在中小容量的高精度控制系统中得到了广泛的应用。PWM 变换器是调速系统的主电路,而对已有的 PWM 波形的电压信号的产生、分配则是 PWM 变换器控制电路的功能,控制电路主要包括脉冲宽度调制控制器 UPM、调制波发生器 GM、逻辑延时环节 DLD 和电力电子器件的驱动保护电路 GD。

1. 脉冲宽度调制器 UPM

脉冲宽度调制器是控制电路中最关键的部分,是一个电压–脉冲变换装置,用于产生 PWM 变换器所需的脉冲信号——PWM 波形电压信号。双闭环控制的脉宽调整系统原理如图 3-19 所示。

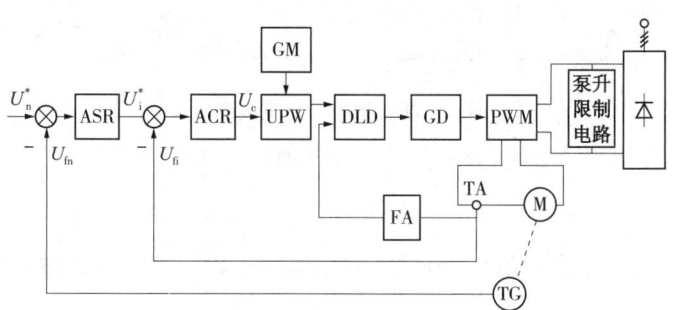

图 3-19 双闭环控制的脉宽调速系统原理框图

UPM—脉宽调制器;GM—调制波发生器;DLD—逻辑延时环节;GD—基极驱动电路;FA—瞬时动作的限流保护

脉冲宽度调制器的输出脉冲宽度与控制电压 U_c 成正比,常用的脉冲宽度调制器有以下几种:

①用锯齿波作调制信号的脉冲宽度调制器——锯齿波脉宽调制器;

②用三角波作调制信号的三角波脉宽调制器;

③ 用多谐振荡器和单稳态角触发器组成的脉宽调制器；

④ 集成可调脉宽调制器和数字脉宽调制器。

锯齿波脉冲宽度调制器本身是一个由集成运算放大器和几个输入信号组成的电压比较器，如图 3-20 所示。运算放大器工作在开环状态，稍微有一点输入信号就可使其输出电压达到饱和限幅值。当输入信号电压极性改变时，输出电压就在正、负限幅值之间变化，从而完成把连续电压变成脉冲电压的转换。加在运算放大器输入端的信号有 3 个：一是由锯齿波发生器提供的锯齿波调制信号 U_{sa}，其频率是主电路所需要的开关频率，通常视所采用的电力电子器件和系统性能而定。另一个输入信号是控制器输出的直流控制电压 U_c，其极性和大小随时可变。与 U_{sa} 在运算放大器的输入端相加，使放大器的输出端得到周期固定、脉冲宽度可变的调制输出电压 U_{pwm}。为了在 $U_c = 0$ 时电压比较器输出端的正、负半周脉宽宽度相等的调制输出电压 U_{pwm}，在运算放大器的输入端还有第三个输入信号——负偏压，其值为

$$U_b = -\frac{1}{2}U_{samax}$$

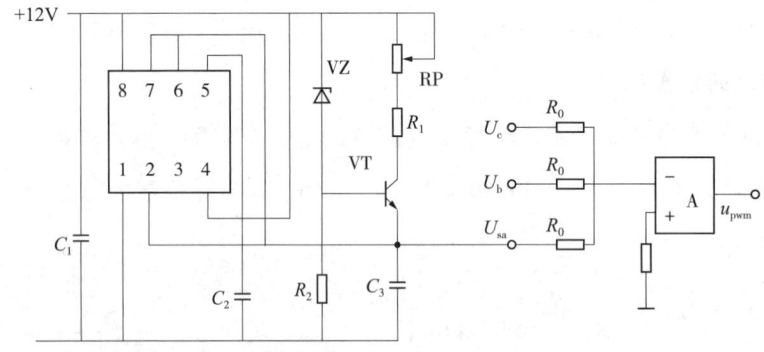

图 3-20 锯齿波脉宽调制器

调制波发生器是脉宽调制器 GM 中信号的发源地，调制信号通常采用锯齿波或三角波，其频率是主电路所需要的开关频率。图 3-21 所示为锯齿波发生器，由 NE555 振荡器构成，利用其对 C_3 电容进行有规律的充放电而产生的，调节电位器 RP 可调节锯齿波的输出频率。数字式脉冲宽度调制器则不需要专门的调制波发生器，直接由微处理器产生 PWM 电压信号。

2. 逻辑延时环节 DLD

在 H 型可逆 PWM 变换器中，跨越在电源的上、下两个电力电子器件如图 3-18（b）中的元件 VT_1 和 VT_2，VT_3 和 VT_4 经常交替工作。由于电力电子器件的关断过程中有一个关断时间 t_{1d}，在这段时间内应当关断的元件并未完全关断。如果在此时间内与之相串联的另一个元件已经导通，则将造成上、下两个元件直通，从而使直流电源短路。为了避免这种情况，可以设置逻辑延时环节 DLD，保证在对一个元件发出关断信号后，延迟足够时间再发出对另一个元件的

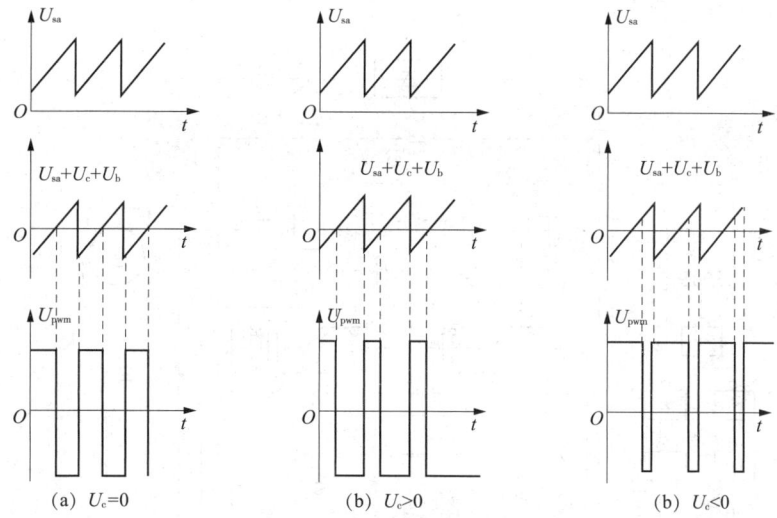

图 3-21 锯齿波脉宽调制器波形图

开通信号。由于电力电子的器件的导通时也存在开通时间 t_{1d}，因此延迟时间通常大于元件的关断时间即可以了，如图 3-22 所示。

在逻辑延时环节中还可以引入保护信号，例如瞬时动作的限流保护信号 FA，一旦桥臂电流超过允许最大电流时，使 VT_1、VT_4（或 VT_2、VT_3）两管同时封锁，以保护电力晶体管。

3. 驱动保护电路 GD

驱动电路的作用是将脉宽调制器输出的脉冲信号经过信号分配和逻辑延时后，进行功率放大，以驱动电路的具体要求亦有区别。因此，不同的电力电子器件其驱动电路也是不相同的。但是，无论什么样的电力电子器件，其驱动电路的设计都要考虑保护和隔离等问题。驱动电路的形式各种各样，根据主电路的结构与工作特点以

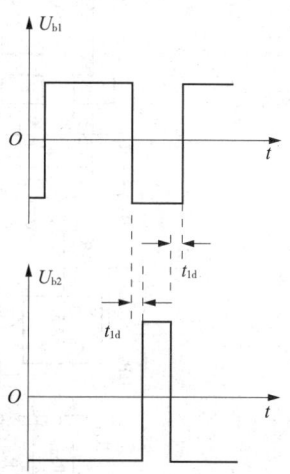

图 3-22 考虑开通延时的基极脉冲电压信号

及它和驱动电路的连接关系，可以有直接驱动和隔离驱动两种方式。设计一个适宜的驱动电路通常不是一件简单的事情，现在已有各种电力电子器件专用的驱动、保护集成电路，例如用来驱动电力晶体管的 UAA4002、用来驱动 IGBT 的 EXB 系列专用驱动集成电路 EXB840、EXB841、EXB850、EXB851 等。

四、PWM 控制器控制的直流调速系统

直流脉宽调速系统和相位控制的晶体管-直流电动机调速相比，只是主电路和控制（驱动、触发）电路不同，其反馈控制方案和系统结构都是一样的，因此静、动态分析与设计方法也都相同，图 3-23 为双极式 PWM-M 双闭环可逆调速系统电路图。

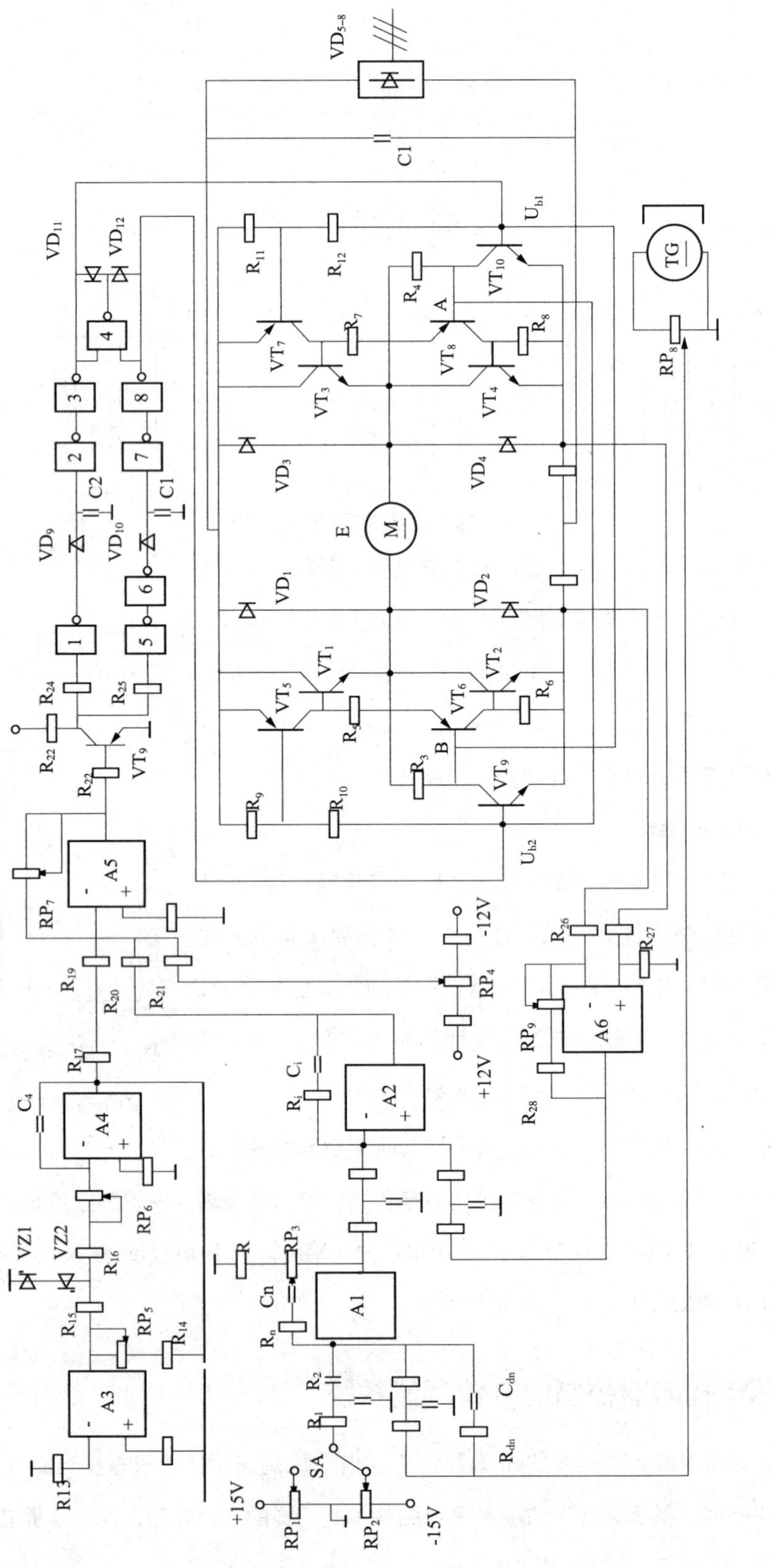

图3-23 双极式PWM-M双闭环可逆调速系统电路图

1. 主电路

主电路由双极式 PWM 变换器组成，由 U_{b1} 和 U_{b2} 控制，VT_1、VT_2、VT_3、VT_4 是做开关用的电力晶体管，VD_1、VD_2、VD_3、VD_4 为续流二极管。当 U_{b1} 端出现正脉冲（U_{b2} 端出现负脉冲）时，VT_{10} 饱和导通，A 点电位从 $+U_s$ 下降到 VT_{10} 饱和导通电压，在 VT_5 基极出现负脉冲，从而使 VT_5、VT_1 导通，经电动机电枢使 VT_8、VT_4 导通，电动机经 VT_1、VT_4 电力晶体管接至电源。在 U_{b1} 正脉冲下降阶段，VT_1 经 $15\sim18\mu s$ 存储时间后退出饱和，流过的电枢电流迅速下降，电枢电感 L 产生很大的自感电动势，其值为 $e_L=-L\dfrac{di}{dt}$ 阻止电流下降，自感电动势 e_L 经 VT_4、VD_2 及 VD_3、VT_1 闭合回路续流。二极管 VD_2、VD_3 为电力晶体管 VT_1、VT_4 关断时提供自感电动势的续流通路，以免过压损坏电力晶体管。同理，当 U_{b2} 端出现正脉冲时，VT_3、VT_2 导通，在电流下降阶段续流二极管 VD_1、VD_4 起作用，为电力晶体管 VT_3、VT_2 关断时提供自感电动势的续流通路。

2. 转速给定电压

稳压源提供 $+15V$ 和 $-15V$ 的电源，由单刀双掷开关 SA 控制电动机正转和反转，RP_1 和 RP_2 分别是调速给定电位器。

3. 脉宽调制器及延时电路

脉宽调制器是三角波脉宽调制器，调制信号的质量完全取决于输出三角波的线性度、对称性和稳定性。

由于双向脉宽调制信号是由正脉冲和负脉冲组成一个周期信号，控制逻辑不但要保证正常工作时的脉冲分配，而且必须保证任何一瞬间 VT_1、VT_2、VT_3、VT_4 不能同时导通，致使直流电源短路而烧坏电力晶体管。这就要求变换器中的同侧两只晶体管一只由导通变截止后，另一只方可由截止向导通转变；于是就形成了控制信号逻辑延时的要求，这一延时必须大于电力晶体管由饱和导通恢复到完全截止所需要的时间。

延时电路是采用与非门构成并增设了逻辑多"1"保护环节，其延时时间就是电容的充电时间，改变电容大小可以得到不同的延时时间，则电容 C_2 和 C_3 值为

$$C_2=C_3=\dfrac{t}{R\ln\dfrac{U_s}{U_s-U_c}}$$

式中 R——充电回路电阻，在 HTL 与非门内 $R=8.2k\Omega$；

U_s——电源电压，HTL 与非门用 15V；

U_c——电容端电压，HTL 与非门的开门电平为 8.5V。

4. 调节器

系统为转速、电流双闭环调速系统，ASR、ACR 均采用比例积分调节器，参数的选择可参考前面所讲的内容。

5. 转速微分负反馈

ASR 在原来的基础上，增加了电容 C_{dn} 和电阻 R_{dn} 串联构成转速微分负反馈，在转速变化过程中，转速只要有变化的趋势，微分环节就起着负反馈的作用，使系统的响应加快，退饱和的时间提前，因而有助于抑制振荡，减少转速超调，只要参数配合恰当，就有可能在进入线性闭环系统工作之后没有超调而趋于稳定。

下面着重讨论脉宽调速系统中的几个特殊问题。

1. 泵升电压问题

当脉宽调速系统的电动机转速由高变低时（减速或者停车），储存在电动机和负载转动部分的动能将变成电能，并通过 PWM 变换器回馈给直流电源。当直流电源功率二极管整流器供电时，不能将这部分能量回馈给电网，只能对整流器输出端的滤波电容器充电而使电源电压升高，称作"泵升电压"。过高的泵升电压会损坏元器件，因此必须采取预防措施，防止过高的泵升电压出现。可以采用由分流电阻 R 和开关元件（电力电子器件）D 组成的泵升电压限制电路，如图 3-24 所示。

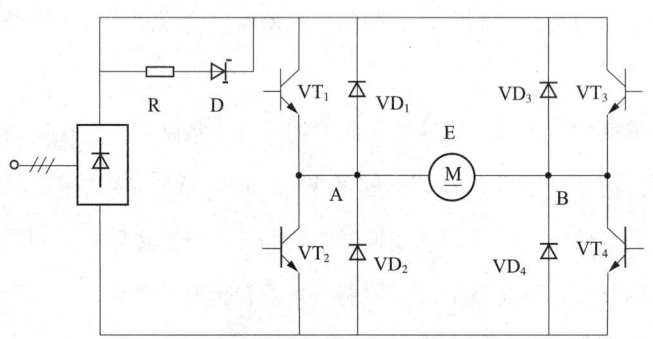

图 3-24 泵升电压限制电路

当滤波电容器 C 两端的电压超过规定的泵升电压允许数值时，稳压管 D 导通，将回馈能量的一部分消耗在分流电阻 R 上。这种办法简单实用，但能量有损失，且会使分流电阻发热，因此对于功率较大的系统，为了提高效率，可以在分流电路中接入逆变，把一部分能量回馈到电网中去。但这样系统就比较复杂了。

2. 开关频率的选择

脉宽调制器的开关频率 $f = 1/T$，其大小将多方面影响系统的性能，选择时应考虑下列因素：

①开关频率应当足够高,使电动机的电抗在选定频率下尽量大,这样才能将电枢电流的脉动量限制到希望的最小值内,确保电流连续,降低电动机附加损耗。

②开关频率应高于调速系统的最高工作频率(通频带)。这样,PWM 变换器的延迟时间 T($=1/f$)对系统动态性能的影响可以忽略不计。

③开关频率还应当高于系统中所有回路的谐振频率,防止引起共振。

④开关频率的上限受电力电子器件的开关损耗和开关时间的限制。

本 章 小 结

(1) 可逆调速系统既可使电动机产生电动力矩也可使其产生制动力矩,以满足生产机械要求,实现快速启动、制动、反向运转。反并联或交叉连接的可逆线路应用最为广泛,但这种接线方式会使可逆系统中出现特有的环流问题。凡只在两组变流器的晶闸管之间而不经负载的短路电流称为环流。根据对环流的不同控制方式,可逆系统可分为有环流可逆调速系统与无环流可逆调速系统。

(2) 逻辑无环流可逆调速系统的结构特点是在可逆系统中增设了无环流逻辑控制器 DLC,它的功能是根据系统的运行情况适时地先封锁原工作一组晶闸管的触发信号,然后开放原封锁的一组晶闸管的触发信号。无论是稳态还是切换状态,任何时刻都决不允许同时开放两组晶闸管的触发信号,从而切断了环流通路而实现了可逆系统的无环流运行。

(3) 无环流逻辑控制器 DLC 包括电平检测、逻辑判断、延时电路、联锁保护四部分。电平检测包括转矩极性鉴别器 DPT 和零电流检测器 DPZ;它们将模拟的电流给定信号和零电流检测信号转换为数字信号,经逻辑判断电路对其两个逻辑变量信号进行运算与判断,输出对两组触发电路分别实施开放与封锁的信号;延时电路对开放与封锁信号分别进行不同的延时处理,确保系统可靠切换,防止切换形成环流短路事故;联锁保护电路确保两组触发电路不能同时开放。延时电路虽然可确保系统可靠地可逆切换,但它也给逻辑控制无环流可逆系统带来电流切换的死区,影响了系统的快速性。由于系统消除了环流,取消了均衡电抗器,降低了成本,只是快速性稍差,它是目前工业上最常用的一种可逆系统。

(4) 电力晶体管直流脉宽调速系统与晶闸管直流脉宽调速系统都是直流电动机调压调速系统,前者晶体管直流脉宽调速系统(PWM)取代了后者的晶闸管变流器,使得直流调速系统的频率特性、控制特性等方面都有明显的改善。因此,随着 GTR 额定电压、额定电流的不断提高以及功率集成电路的不断开发,直流脉宽调速系统的应用将越来越广泛。

习题与思考题

1. 一组晶闸管供电的直流调速系统需要快速回馈制动时,为什么必须采用可逆线路?有哪几种型式?

2. 两组晶闸管供电的可你线路中有哪几种环流?是如何产生的?环流对系统有何利弊?

3. 可逆系统中环流的基本控制方法是什么?触发脉冲的零位整定与环流是什么关系?

4. 试分析自然环流系统正向制动过程中各阶段的能量转换关系,以及正、反组晶闸管所处状态?

5. 在自然环流系统中,为什么要严格控制最小逆变角 β_{min} 和最小整流角 α_{min}?系统中如何实现?

6. 在可控环流系统中,控制环流应按照什么规律变化?试述可控环流系统控制环流的原理。

7. 无环流可逆系统有几种?它们消除环流的出发点是什么?

8. 根据无环流逻辑控制原理图,分析系统在正向启动时,逻辑控制器中各点的状态,若系统进行正向制动,逻辑控制器中各点的状态又如何变化?试分析逻辑无环流系统的正向制动过程。

9. 为什么逻辑无环流系统的切换过程比有环流系统的切换过程长?这是由哪些因素造成的?

10. 无环流逻辑控制器中为什么必须设置封锁延时和开放延时?延时过大或过小对系统运行有何影响?

11. 从系统组成、功用、工作原理、特性等方面比较直流 PWM 调速系统与晶闸管直流调速系统间的异同点。

12. 什么样的波形称为 PWM 波形?怎样产生这种波形?

13. 简述典型 PWM 变换器的基本结构。

14. 在 H 型变换器电路中分别标出图 3-18 中所画不同方式时 i_d 流通路径。

15. 双极性工作方式系统中电枢电流 i_d 会不会产生断续情况?

16. 根据表4各工作方式,分析什么情况下可能出现 U_s 被短路?因如何防止?什么工作方式不可能出现 U_s 被短路?

17. 双极式 H 型变换器是如何实现系统可逆的?画出相应的电流电压波形。

18. 可逆和不可逆 PWM 变换器在结构形式和工作原理上有什么特点?

19. PWM 放大器中是否必须设置续流二极管？为什么？

20. 说明脉宽调制器在 PWM 放大器中的作用。

21. 晶体管 PWM 变换器驱动电路的特点是什么？

22. 在直流脉宽调速系统中当电动机停止不动时，电枢两端是否还有电压？电路中是否还有电流？为什么？

第四章　计算机控制的直流调速系统

计算机数字控制是现代电力拖动控制的主要手段,本章在前三章的基础上专门论述计算机控制的方法与特色。首先指出计算机数字控制系统的主要特点,即离散化和数字化,进而介绍数字量化和采样频率选择,以及计算机数字控制系统的输入与输出变量。在模拟控制双闭环直流调速系统的基础上,介绍数字控制双闭环调速系统的硬件和软件。专述数字测速方法,即 M 法、T 法、M/T 法,以及各种方法的特点及数字式 PI 调节器,从模拟式调节器的数字化,到计算机 PI 调节器的算法,运用离散系统理论来设计数字控制器,以连续域的工程设计方法将调节器离散到差分方程形式,分析计算机软件编程框图。

第一节　计算机数字控制的主要特点

前面章节中直接论述了直流调速系统的基本规律和设计方法,所有的调节器均用运算放大器实现,属模拟控制系统。模拟系统具有物理概念清晰、控制信号流向直观等优点,便于学习入门,但其控制规律体现在硬件电路和所用的器件上,因而线路复杂、通用性差,控制效果受到器件性能、温度等的影响。

以微处理器为核心的数字控制系统(也称微型计算机数字控制系统或计算机数字控制系统),其硬件电路的标准化程度高,制作成本低,且不受器件温度漂移的影响。其控制软件能够进行逻辑判断和复杂运算,可以实现不同于一般线性调节的最优化、自适应、非线性、智能化等控制规律,而且更改起来灵活方便。总之,计算机数字控制系统的稳定性好,可靠性高,可以提高控制性能,此外还拥有信息存储、数字通信和故障诊断等模拟控制系统无法实现的功能。由于计算机只能处理数字信号,因此与模拟控制系统相比,计算机数字控制系统的主要特点是离散化和数字化。

一般控制系统的控制量和反馈量都是模拟的连续信号,为了把它们输入计算机必须首先在具有一定周期的采样时刻对它们进行实时采样,形成一连串的脉冲信号,即离散的模拟信号,这就是离散化。

采样后得到的离散信号本质上还是模拟信号,不能直接送入计算机,还需经过数字量化,即用一组数码(如二进制码)来逼近离散模拟信号的幅值,将它转换成数字信号,这就是数字化。

离散化和数字化的结果导致了时间上和量值上的不连续性。从而引起下述的负面效应:

①模拟信号可以有无穷多的数值,而数码总是有限的,用数码来逼近模拟信号是近似的,会产生量化误差,影响控制精度和平滑性。

②经过计算机运算和处理后输出的数字信号仍是一个时间上离散、数值上量化的信号,显然不能直接作用于被控对象,必须由数模转换器 D/A 和保持器将它转换为连续的模拟量,再经放大后驱动被控对象。但是,保持器会提高控制系统传递函数分母的阶次,使系统的稳定裕量减小,甚至会破坏系统的稳定性。

随着微电子技术的进步,微处理器的运算速度不断提高,其位数也不断增加,上述两个问题的影响已经越来越小。

一、数字量化

在计算机数字控制系统中,将模拟量输入计算机前必须进行数字量化,量化的原则是:在保证不溢出的前提下,精度越高越好。可用存储系数 K 来显示量化精度,其定义为

$$K = 计算机内部最大存储值 D_{max}/物理量的最大允许实际值 X_{max}$$

计算机数字控制系统中的存储系数相当于模拟控制系统中的反馈系数。显然,存储系数与物理量的变化范围和计算机内部定点数的长度有关,下面用例题来说明。

例 4-1 某直流电动机的额定电枢电流为 $I_N = 156\text{A}$,允许过电流倍数 $\lambda = 1.5$,额定速度 $n_N = 1480\text{r/min}$,计算机内部定点数占一个字的位置(16 位),试确定电枢电流和转速存储系数。

解: 定点数长度为 1 个字(16 位),但最高位需用作符号位,只有 15 位可表示量化数值,故最大存储值 $D_{max} = 2^{15} - 1$。电枢电流最大允许值 1.5 倍,考虑到调节过程中瞬时值可能超过此值,故实际取值为 $1.8 I_N$,因此,电枢电流的存储系数为

$$K = \frac{2^{15} - 1}{1.8 I_N} = \frac{32767}{1.8 \times 156} = 116.69 \text{A}^{-1}$$

额定转速为 $n_N = 1480\text{r/min}$,取 $n_{max} = 1.3 n_N$,则转速的存储系数为

$$K_\beta = \frac{2^{15} - 1}{1.3 I_N} = \frac{32767}{1.3 \times 1480} = 17.03 \text{min/r}$$

对上述运算结果取整得 $K = 116$,$K_\beta = 17$。这里计算的存储系数只是其最大允许值,在实

际应用中，还可以取略小一些的量值，合理地选择存储系数，可以简化运算。

二、采样频率的选择

计算机数字控制系统是离散系统，数字控制器必须定时对给定信号和反馈信号进行采样，要是离散的数字信号在处理完毕后能够不失真地复现连续的模拟信号，对系统的采样频率须有一定的要求。

根据香农（Shannon）采样定理，采样频率 f_{sam} 应不小于信号最高频率 f_{max} 的 2 倍，即 $f_{sam} \geq 2f_{max}$，这时，经采样及保持后，原信号的频谱可以不发生明显的畸变，系统可保持原有的性能。但实际系统中信号的最高频率很难确定，尤其对非周期性信号（系统的过渡过程）来说，其频谱为 0～∞ 的连续函数，最高频率理论上为无穷大。因此，难以直接用采样定理来确定系统的采样频率。在一般情况下，可以令采样周期 $T_{sam} \leq \dfrac{1}{4 \approx 10} T_{min}$

式中，T_{min} 为控制对象的最小时间常数。

或用采样角频率 $\omega_{sam} \geq (4 \sim 10) \omega_c$

式中，ω_c 为控制系统的截止频率。

采样频率越高，离散系统就越接近于连续系统。但是在采样周期内必须完成信号的采集与转换，完成控制运算，并输出控制信号，所以采样周期又不能太短，也就是说，采样频率总是有限的。另一方面，过高的采样频率可能造成不必要的累计误差。因此，在计算机数字控制系统中，合理选取采样频率相当重要。

三、计算机数字控制系统的输入与输出变量

计算机数字控制系统的输入与输出变量可能是数字量，也可能是模拟量。模拟量是连续变化的物理量，例如转速、电流和电压等。对于计算机来说，所有的模拟输入量必须经过 A/D 转换为数字量，而模拟输出量必须经过 D/A 转换才能得到。数字量是量化了的模拟量，可以直接参加数字运算。

1. 系统给定

系统给定有模拟给定和数字给定两种方式。

模拟给定是以模拟量表示的给定值，例如给定电位器的输出电压，模拟给定需经 A/D 转换为数字量，再参与运算，如图 4-1 所示。

数字给定是以数字量表示的给定值，可以是拨盘设定、键盘设定或采用通信方式由上位机

直接发送，如图 4-2 所示。

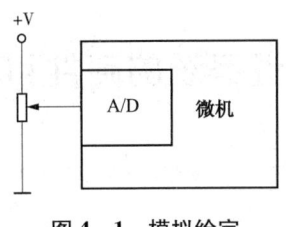

图 4-1 模拟给定

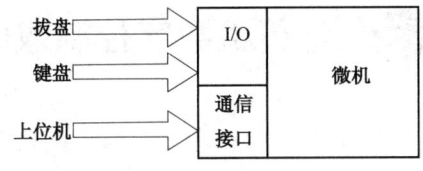

图 4-2 数字给定

2. 状态检测

系统运行中的实际状态量，例如转速、电压和电流等在闭环控制时，应该反馈给计算机，因此必须首先检测出来。

（1）转速检测

转速检测有模拟和数字两种检测方法。模拟测速一般采用测速发电机，其输出电压不仅表示了转速的大小，还包含了转速的方向，在调速系统中（尤其在可逆系统中）转速的方向也是不可缺少的。当测速发电机输出电压通过 A/D 转换输入到计算机时，由于多数 A/D 转换电路只是单极性的，因此必须经过适当的变换，即将双极性的电压信号变换为单极性的电压信号，经 A/D 转换后得到以偏移码表示的数字量送入计算机。但偏移码不能直接参与运算，必须用软件将偏移码变换为原码或补码，然后进行闭环控制。有关偏移码、原码、补码的内容可参考相关的计算机控制教材。

模拟测速方法的精度不够高，在低速时更为严重。对于要求精度高、调速范围大的系统，往往需要采用旋转编码器测速，即数字测速。有关数字测速的内容将在第三节中详细介绍。

（2）电流和电压检测

电流和电压检测除了用来构成相应的反馈控制外，还是各种保护和故障诊断信息的来源。电流、电压信号也存在幅值和极性的问题，需经过一定的处理后，经 A/D 转换送入计算机，其处理方法与转速相同。

3. 输出变量

计算机数字控制器的控制对象是功率变换器，可以用开关量直接控制功率器件的通断，也可以用经 D/A 转换得到的模拟量去控制功率变换器。随着电动机控制专用单片机微机的产生，前者逐渐成为主流，例如 Intel 公司 8X196MC 系列和 TI 公司 TMS320X240 系列单片微机可直接生成 PWM 驱动信号，经放大环节控制功率器件，从而控制功率变换器的输出电压。

第二节 计算机数字控制双闭环直流调速系统的硬件和软件

就控制规律而言，计算机数字控制的双闭环直流调速系统与前面章节介绍的用模拟器件组成的双闭环直流调速系统完全等同。如前面章节所示的模拟控制双闭环直流调速系统的结构中，原来用的是电压给定信号和反馈信号，现在改为数字量，用下标"dig"表示，例如 n_{dig}、I_{ddig} 等，因而反馈系数也就改成存储系数，然后再用虚线把由计算机实现的控制器部分框起来，就成为计算机数字控制的双闭环直流调速系统，如图4-3所示。

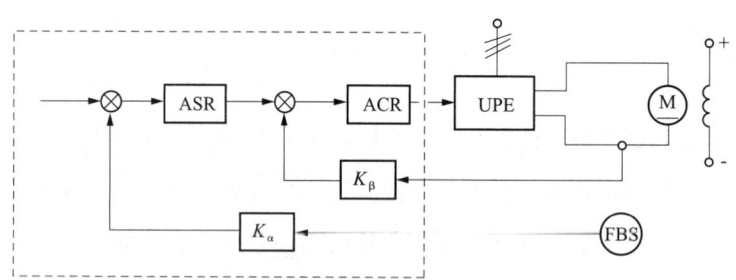

图4-3 计算机数字控制的双闭环直流调速系统

一、数字控制双闭环直流调速系统的硬件结构

计算机数字控制双闭环直流调速系统中主电路中的UPE可以是晶闸管可控整流器，也可以是直流PWM功率变换器，现以后者为例讨论系统的实现，其硬件结构如图4-4所示。如果采用晶闸管可控整流器，只是不用微型计算机中的PWM生成环节，而采用不同的方法控制晶闸管的触发相角。

1. 主电路

三相交流电源经不可控整流器变换为电压恒定的直流电源，再经过直流PWM变换器得到可调的直流电压，给直流电动机供电。

2. 检测回路

检测回路包括电压、电流、温度和转速检测，其中电压、电流和温度的检测由A/D转换通道变为数字量送入计算机，转速检测用数字测速，详见本章第三节。

3. 故障综合

对电压、电流、温度进行分析比较，若发生故障立即通知计算机，以便及时处理，避免故障进一步扩大。

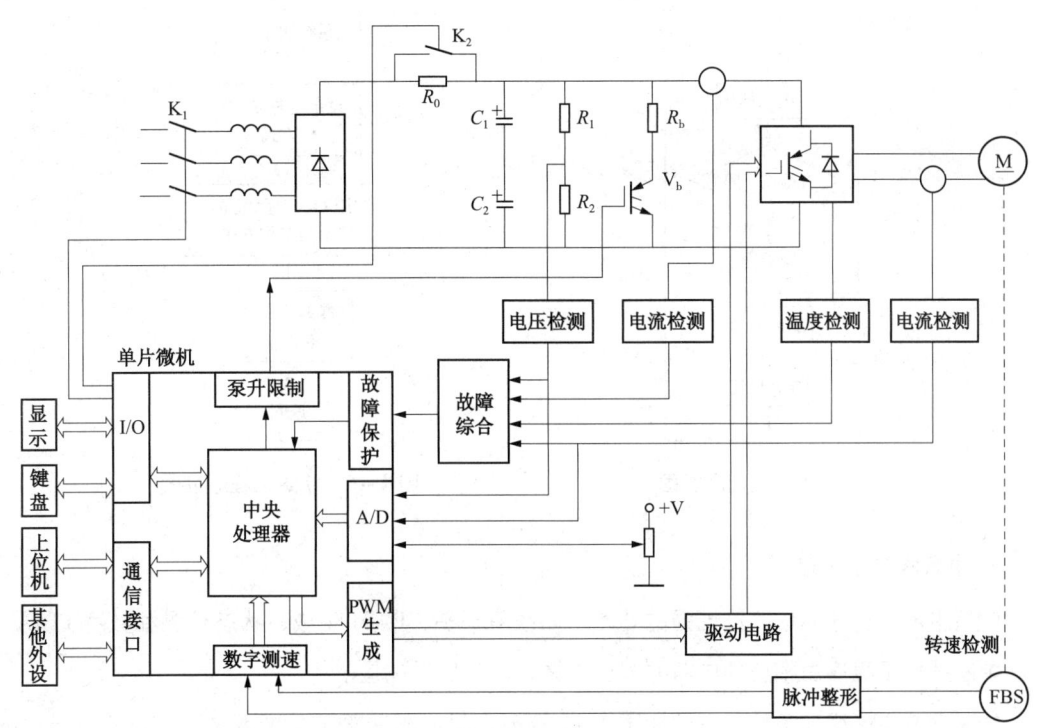

图 4-4 计算机数字控制的双闭环直流 PWM 调速系统硬件结构图

4. 数字控制器

数字控制器是系统的核心，选用专为电动机设计的 Inter 8X196MC 系列或 TMS320X240 系列单片微型计算机，配以显示、键盘等外围电路，通过通信接口与上位机其他外设交换数据。这种微机芯片都带有 A/D 转换器、通用 I/O 和通信接口，还带有一般微机并不具有的故障保护、数字测速和 PWM 生成功能，可大大简化数字控制系统的硬件电路。

二、计算机数字控制双闭环直流调速系统的软件框图

计算机数字控制系统的控制规律是靠软件来实现的，所有硬件也必须由软件实施管理。微机数字控制双闭环直流调速系统的软件有主程序、初始化子程序和中断服务子程序等。

1. 主程序

主程序完成实时性要求不高的功能，完成系统初始化后，实现键盘处理、刷新显示、与上位计算机和其他外设通信功能。主程序框图如图 4-5 所示。

2. 初始化子程序

初始化子程序完成硬件器件工作方式的设定、系统运行参数和变量的初始化等。初始化子程序框图如图 4-6 所示。

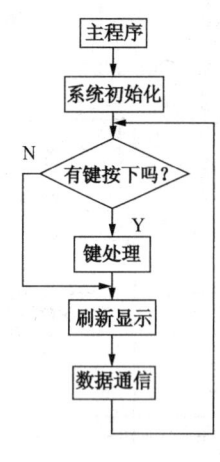
图 4-5 主程序框图

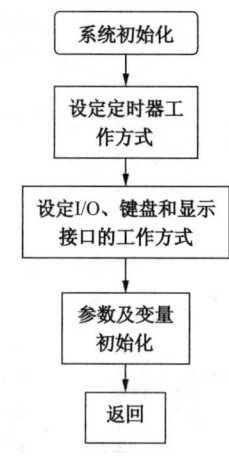
图 4-6 初始化程序框图

3. 中断服务子程序

中断服务子程序完成实施性强的功能，如故障保护、PWM 生成、状态检测和数字 PI 调节等。中断服务子程序由相应的中断源提出申请，CPU 实时响应。

转速调节中断服务子程序框图如图 4-7 所示。进入转速调节中断服务子程序后，首先应保护现场，再计算实际转速，完成转速 PI 调节，最后启动转速检测，为下一步调节做准备。在中断返回前应恢复现场，使被中断的上级程序正确可靠地恢复运行。

电流调节中断服务子程序框图如图 4-8 所示。主要完成电流 PI 调节和 PWM 生成功能，然后启动 A/D 转换，为下一步调节做准备。

故障保护中断服务子程序框图如图 4-9 所示。进入故障保护中断服务子程序后，首先封锁 PWM 输出，再分析、判断故障，显示故障原因并报警，最后等待系统复位。

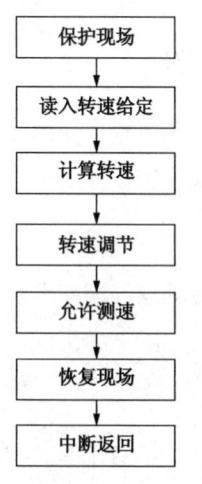

图 4-7 转速调节中断服务子程序框图

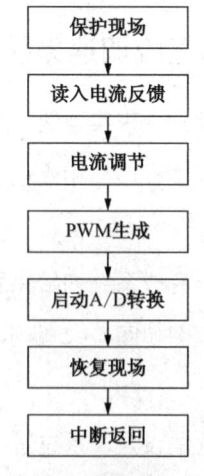

图 4-8 电流调节中断服务子程序框图

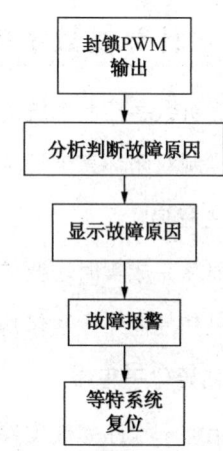

图 4-9 故障保护中断服务子程序框图

当故障保护引脚的电平发生跳变时申请故障保护中断,而转速调节和电流调节均采用定时中断。三种中断服务中,故障保护的中断级别最高,电流调节中断次之,转速调节中断级别最低。关于数字 PI 调节及测速子程序的框图将在后面有关内容中论述。

第三节 数字测速、数字滤波与数字 PI 调节器

数字测速具有测速精度高、分辨能力强、受器件影响小等优点,被广泛应用于调速要求高、调速范围大的调速系统和伺服系统。

一、旋转编码器

光电式旋转编码器是转速或转角的检测元件。旋转编码器与电动机相连,当电动机转动时,带动码盘旋转,便发出转速或转角信号。旋转编码器可分为绝对式和增量式两种。绝对式编码器在码盘上分层刻上表示角度的二进制数码或循环码(格雷码),通过接收器将该数码送入计算机。绝对式编码器常用于检测转角,若需得到转速信号,必须对转角进行微分处理。增量式编码器在码盘上均匀的刻制一定数量的光栅,如图 4-10 所示,当电动机旋转时,码盘随之一起转动。通过光栅的作用,持续不断地开放或封闭光通路,因此,在接收装置的输出端便得到频率与转速成正比的方波脉冲序列,从而可以计算转速。

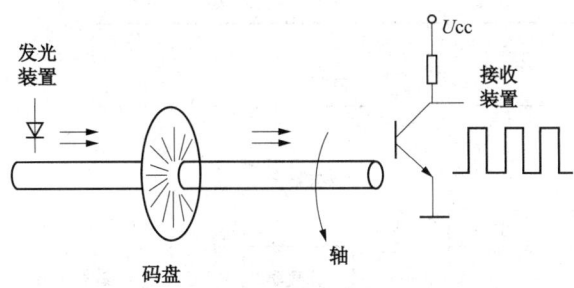

图 4-10 增量式旋转编码器示意图

上述脉冲序列正确的反映转速的高低,但不能鉴别转向。为了获得转速的方向,可增加一对发光与接收装置,使两对发光与接收装置错开光栅节距的 1/4,则两组脉冲序 A 和 B 的相位相差 90°,如图 4-11 示,正转时 A 相超前 B 相;反转时 B 相超前 A 相。采用简单的鉴相电路就可以分辨出转向。

若码盘的光栅数为 N,则转速分辨率为 $1/N$,常用的旋转编码器光栅数有 1024、2048、4096 等。再增加光栅数将大大增加旋转编码器的制作难度和成本。采用倍频电路可以有效地

提高转速分辨率,而不增加旋转编码器的光栅数,一般多采用四倍频电路,大于四倍频则较难实现。

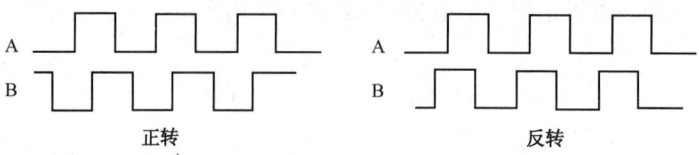

图 4-11 区分旋转方向的 A、B 两组脉冲序列

采用旋转编码器的数字测速方法由三种:M 法、T 法和 M/T 法。

二、M 法测速

在一定的时间 T_c 内测取旋转编码器输出的脉冲个数 M_1,用以计算这段时间内的平均转速,称为 M 法测速[如图 4-12(a)所示]。把 M_1 除以时间 T_c 就可得到旋转编码器输出脉冲的频率 $f_1 = M_1/T_c$,所以又称为频率法。电动机每转一圈共产生 Z 个脉冲(Z = 倍频系数 × 编码器光栅数),把 f_1 除以 Z 就得到电动机的转速。在习惯上,时间 T_c 以秒为单位,而转速是以每分钟的转数 r/min 为单位,则电动机的转速为

$$n = \frac{60M_1}{ZT_c} \tag{4-1}$$

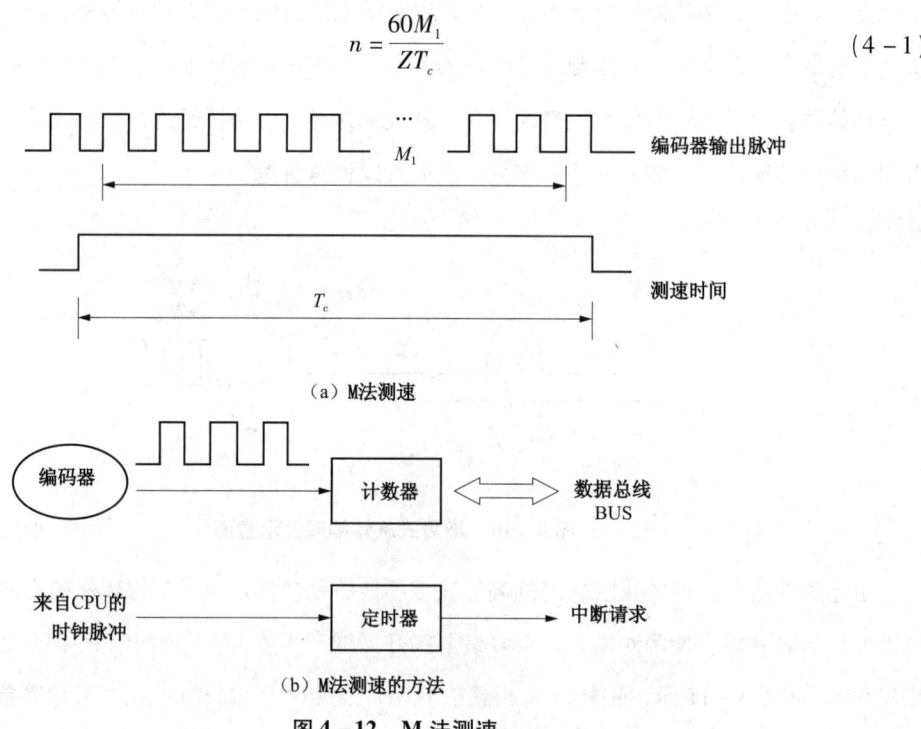

(a)M法测速

(b)M法测速的方法

图 4-12 M 法测速

式(4-1)中,Z 和 T_c 均为常值,因此转速 n 正比于脉冲个数 M_1。高速时 M_1 大,量化误差较小,随着转速的降低误差增大,转速过低时 M_1 将小于 1,测速装置便不能正常工作。所以

M 法测速只是用于高速段。

计算机数字控制的直流调速系统采用 M 法测速的方法如图 4-12（b）所示，其测速原理如下：

①由计算器记录编码器发出的脉冲信号；

②定时器每隔时间 T_c 向 CPU 发出中断请求 INT_1；

③CPU 响应中断后，读出计算器中计数值 M_1，并将计数器清零重新计数；

④根据计数值 M_1，CPU 按式（4-1）计算出对应的转速值 n。

三、T 法测速器

在编码器两个相邻输出脉冲的间隔时间内，用一个计数器对已知频率为 f_0 的高频时钟脉冲进行计数，并由此计算转速，称作 T 法测速 [如图 4-13（a）所示]。在这里，测速时间源于编码器输出脉冲的周期，所以又称为周期法。在 T 法测速中，准确的测速时间 T_t 是用所得的高频时钟脉冲个数 M_2 计算出来的，即 $T_t = M_2/f_0$，则电动机转速为

$$n = \frac{60}{ZT_t} = \frac{60f_0}{ZM_2} \tag{4-2}$$

高速时 M_2 小，量化误差大，随着转速的降低误差减小，所以 T 法测速器适用于低速段与 M 法恰好相反。

计算机数字控制的直流调速系统采用 T 法测速的方法如图 4-13（b）所示，其测速原理是：

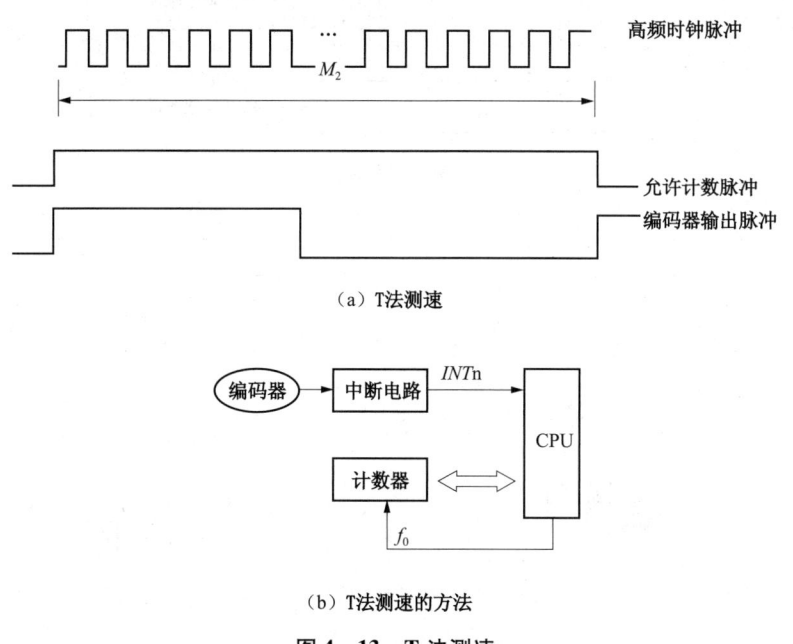

（a）T 法测速

（b）T 法测速的方法

图 4-13 T 法测速

①计算器记录来自 CPU 的高频脉冲;

②编码器每输出一个脉冲,中断电路相 CPU 发出一次中断请求 INT_n;

③CPU 响应 INT_n 中断,从计算器中读出计数值 M_2,并立即清零,重新计数。

四、M/T 法测速

把 M 法和 T 法结合起来,即检测 T_c 时间内旋转编码器输出的脉冲个数 M_1,有检测同一时间间隔的高频时钟个数 M_2,用来计算转速,称作 M/T 法测速。设高频时钟脉冲的频率为 f_0,则准确的测速时间 $T_c = M_2/f_0$,电动机的转速为

$$n = \frac{60M_1}{ZT_c} = \frac{60M_1 f_0}{ZM_2} \tag{4-3}$$

采用 M/T 法测速时,应保证高频时钟计数器与旋转编码器输出脉冲计数器同时开启和关闭,以减小误差。如图 4-14(a)所示,只有等到编码器输出脉冲前沿到达时,两个计数器才同时允许或停止计数。

计算机数字控制的直流调速系统采用 M/T 法测速的方法如图 4-14(b)所示,其测速原理是:

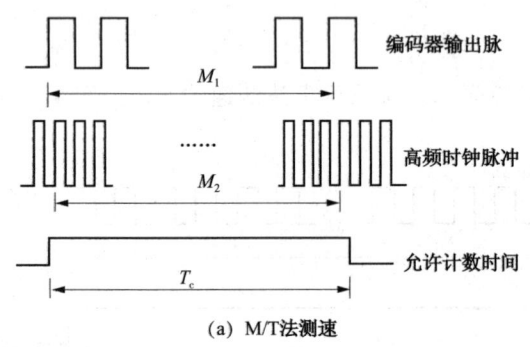

(a) M/T法测速

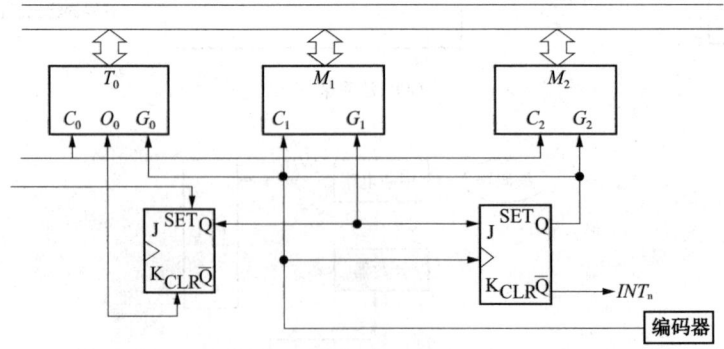

(b) M/T法测速的方法

图 4-14 M/T 法测速

① T_c 定时器控制采样时间;

② M_1 计数器记录编码器脉冲;

③ M_2 计数器记录 CPU 时钟脉冲。

由于 M/T 法的计数值 M_1 和 M_2 都随着转速的变化而变化,高速时,相当于 M 测速,最低速时,$M_1 = 1$,自动进入 T 法测速。因此,M/T 法测速能适用的转速范围明显大于前两种,是目前广泛应用的一种测速方法。

五、三种测速方法的测速指标

1. 分辨率

分辨率是用来衡量一种测速方法对被测转速变化的分辨能力。在数字测速方法中,用改变一个计数字所对应的转速变化量来表示分辨率,用 Q 表示。如果当被测转速由 n_1 变为 n_2 时,引起计数值改变了一个字,则该测速方法的分辨率是

$$Q = n_2 - n_1$$

Q 越小,说明该测速方法的分辨率越强。

(1) M 法测速的分辨率

在 M 法中,当计数值由 M_1 变为 $M_1 + 1$ 时,按式(4-1),相应的转速由 $60M_1/ZT_c$ 变为 $60(M_1+1)/ZT_c$,则 M 法测速分辨率为

$$Q = \frac{60(M_1+1)}{ZT_c} - \frac{60M_1}{ZT_c} = \frac{60}{ZT_c} \tag{4-4}$$

可见,M 法测速的分辨率与实际转速的大小无关。从式(4-4)还可看出,要提高分辨率(即减小 Q),必须增大 T_c 或 Z。但在实际应用中,两者都受到限制,增大 T_c 势必使采样周期变长。

(2) T 法测速的分辨率

为了使结果得到正值,T 法测速的分辨率定义为时钟脉冲个数由 M_2 变为 $M_2 - 1$ 时转速的变化量,于是

$$Q = \frac{60f_0}{Z(M_2-1)} - \frac{60f_0}{ZM_2} = \frac{60f_0}{ZM_2(M_2-1)} \tag{4-5}$$

综合式(4-2)和(4-5),可得

$$Q = \frac{Zn^2}{60f_0 - Zn} \tag{4-6}$$

由式(4-6)可以看出,T 法测速的分辨率与转速高低有关,转速越低,Q 值越小,分辨能力越强。这也说明,T 法更适于测量低速。

(3) M/T 法测速的分辨率

M/T 法测速在高速段与 M 法相近，在低速段与 T 法相近，所以兼有 M 法和 T 法的特点，在高速和低速都具有较强的分辨能力。

2. 测速误差率

转速实际值和测量值之差与实际值 n 之比定义为测速误差率，记作

$$\delta = \frac{\Delta n}{n} \times 100\% \tag{4-7}$$

测速误差率反映了测速方法的准确性，δ 越小，准确度越高。测速误差率的大小决定于测速元件的制造精度，并与测速的方法有关。

(1) M 法测速误差率

在 M 法测速中，测速误差决定于编码器的制造精度，以及编码器输出脉冲前沿和测速时间采样脉冲前沿不齐造成的误差等，最多可能产生 1 个脉冲的误差。因此，M 法测速误差率的最大值为

$$\delta_{\max} = \frac{\frac{60M_1}{ZT_c} - \frac{60(M_1-1)}{ZT_c}}{\frac{60M_1}{ZT_c}} \times 100\% = \frac{1}{M_1} \times 100\% \tag{4-8}$$

由式（4-8）可知，$\delta_{\max}$ 与 M_1 成反比，即转速愈低，M_1 愈小，误差率愈大。

(2) T 法测速误差率

采用 T 法测速时，产生误差的原因与 M 法相仿，M_2 最多可能产生 1 个脉冲的误差。因此，T 法测速误差率的最大值为

$$\delta_{\max} = \frac{\frac{60f_0}{Z(M_2-1)} - \frac{60f_0}{ZM_2}}{\frac{60f_0}{ZM_2}} \times 100\% = \frac{1}{M_2-1} \times 100\% \tag{4-9}$$

低速时，编码器相邻脉冲间隔时间长，测得高频时钟脉冲个数 M_2 多，所以误差率小，测速精度高，故 T 法测速适用于低速段。

(3) M/T 法测速误差率

低速时 M/T 法趋于 T 法，在高速段 M/T 法相当于 T 法的 M_1 次平均，而在这 M_1 次中最多可能产生 1 个高频时钟脉冲的误差。因此 M/T 法测速可在较宽的转速范围内，具有较高的测速精度。

六、M/T 法数字测速软件框图

测速软件由捕捉中服务子程序（图 4-15）和测速时间中断服务子程序（图 4-16）构

成，转速调节终端服务子程序中进行到"测速允许"时，开放捕捉中断，但只有到旋转编码器脉冲前沿到达时，进入捕捉中断服务子程序，旋转编码器脉冲计数器 M_1 和高频时钟计数器 M_2 才真正开始计数，同时打开测速时间计数器 T_c，禁止捕捉中断，M_1 和 M_2 计数，转速计算时间是在转速调节中断服务子程序中完成的。

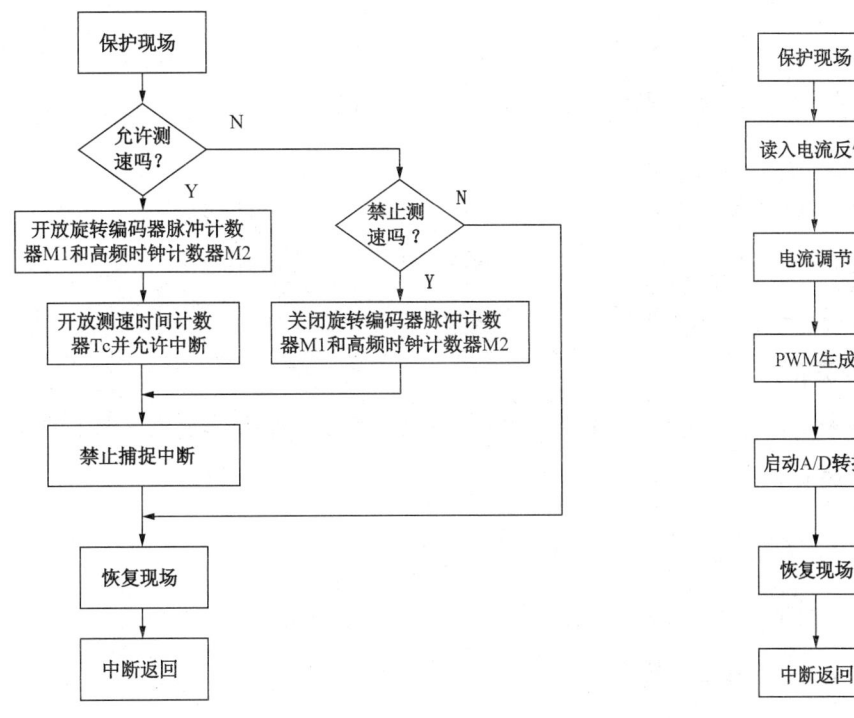

图 4-15 捕捉中服务子程序框图　　图 4-16 测速时间中断服务子程序图

七、数字滤波

在检测得到转速信号时，不可避免地要混入一些干扰信号。采用模拟测速时，常用由硬件组成的滤波器（RC 滤波器）来滤除干扰信号；在数字测速中，硬件电路只能对编码器输出脉冲起到整形、倍频的作用，往往用软件来实现数字滤波器。数字滤波器具有使用灵活、修改方便等优点，不但能代替硬件滤波器，还能实现硬件滤波器无法实现的功能。数字滤波器可以用于测速滤波，也可以用于电压、电流检测信号的滤波。下面介绍常用的数字滤波的方法。

1. 算术平均值滤波

设有 N 次采样值算术平均值为 X_1、X_2、$\cdots$、X_N，算术平均值滤波就是找到一个值 Y，使 Y 与各次采样值之差的平方和

$$E = \sum_{i=1}^{N} (Y - X_i)^2$$ 最小，令 $dE/dY = 0$，得

$$E = \frac{1}{N}\sum_{i=1}^{N} X_i \quad (4-10)$$

算术平均值滤波的优点是算法简单,缺点是需要较多的采样次数才能有明显的平滑效果。在一般的算术平均值滤波中,各种采样值是同等对待的。若主要重视当前的采样值,也附带考虑过去的采样值,可以采用加权算术平均值滤波,这时

$$E = \sum_{i=1}^{N} a_i X_i \quad (4-11)$$

其中,$a_1 + a_2 + \cdots + a_N = 1$,在一般情况下 $0 < a_1 \leq a_2 \leq \cdots \leq a_N$。

2. 中值滤波

将最近连续三次采样值排序,使得 $X_1 \leq X_2 \leq X_3$,取得这三个采样值的中值 X_2 为有效信号,舍去 X_1 和 X_3。这样的中值滤波能有效地滤除偶然型干扰脉冲(作用时间短、幅值大),若干扰信号的作用时间相对较长(大于采样时间),则无能为力。

3. 中值平均滤波

设有 N 次采样值,排序后得 $X_1 \leq X_2 \leq \cdots \leq X_N$,去掉最大值 X_N 和最小值 X_1,剩下的取算术平均值即为滤波后的 Y 值

$$E = \frac{1}{N-2}\sum_{i=1}^{N} X_i \quad (4-12)$$

中值平均滤波是中值滤波和算术平均值滤波的结合,即能滤除偶然型干扰脉冲,又能平滑滤波,但程序较为复杂,运算量较大。

八、数字 PI 调节器

PI 调节器是电力拖动自动控制系统中最常用的一种控制器。在微机数字控制系统中,当采样频率足够高时,可以先按模拟系统的设计调节器,然后离散化,就可以得到数字控制器的算法,这就是模拟调节器的数字化。

当输入误差函数为 $e(t)$、输出函数为 $u(t)$ 时,PI 调节器的传递函数如下

$$W_{pi}(s) = \frac{U(s)}{E(s)} = \frac{K_{pi}\tau s + 1}{\tau s} \quad (4-13)$$

式中 K_{pi}——PI 调节器比例部分的放大系数;

τ——PI 调节器的积分时间常数。

按式(4-13)$u(t)$ 和 $e(t)$ 关系的时域表达式可写成

$$u(t) = K_{pi}e(t) + \frac{1}{\tau}\int e(t)\,dt = K_p e(t) + K_1 \int e(t)\,dt \quad (4-14)$$

式中 K_p——比例系数,$K_p = K_{pi}$;

K_1——积分系数，$K_1 = 1/\tau$。

将式（4-14）离散化差分方程，其第 k 拍输出为

$$u(k) = K_p e(k) + K_1 T_{sam} \sum_{i=1}^{k} e(i) = K_p e(k) + u_I(k) = K_p e(k) + K_1 T_{sam} e(k) + u_I(k)$$

(4-15)

式中 T_{sam}——采样周期。

数字 PI 调节器有位置式和增量式两种算法。式（4-15）表述的差分方程为位置式算法，$u(k)$ 为第 k 拍的输出值。由等号右侧可以看出，比例部分只与当前的偏差有关，而积分部分则是系统过去所有偏差的积累。位置式 PI 调节器的结构清晰，P 和 I 两部分作用分明，参数调整简单明了。

由式（4-15）可知，PI 调节器的第 $k-1$ 拍输出为

$$u(k-1) = K_p e(k-1) + K_1 T_{sam} \sum_{i=1}^{k-1} e(i) \quad (4-16)$$

由式（4-15）减去式（4-16），可得

$$\Delta u(k) = u(k) - u(k-1) = K_p [e(k) - e(k-1)] + K_1 T_{sam} e(k) \quad (4-17)$$

由式（4-17）就是增量式 PI 调节器算法。可以看出，增量式算法只需要当前的上一拍的偏差即可计算出偏差量。PI 调节器的输出可由下式求得

$$u(k) = u(k-1) + \Delta u(k) \quad (4-18)$$

只要在计算机中多保存上一拍的输出值就可以了。

在控制系统中，为了安全起见，常需要对调节器的输出实行限幅。在数字控制算法中，要对 u 限幅，只需要在程序内设置限幅值 u_m，当 $u(k) > u_m$ 时，便以限幅值作为输出。不考虑限幅时，位置式和增量式两种算法完全相同，考虑限幅则两者略有差异。增量式 PI 调节器算法只需要输出限幅，而位置式算法必须同时设积分限幅和输出限幅，缺一不可。若没有积分限幅，当反馈大于给定，是调节器退出饱和时，积分可能仍很大，将产生较大的退饱和超调。

第四节　基于连续域工程设计方法的计算机控制直流调速系统

连续系统中的工程设计方法因其方法简单，使用方便，得到了广大工程技术人员的欢迎。计算机控制的直流调速系统仍可以使用连续域的工程设计方法，按模拟系统设计数字系统的方法常称为间接设计法，其步骤是，首先应用连续域工程设计方法求出调节器；然后对调节器进

行离散化处理，再变换为差分方程进行计算机的编程。

一、计算机控制的单闭环直流调速系统的数学模型

计算机控制的单闭环直流调速系统如图 4-17 所示。由计算机控制器、功率放大器、测量传感器、直流电动机组成。系统中计算机控制器虚线框内的比较器、调节器、零阶保持器、A/D 转换器与 PWM 发生器可以选用新型单片机通过接口电路实现。测量传感器则可以使用测速发电机。为防止传感器噪声，在传感器输出端增加的滤波器可以采用硬件滤波器，也可采用软件滤波器。

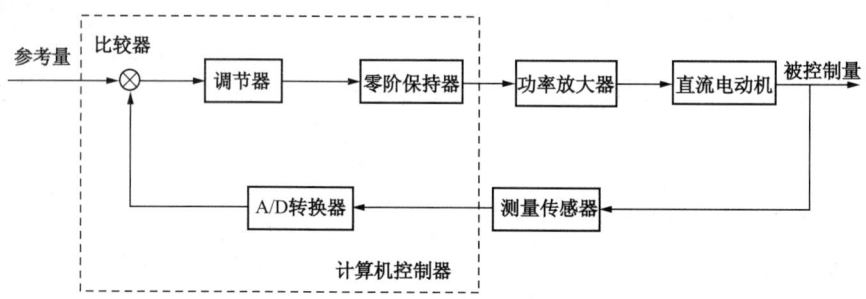

图 4-17 计算机控制的直流传动系统结构

在使用模拟系统设计方法时，应建立连续域系统数学模型。系统动态数学模型如图 4-18 所示。图中的信号 n_r 为转速给定信号，n 为输出转速，I_d 为电动机电枢电流，ASR 为速度调节器。ASR 输出经 D/A 转换的采样开关后应设置零阶保持器，转速环采样周期为 T_{sam}。

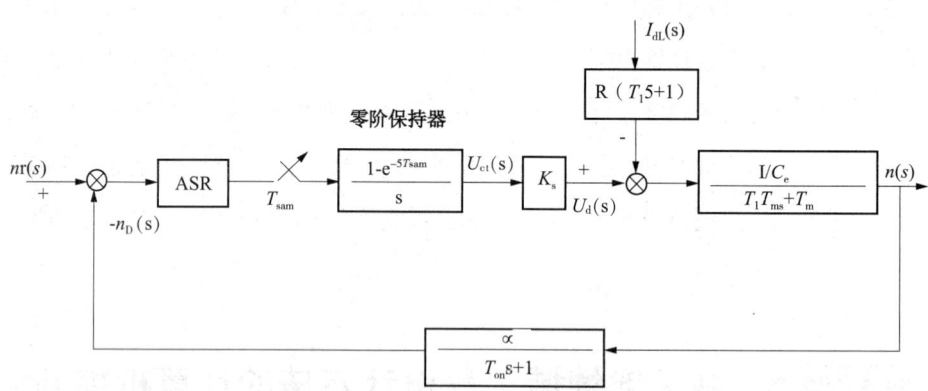

图 4-18 单闭环直流调速系统动态结构

1. 直流电动机传输函数

当直流电动机的输入变量为电枢电压 U_d，输出信号为转速 n，由前面章节可以得到直流电动机在连续域的传递函数为

$$W_M(s) = \frac{n(s)}{U_d(s)} = \frac{1/C_e}{T_1 T_m s^2 + T_m s + 1} \qquad (4-19)$$

式中 T_1——电磁时间常数，$T_1 = L/R$；

T_m——机电时间常数，$T_m = GD^2 R/375 C_e C_m$；

C_e——直流电动机在额定磁通下的电动势转速比。

2. PWM 功率变速器传递函数

在调速系统中，如果使用普通开关晶体管实现的 PWM 功率变换器，最低开关频率为 1kHz；如果使用高速开关器件 MOSFET 或者 IGBT 实现的 PWM 功率变换器，则开关频率一般取 10kHz 以上，它所产生的延时时间可以忽略。因此，PWM 功率变换器可以作为放大环节考虑，即

$$\frac{U_d(s)}{U_{ct}(s)} = K_s \qquad (4-20)$$

其中 $U_{ct}(s)$ 为计算机控制器计算后得到的数值。而在实际系统中应将 $U_{ct}(s)$ 转换为 PWM 的占空比 ρ，使电动机电枢电压 $U_d(s) = \rho U_s(s)$。当计算机用实际数据计算时，$U_{ct}(s) = U_d(s)$。于是在数学模型中有 $K_s = 1$。

3. 测速传感器与滤波器传递函数

不论测速传感器是使用测速发电机还是使用光电编码器，都可以认为是放大环节；但速度信号中存在脉动或者噪声与干扰而需要增加信号滤波器。滤波器可以用硬件实现，也可以拿用软件实现。无论采用何种滤波器，其传递函数都可以用一阶惯性环节来近似，即

$$\frac{n_D(s)}{n(s)} = \frac{\alpha}{T_{on} s + 1} \qquad (4-21)$$

式中 T_{on}——滤波器的等效时间常数；

α——测速环节的增益；

n_D——经处理器计算的转速值。

如果处理器内使用实际转速数据进行运算，将采样信号变换为实际转速数据，这样可以认为 $\alpha = 1$。

4. 采样开关与零阶保持器

由前面章节已知，采样系统的采样开关与零阶保持器传递函数可以近似为

$$G_h \approx \frac{1}{\frac{T_{sam}}{2} s + 1} \qquad (4-22)$$

如果将图 4-18 所示系统中的零阶保持器用式（4-16）代入，可以看到该系统结构与晶

闸管控制的单闭环调速系统结构完全相同。只是原晶闸管控制系统中的晶闸管延时环节，在计算机控制系统中变成了采样开关与零阶保持器。

5. 速度调节器 ASR

经验证明在电力传动系统中，PID 调节器是一种较好的调节方法，并且在工程中得到了广泛的应用。在计算机控制系统中，可以借助已有的连续系统的工程设计方法，然后将调节器离散化形成差分方程的形式。在闭环系统中，电动机的最大控制电压应为电动机的额定电压，因此应使用具有限幅功能的 PI（或 PID）调节器。

二、单闭环直流调速系统的设计

当图 4-18 中的零阶保持器用一阶惯性环节近似，得到控制对象在连续域的开环传递函数为

$$W_d(s) \approx \frac{1}{\frac{T_{sam}s}{2}+1} \times \frac{\frac{1}{C_e}}{T_1 T_m s^2 + T_m s + 1} \times \frac{1}{T_{on}s+1} = \frac{K_d}{\left(\frac{T_{sam}s}{2}+1\right)(T_{on}s+1)(T_1 T_m s^2 + T_m s + 1)}$$

式中 $K_d = 1/C_e$。

1. 连续时间域 ASR 设计

直流电动机通常有 $T_m > 4T_1$，因此电动机环节有 2 个实极点 τ_1 和 τ_2（并设 $\tau_1 > \tau_2$），传递函数可以转换为

$$W_M(s) = \frac{1/C_e}{T_1 T_m s^2 + T_m s + 1} = \frac{1/C_e}{(\tau_1 s + 1)(\tau_2 s + 1)}$$

得到调速系统在连续域的控制对象传递函数为

$$W_d(s) \approx \frac{K_d}{(T_{sam}s/2+1)(T_{on}s+1)(\tau_1 s+1)(\tau_2 s+1)}$$

这里控制器选为 PI 调节器

$$W_{PI}(s) = \frac{K_{PI}(\tau s + 1)}{\tau s} \tag{4-23}$$

式中 K_{PI}——PI 调节器的放大系数。

并且使用连续系统的工程设计方法进行设计。如果将系统设计为典型 I 型系统，可以设 $\tau_\Sigma = T_{sam}/2 + T_{on} + \tau_2$，并且闭环系统的截止角频 $\omega_c << 1/\tau_\Sigma$，则使 PI 调节器的参数 $\tau = \tau_1$，就可得到调速系统的开环传递函数为

$$W_{op}(s) = \frac{K_{op}}{s(\tau_s + 1)}$$

其中 $K_{op} = \dfrac{K_{pI}}{C_e \tau}$。若取 $K_{op} = \dfrac{1}{2\tau_\Sigma}$ 则得到 $K_{pI} = C_e \tau / 2\tau_\Sigma$。于是得到单闭环调速系统在连续域的闭环传递函数为

$$W_{cl}(s) = \frac{K_{op}}{s(\tau_\Sigma s + 1) + K_{op}} = \frac{1/2}{\tau_\Sigma^2 s^2 + \tau_\Sigma s + 1/2}$$

如果选择设计为典型 Ⅱ 型系统，则选择闭环系统的截止角频率 $\omega_c \gg \tau$，于是可以近似认为 $\dfrac{1}{\tau_1 s + 1} \approx \dfrac{1}{\tau_1 s}$

得到系统控制对象的传递函数为

$$W_d(s) = \frac{K_d}{\tau_1 s (\tau_\Sigma s + 1)}$$

典型 Ⅱ 型系统的开环传递函数应为

$$W_{op}(s) = \frac{K_{op}(\tau s + 1)}{s^2(\tau_\Sigma s + 1)}$$

使用闭环系统频率特性最小峰值设计方案，首先选择参数 h，于是得到 $\tau = h\tau_\Sigma$，$K_{op} = (h+1)/(2h\tau_T)^2$。PI 调节器放大系数 $K_{PI} = K_{op} \tau_1 \tau / k_d$。

2. 控制器的离散化

系统设计的第二步是要将控制器离散化，将式 (4-23) 的 PI 调节器转为 z 域的传递函数或着差分方程，以实现计算机控制。在控制器离散化时，首先确定采样周期 T_{sam}，然后可以用多种方法离散化。

（1）脉冲响应不变法

使用脉冲响应不变法时，首先将 PI 调节器分解

$$W_{PI}(s) = \frac{K_{PI}(\tau s + 1)}{\tau s} = K_{PI} + \frac{K_{PI}}{\tau s}$$

再进行 z 转换，得到 z 域的 PI 调节器为

$$W_{PI}(z) = Z[W_{PI}(s)] = K_{PI} + \frac{K_{PI}}{\tau} \times \frac{z}{z-1} = \frac{K_{PI}}{\alpha} \times \frac{1 - \alpha z^{-1}}{1 - z^{-1}} \quad (4-24)$$

式中 $\alpha = \tau/(\tau + 1)$。写成差分方程为

$$U_d(k) = U_d(k-1) + \frac{K_{PI}}{\alpha}[e(k) - \alpha e(k-1)] \quad (4-25)$$

当 $\tau < 1s$ 时，$\alpha < 0.5$，使系统存在一个小于 0.5 的零点，会使系统振荡严重。该方法对于 $\tau < 1s$ 的情况不适用。

(2) 后向差分法

后向差分法将变换关系 $s=(1-z^{-1})/T_{sam}$ 代入 s 域 PI 调节器，可以得到与式 (4-23) 相同的结构，即

$$W_{PI}(z) = z[W_{PI}(s)] = \frac{K_{PI}}{\alpha} \times \frac{1-\alpha z^{-1}}{1-z^{-1}} \quad (4-26)$$

只是其中的参数 $\alpha = 2\tau/(2\tau + T_{sam})$。因为一般采样周期 $T_{sam} \ll \tau$，所以该方法将在 1 的附近有一个零点，可以得到超调很小的控制特性。差分方程与式 (4-25) 相同，为

$$U_d(k) = U_d(k-1) + \frac{K_{PI}}{\alpha}[e(k) - \alpha e(k-1)] \quad (4-27)$$

(3) 双线性变换法

双线性变换法将变换关系 $s = \frac{2}{T_{sam}} \times \frac{1-z^{-1}}{1+z^{-1}}$，代入 s 域 PI 调节器，可以得到 z 域 PI 调节器

$$W_{PI}(z) = Z[W_{PI}(s)] = \frac{K_{PI}}{\alpha} \times \frac{1-\alpha z^{-1}}{1-z^{-1}} \quad (4-28)$$

式中 $\alpha = (2\tau - T_{sam})/(2\tau + T_{sam})$，$b = 2\tau/(2\tau + T_{sam})$。因为一般采样周期 $T_{sam} \ll \tau$，所以该方法将在小于 1 的位置有一个零点，系统具有很小的超调。差分方程为

$$U_d(k) = U_d(k-1) + \frac{K_{PI}}{\alpha}[e(k) - \alpha e(k-1)] \quad (4-29)$$

从以上分析可知，后向差分法与双线性变换法因不受条件限制而得到更多的应用。在得出差分方程后，计算机编程就非常容易了，不再继续讨论。

本 章 小 节

模拟系统具有物理概念清晰控制信号流向直线等特点，便于学习入门，但其控制规律体现在硬件电路和所用的器件上，因而线路复杂、通用性差，控制效果受到器件的性能、温度等因素的影响。

以微处理器为核心的数字控制系统（或称微型计算机数字控制系统）硬件电路的标准化程度高，控制成本低，且不受器件温度漂移的影响；其控制软件能够进行逻辑判断和复杂运算，可以实现不同于一般线性调节的最优化、自适应、非线性、智能化等控制规律，而且更改起来灵活方便。

总之，微型计算机数字控制系统的稳定性好，可靠性高，可以提高控制性能，此外，还拥有信息存储、数据通信和故障诊断等模拟控制系统无法实现的功能。

由于计算机只能处理数字信号，因此，与模拟控制系统相比，微型计算机数字控制系统的

主要特点是离散化和数字化。

离散化：为了把模拟的连续信号输入计算机，必须首先在具有一定周期的采样时刻对它们进行实时采样，形成一连串的脉冲信号，即离散的模拟信号，这就是离散化。

数字化：采样后得到的离散信号本质上还是模拟信号，还需经过数字量化，即用一组数码（如二进制码）来逼近离散模拟信号的幅值，将它转换成数字信号，这就是数字化采用计算机控制电力传动系统的优越性。

可显著提高系统性能，采用数字给定、数字控制和数字检测，系统精度大大提高；可根据控制对象的变化，方便地改变控制器参数，以提高系统抗干扰能力。

可采用各种控制策略，可变参数 PID 和 PI 控制。

可实现系统监控功能，状态检测；数据处理；存储与显示；越限报警；打印报表等。

习题与思考题

1. 采用计算机控制电力传动系统的优越性有哪些？

2. 如何把模拟的连续信号转换成计算机能识别的数字信号？

3. 如何确定反馈信号的采样频率？

4. 旋转编码器的数字测速方法有几种？各种方法有何特点？

5. 画出数字 PI 调节器的程序框图。

6. 直流电动机额定转速 $n_N = 375\text{r/min}$，电枢额定电流 $I_{dN} = 375\text{A}$，允许过流倍数 $\lambda = 1.5$，试确定数字控制系统的转速反馈存储系数和电流反馈存储系数，适当考虑裕量。

7. 旋转编码器光栅数为 1024，倍频系数为 4，高频时钟脉冲频率角 $f_0 = 1\text{MHz}$，旋转编码器输出的脉冲个数和高频时钟脉冲个数均采用 16 位计数器，M 法和 T 法测速时间均为 0.01s，求转速 $n = 1500\text{r/min}$ 和转速 $n = 150\text{r/min}$ 时的测速分辨率和误差率最大值。

第五章　交流调压调速系统

——一种转差功率消耗型调速系统

直流电力拖动和交流电力拖动在 19 世纪先后诞生。在 20 世纪的大部分年代里，鉴于直流拖动具有优越的调速性能，高性能的可调速拖动都采用直流电机拖动，而占电力拖动总容量 80% 以上的不变速拖动系统则采用交流电机拖动，这种分工在一段时期内已成为一种举世公认的格局。交流调速系统的多种方案虽然早已问世，并已获得实际应用，但其性能却始终无法与直流调速系统相匹敌。直到 20 世纪 70 年代初期，随着电力电子技术的发展，使得采用电力电子变换器的交流拖动系统得以实现，特别是大规模集成电路和计算机控制的出现，高性能交流调速系统便应运而生，一直被认为是天经地义的交直流拖动按调速性能分工的格局终于被打破了，高性能的交流调速系统应用比例逐年上升。

这时，直流电机具有电刷和换相器，因而必须经常检查维修、换向火花使直流电机的应用环境受到限制，以及换向能力限制了直流电机的容量和速度等缺点日益突出，用交流可调拖动取代直流可调拖动的呼声越来越强烈，交流拖动控制系统已经成为当前电力拖动控制的主要发展方向。

交流调速系统的应用领域主要有以下三个方面：

①一般性能的节能调速；

②高性能的交流调速系统和伺服系统；

③特大容量、极高转速的交流调速。

1. 一般性能的节能调速

在过去大量的所谓"不变速交流拖动"中，风机、水泵等通用机械的容量几乎占工业电力拖动总容量的一半以上，其中有不少场合并不是不需要调速，只是因为过去的交流拖动本身不能调速，不得不依赖挡板和阀门来调节送风和供水的流量，因而把许多电能白白地浪费了。如果换成交流调速系统，把消耗在挡板和阀门上的能量节省下来，每台风机、水泵平均都可以节约 20%～30% 以上的电能，效果是很可观的。

而且风机、水泵的调速范围和对动态快速性的要求都不高，只需要一般的调速性能。

2. 高性能的交流调速系统和伺服系统

许多在工艺上需要调速的生产机械过去多用直流拖动，鉴于交流电机比直流电机结构简单、成本低廉、工作可靠、维护方便、惯量小、效率高，如果改成交流拖动，显然能够带来不少的效益。但是，由于交流电机原理上的原因，其电磁转矩难以像直流电机那样通过电枢电流实行灵活的实时控制。20世纪70年代初发明了矢量控制技术，或称磁场定向控制技术，通过坐标变换，把交流电机的定子电流分解成转矩分量和励磁分量，用来分别控制电机的转矩和磁通，就可以获得和直流电机相仿的高动态性能，从而使交流电机的调速技术取得了突破性的进展。

其后，又陆续提出了直接转矩控制、解耦控制等方法，形成了一系列可以和直流调速系统媲美的高性能交流调速系统和交流伺服系统。

3. 特大容量、极高转速的交流调速

直流电机的换向能力限制了它的容量转速积不超过 $10^6 \text{kW} \cdot \text{r/min}$，超过这一数值时，其设计与制造就非常困难了。

交流电机没有换向器，不受这种限制，因此，特大容量的电力拖动设备，如厚板轧机、矿井卷扬机等，以及极高转速的拖动，如高速磨头、离心机等，都以采用交流调速为宜。

第一节 概　　述

一、交流调速系统的特点

交流电动机自1885年问世以来，长期用于恒速拖动领域。20世纪60年代后随着高性能全控型器件的逐步发展，现在交流调速系统已逐步取代了很大一部分直流调速系统。目前，交流调速系统已具备了宽调速范围、高稳态精度、快速动态响应、显著节能效果、强环境适应性、高工作效率以及可以四象限运行等优异性能，其静、动态性能均可与直流调速系统媲美。

二、交流调速系统的分类

1. 交流异步电动机的调速

根据交流异步电动机的转速公式：

$$n = \frac{60f}{P}(1-s)$$

归纳出交流异步电动机的三类调速方法：变极对数 P 调速、变转差 s、变电源频率 f 调速。为此常见的交流调速方法有：

①调压调速；

②电磁转差离合器调速；

③绕线式异步电机转子串电阻调速；

④绕线电机串级调速或双馈电机调速；

⑤变极对数调速；

⑥变压变频调速等。

其中，前四种调速方法属于变转差 s 调速，是一种比较原始的分类方法。

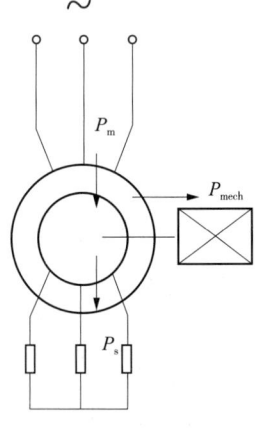

图 5-1 电动机能量转换关系

另一种分类方法是按电动机的能量转换类型分类。按照交流异步电机的原理，从定子传入转子的电磁功率可分成两部分：一部分是拖动负载的有效功率，称作机械功率；另一部分是传输给转子电路的转差功率，与转差率 s 成正比，如图 5-1 所示。

即
$$P_m = P_{mech} + P_s$$
$$P_{mech} = (1-s) P_m$$
$$P_s = sP_m$$

从能量转换的角度上看，转差功率是否增大，是消耗掉还是得到回收，是评价调速系统效率高低的标志。从这点出发，可以把异步电机的调速系统分成三类。

（1）转差功率消耗型调速系统

这种类型的全部转差功率都转换成热能消耗在转子回路中，原始的分类方法的第①、②、③三种调速方法都属于这一类。在三类异步电机调速系统中，这类系统的效率最低，而且越到低速时效率越低，它是以增加转差功率的消耗来换取转速的降低的（恒转矩负载时）。可是这类系统结构简单，设备成本最低，所以还有一定的应用价值。

（2）转差功率馈送型调速系统

在这类系统中，除转子铜损外，大部分转差功率在转子侧通过变流装置馈出或馈入，转速越低，能馈送的功率越多，原始的分类方法的第④种调速方法属于这一类。无论是馈出还是馈入的转差功率，扣除变流装置本身的损耗后，最终都转化成有用的功率，因此这类系统的效率较高，但要增加一些设备。

（3）转差功率不变型调速系统

在这类系统中，转差功率只有转子铜损，而且无论转速高低，转差功率基本不变，因此效率更高，原始的分类方法的第⑤、⑥两种调速方法属于此类。其中变极对数调速是有级的，应用场合有限。只有变压变频调应用最广，可以构成高动态性能的交流调速系统，取代直流调速；但在定子电路中须配备与电动机容量相当的变压变频器，相比之下，设备成本最高。

2. 同步电动机的调速

同步电动机没有转差，也就没有转差功率，所以同步电动机调速系统只能是转差功率不变型（恒等于0）的，而同步电动机转子极对数又是固定的，因此只能靠变压变频调速，没有像异步电动机那样的多种调速方法。

在同步电动机的变压变频调速方法中，从频率控制的方式来看，可分为他控变频调速和自控变频调速两类。

自控变频调速利用转子磁极位置的检测信号来控制变压变频装置换相，类似于直流电动机中电刷和换向器的作用，因此有时又称作无换向器电动机调速，或无刷直流电动机调速。

开关磁阻电动机是一种特殊型式的同步电动机，有其独特的比较简单的调速方法，在小容量交流电动机调速系统中很有发展前途。

第二节　交流异步电动机调压调速系统

异步电动机调压调速和电磁转差离合器都属于转差功率消耗型调速系统，是异步电动机调速方法中比较简便的一种。本节只介绍调压调速系统，着重分析它的闭环控制。

一、交流异步电动机调压调速原理和方法

1. 调压调速原理

由电力拖动原理可知，异步电动机机械特性方程为：

$$T_e = \frac{3PU_1^2 R_2'/s}{\omega_1 \left[\left(R_1 + \frac{R_2'}{s} \right)^2 + \omega_1^2 (L_{l1} + L_{l2}')^2 \right]}$$

式中　P——电动机的极对数；

U_1、ω_1——电动机定子相电压和供电角频率；

s——转差率；

R_1、R_2'——定子每相电阻和折算到定子侧的转子每相电阻；

L_{l1}、L_{l2}'——定子每相漏感和折算到定子侧的转子每相漏感。

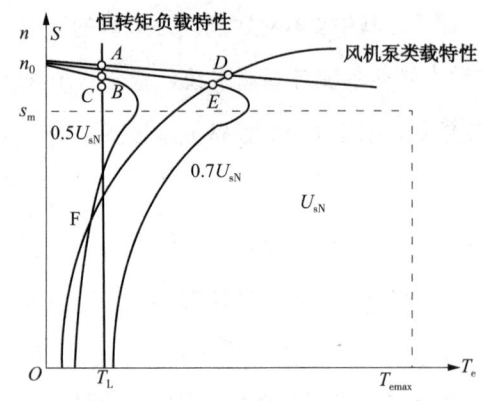

图 5-2 异步电动机在不同电压下的机械特性

它表明，当转速或转差率一定时，电磁转矩 T_e 与定子电压 U_1 的平方成正比。因此，改变定子外加电压就可以得到一组不同的人为机械特性，如图 5-2 所示。在带恒转矩负载 T_L 时，可得到不同的稳定转速，如图中的 A、B、C 点，其调速范围较小；而带风机泵类负载时，可得到较大的调速范围，如图中的 D、E、F 点。

所谓调压调速，就是通过改变定子外加电压来改变电磁转矩 T_e，从而在一定的输出转矩下达到改变电动机转速的目的。

交流调压调速是一种比较简单的调速方法，关键是如何获得大小可调的交流电源。

2. 调压调速方法

过去改变交流电压的方法多用自耦变压器或带直流磁化绕组的饱和电抗器（小容量时），自从电力电子技术兴起以后，这类比较笨重的电磁装置就被晶闸管交流调压器取代了。

目前，交流调压器一般用三对普通晶闸管反并联或三个双向晶闸管分别串接在三相电路中，如图 5-3 所示。主电路接法有多种方案，用相位控制改变输出电压大小。

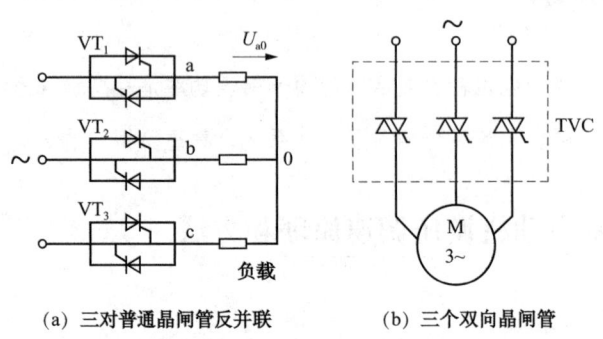

(a) 三对普通晶闸管反并联　　(b) 三个双向晶闸管

图 5-3 交流调压器的两种类型

现以单相调压电路为例来说明晶闸管的控制方式，其控制方式有三种。

（1）相位控制方式

通过改变晶闸管的导通角来改变输出交流电压大小。晶闸管每周期的导通角越小，加在负载上的电压有效值越小，从而起到交流调压的作用。输出电压波形如图 5-4（a）所示。相位控制输出电压方式较为精确，调压精度较高、快速性好，电压脉动较小，是晶闸管交流调压的主要方式。但由于相位控制的电压波形只是工频正弦波一周期的一部分，含有成分复杂的谐波，易对电网造成谐波污染。

(2) 开关控制方式

为了克服相位控制方式造成的谐波污染，可采用开关控制。即把晶闸管作为开关，使其工作在全导通或全关断状态，将负载电路与电源完全接通几个半波后，再完全断开几个半波。交流电压的大小靠改变导通时间与周期的比值 $t_{on}/t_{on}+t_{off}$ 来调节。

开关控制由于采用了"过零"触发方式，波形如图 5-4（b）所示。谐波小，但在导通周期内电动机承受的电压为额定电压，而在间歇周期内电动机承受的电压为零，故加在负载上的电压变化剧烈，脉动较大。且在调压过程中，晶闸管可借助于负载电流过零而自行关断，不需要另加换流装置，故线路简单、调试容易、维护方便、成本低廉。

开关控制方式的电压调节器也称调功器。

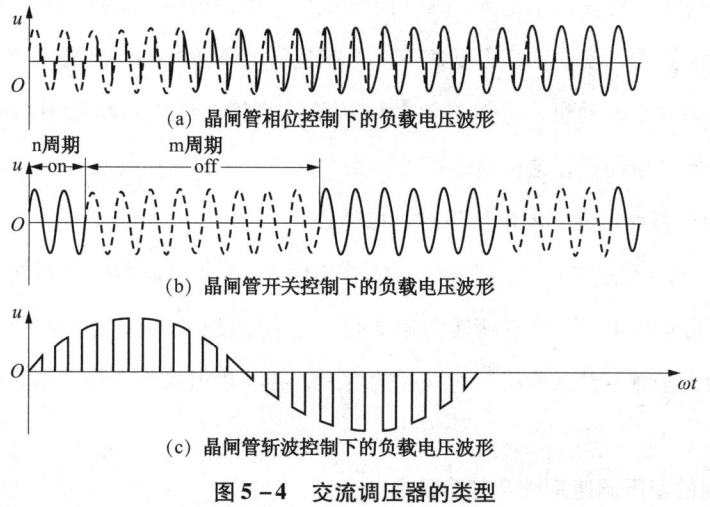

图 5-4 交流调压器的类型

(3) 斩波控制方式

利用全控型器件做开关，开关 Sl 闭合时间为 t_{on}，其关断时间为 t_{off}，斩波周期为 $T_c = t_{on} + t_{off}$，则交流斩波器的导通比 α 为 t_{on}/T_c，改变脉冲宽度 t_{on} 或者改变斩波周期 T_c 就可改变导通比，实现交流调压。输出电压波形如图 5-4（c）所示。

3. 可逆和制动控制

电路结构：采用晶闸管反并联供电方式，实现异步电动机可逆和制动。

(1) 反向运行方式

图 5-5 所示为采用晶闸管反并联的异步电动机可逆和制动电路，其中，晶闸管 1~6 控制电动机正转运行，反转

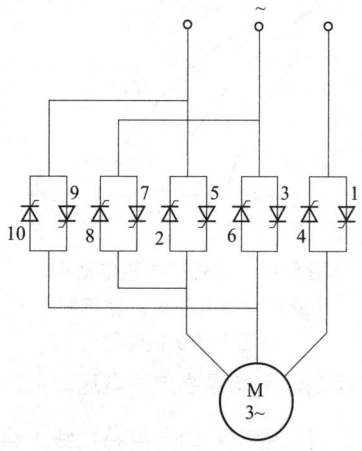

图 5-5 采用晶闸管反并联的异步电动机可逆和制动电路

时，可由晶闸管 1，4 和 7～10 提供逆相序电源，同时也可用于反接制动。

（2）制动运行方式

当需要能耗制动时，可以根据制动电路的要求选择某几个晶闸管不对称地工作，例如让 1，2，6 三个器件导通，其余均关断，就可使定子绕组中流过半波直流电流，对旋转着的电动机转子产生制动作用。必要时，还可以在制动电路中串入电阻以限制制动电流。

二、交流调压调速系统

由图 5-2 异步电动机在不同电压下的机械特性可知，普通异步电动机的机械特性较硬，但其调速范围较小，如果使电动机运行在 $s \geqslant s_m$ 的低速段，一方面可能使系统运行不稳定，另一方面随着转速降低，转差功率增大，转子阻抗减小，将引起转子电流增大，因过热而损坏电机。为了扩大调速范围，使电动机在低速下能稳定运行而不致过热，就要求电动机转子有较高的电阻，对于笼型异步电动机，可以将电动机转子的鼠笼由铸铝材料改为电阻率较大的新材料，制成高转子电阻电动机，这种电动机也称为力矩电动机。

1. 高转子电阻电动机在不同电压下的机械特性

高转子电阻电动机在不同电压下的机械特性如图 5-6 所示。显然在恒转矩负载下，扩大了调速范围，而且这种电动机能在堵转力矩下运行而不致过热烧怀。但是在低速运行时，电动机转子电阻的增大必然导致低速运行时损耗的增大，并使机械特性变软，这是高转子电阻电动机的主要缺陷。

2. 闭环控制的变压调速系统及其静特性

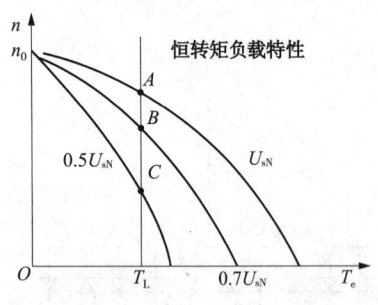

图 5-6　高转子电阻电动机
（交流力矩电动机）在不同
电压下的机械特性

采用普通异步电机的变电压调速时，调速范围很窄，采用高转子电阻的力矩电机可以增大调速范围，但机械特性又变软，因而当负载变化时静差率很大（见图 5-6），开环控制很难解决这个矛盾。

为此，对于恒转矩性质的负载，要求调速范围 D 大于 2 时，往往采用带转速反馈的闭环控制系统，如图 5-7 所示。

图 5-8 所示的是闭环控制变压调速系统的静特性。当系统带负载在 A 点运行时，如果负载增大引起转速下降，反馈控制作用能提高定子电压，从而在右边一条机械特性线上找到新的工作点 A'。同理，当负载降低时，会在左边一条特性线上得到定子电压低一些的工作点 A''。

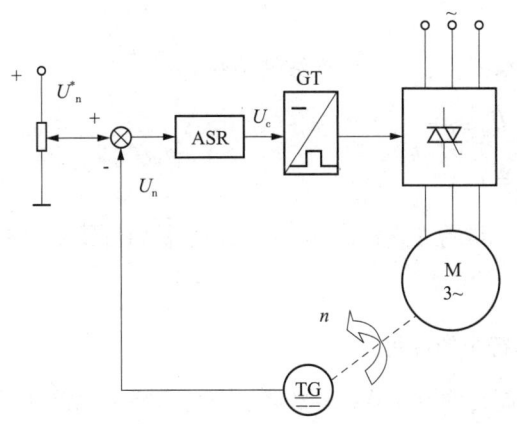
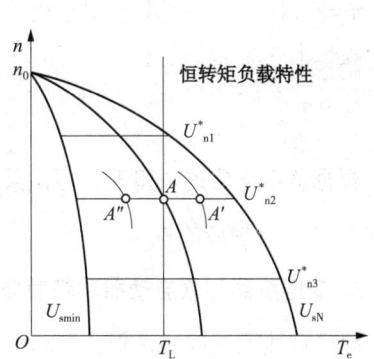

图 5-7 带转速负反馈闭环控制的交流变压调速系统原理图

图 5-8 闭环控制变压调速系统的静特性

按照反馈控制规律,将 A''、A、A' 连接起来便是闭环系统的静特性。尽管异步电动机的开环机械特性和直流电机的开环特性差别很大,但是在不同电压的开环机械特性上各取一个相应的工作点,连接起来便得到闭环系统静特性,这样的分析方法对两种电机是完全一致的。

尽管异步力矩电动机的机械特性很软,但由系统放大系数决定的闭环系统静特性却可以很硬。

如果采用 PI 调节器,照样可以做到无静差。改变给定信号,则静特性平行地上下移动,达到平滑调速的目的。

异步电动机闭环变压调速系统不同于直流电动机闭环变压调速系统的是:静特性左右两边都有极限,不能无限延长,它们是额定电压 U_{sN} 下的机械特性和最小输出电压 U_{smin} 下的机械特性。

当负载变化时,如果电压调节到极限值,闭环系统便失去控制能力,系统的工作点只能沿着极限开环特性变化。

根据图 5-7 所示的原理图,可以画出静态结构图,如图 5-9 所示。

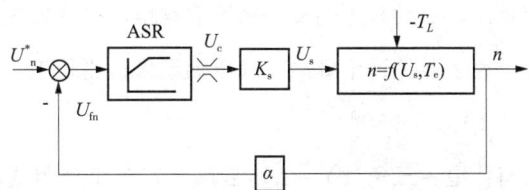

图 5-9 异步电机闭环变压调速系统的静态结构图

$K_s = U_s/U_c$ 为晶闸管交流调压器和触发装置的放大系数;

$\alpha = U_n/n$ 为转速反馈系数;

ASR 采用 PI 调节器；

$n = f(U_s, T_e)$ 是异步电动机机械特性方程式，它是一个非线性函数。

稳态时，
$$U_n^* = U_n = \alpha n$$
$$T_e = T_L$$

根据负载需要的 n 和 T_L，可由异步电动机机械特性方程式计算出或用机械特性图解法求出所需的 U_s 以及相应的 U_c。

3. 变压控制在软启动器和轻载降压节能运行中的应用

除了调速系统以外，异步电动机的变压控制在软启动器和轻载降压节能运行中也得到了广泛的应用。

(1) 软启动器

常用的三相异步电动机结构简单，价格便宜，而且性能良好，运行可靠。对于小容量电动机，只要供电网络和变压器的容量足够大（一般要求比电机容量大 4 倍以上），而供电线路并不太长（启动电流造成的瞬时电压降低于 10% ~ 15%），可以直接通电启动，操作也很简便。对于容量大一些的电动机，问题就不这么简单了。启动时，$s = 1$，在一般情况下，三相异步电动机的启动电流比较大，而启动转矩并不大。对于一般的笼型电动机，启动电流和启动转矩对其额定值的倍数大约为

启动电流倍数：
$$K_I = \frac{I_{sst}}{I_{sN}} = 4 \sim 7$$

启动转矩倍数：
$$K_T = \frac{T_{est}}{T_{eN}} = 0.9 \sim 1.3$$

中、大容量电动机的启动电流大，会使电网压降过大，影响其他用电设备的正常运行，甚至使该电动机本身根本启动不起来。这时，必须采取措施来降低其启动电流，常用的办法是降压启动。

当电压降低时，启动电流将随电压成正比地降低，从而可以避开启动电流冲击的高峰。而启动转矩与电压的平方成正比，启动转矩的减小将比启动电流的降低更快，降压启动时又会出现启动转矩够不够的问题。为了避免这个麻烦，降压启动只适用于中、大容量电动机空载（或轻载）启动的场合。

传统的降压启动方法有：星-三角（Y-△）启动、定子串电阻或电抗启动、自耦变压器（又称启动补偿器）降压启动，它们都是一级降压启动，启动过程中电流有两次冲击，其幅值都比直接启动电流低，而启动过程时间略长，如图 5-10 所示为不同启动方式下异步电动机的启动过程与电流冲击。

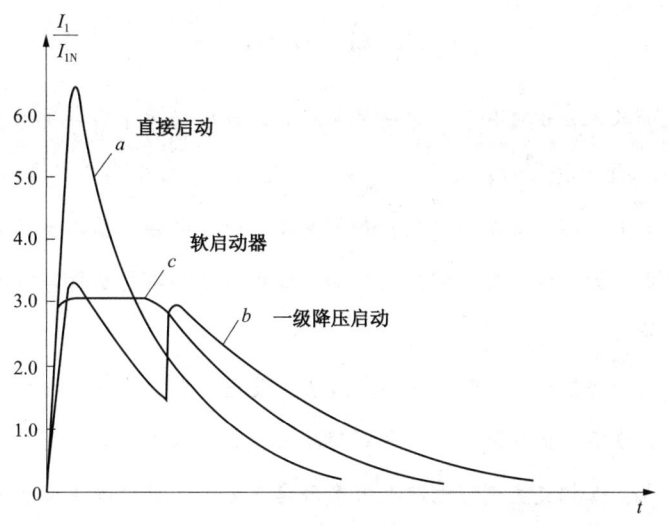

图 5-10　异步电动机的启动过程与电流冲击

软启动器采用三相反并联普通晶闸管作为调压器，将其接入电源和电动机定子之间，设定一定的斜坡上升曲线，电压根据这条曲线慢慢升上去，到达额定电压后切换到工频电压，改变晶闸管的触发角，就可调节晶闸管调压电路的输出电压。在整个启动过程中，软启动器的输出是一个平滑的升压过程（且可具有限流功能），它是集电动机软启动、软停车和电动机保护功能于一体的电机控制装置。图 5-11 为异步电动机软启动控制框图。

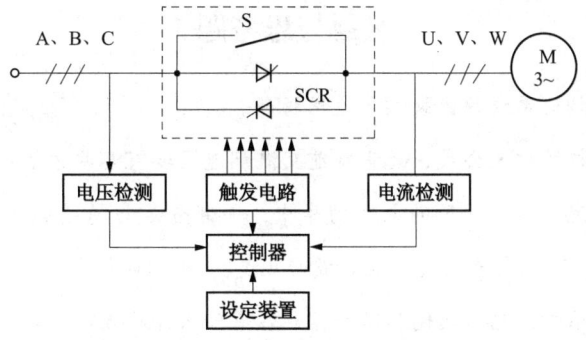

图 5-11　异步电动机软启动控制框图

（2）轻载降压节能

当电动机运行点不在额定工况，如有些负载是变动的；有些电动机容量选择太大，长期运行于轻载状态，若适当调节电动机定子的端电压，使之与电动机的负载率合理分配，这样就会降低电动机的励磁电流，从而降低铁损和从电网吸收的无功功率，同时可以提高电动机的运行效率，达到节能的目的。球磨机启动时，电机采用电压斜坡启动；电动机轻载运行时维持电压、电流的相位在一定的水平。

本 章 小 节

由异步电动机的基本知识可知，从定子传入转子的电磁功率中有一部分是与转差率 s 成正比的转差功率 P_s，从能量转换的角度来看，按各种交流调速方法对 P_s 处理方法的不同，可把交流调速系统分为三类：转差功率消耗型，如调电压调速、电磁转差离合器调速、绕线式转子异步电动机串电阻调速等；转差功率回馈型，如绕线式转子异步电动机串级调速；转差功率不变型，如变频调速等。

交流调压调速是一种较简单的调速方法。过去主要通过在定子回路加自耦变压器或串饱和电抗器来改变电压，设备庞大且笨重；现在则用晶闸管交流调压器替代，晶闸管交流调压器通常采用相位控制方式，三相交流调压电路也有多种接线方式，其中以星型连接的三相调压电路最好。调压调速的开环机械特性通常不能满足调速要求，调压调速要获得实际应用，必须采用高转子电阻交流电动机或在转子中串入频敏变阻器及采用闭环控制。闭环控制的调压调速系统通常采用转速负反馈控制，结构上与直流调压调速系统类似，转速调节器、晶闸管交流调压器与触发装置以及测速反馈环节的传递函数可仿照直流调压调速系统直接写出，而在整个调速范围内异步电动机的输入输出关系则无法用一个准确的传递函数来描述，只可在稳态工作点附近用微偏线性化方法推导其近似传递函数。

习题与思考题

1. 简述各种交流调速系统的优缺点和适用场合。

2. 根据交流电动机的转速公式，说明目前交流调速主要有哪些方法？各有什么特点？

3. 异步电动机从定子传入转子的电磁功率中，一部分是与转差成正比的转差功率，根据对其处理方式的不同，可把交流调速系统分成哪几类？并举例说明。

4. 在交流调压电路中，相位控制和通断控制各有什么优缺点？

5. 调压调速的开环机械特性通常不能满足调速要求，要想获得实际应用，必须怎样处理？

6. 交流电动机调压调速时，电动机为什么不能长期运行于低速状态？通常用什么方法来加以改善？

第六章 交流异步电动机变频调速系统

——一种转差功率不变型调速系统

异步电动机的变压变频调速系统一般简称为变频调速系统。由于在调速时转差功率不随转速而变化，调速范围宽，无论是高速还是低速时效率都较高。在采取一定的技术措施后能实现高动态性能，可与直流调速系统媲美，因此现在应用面很广，是交流调速的重点。

第一节 变压变频调速的基本控制方式和机械特性

一、变压变频调速的基本控制方式

在进行电动机调速时，常须考虑的一个重要因素是：希望保持电动机中每极磁通量 Φ_m 为额定值不变。如果磁通量太弱，没有充分利用电动机的铁心，是一种浪费；如果过分增大磁通，又会使铁心饱和，从而导致过大的励磁电流，严重时会因绕组过热而损坏电动机。

对于直流电机，励磁系统是独立的，只要对电枢反应有恰当的补偿，Φ_m 保持不变是很容易做到的。

在交流异步电动机中，磁通量 Φ_m 由定子和转子磁势合成产生，要保持磁通恒定就需要费一些周折了。

定子每相电动势为

$$E_g = 4.44 f_1 N_s k_{N_s} \Phi_m$$

式中 E_g ——气隙磁通在定子每相中感应电动势的有效值，V；

f_1 ——定子频率，Hz；

N_s ——定子每相绕组串联匝数；

k_{Ns}——基波绕组系数；

Φ_m——每极气隙磁通量，Wb。

由上式可知，只要控制好 E_g 和 f_1，便可达到控制磁通量 Φ_m 的目的。对此，需要考虑基频（额定频率）以下调速和基频以上调速两种情况。

1. 基频以下调速

要保持 Φ_m 不变，当频率 f_1 从额定值 f_{1N} 向下调节时，必须同时降低 E_g，使

$$\frac{E_g}{f_1} = 常数$$

即采用恒值电动势频率比的控制方式。然而，绕组中的感应电动势是难以直接控制的，当电动势值较高时，可以忽略定子绕组的漏磁阻抗压降，而认为定子相电压 $U_s \approx E_g$，则得

$$\frac{U_s}{f_1} = 常值$$

这是恒压频比的控制方式。

但是，低频时，U_s 和 E_g 都较小，定子阻抗压降所占的份量就比较显著，不能忽略。这时，需要人为地把电压 U_s 抬高一些，以便近似地补偿定子压降。

带定子压降补偿的恒压频比控制特性示于图 6-1 中的 b 线，无补偿的控制特性则为 a 线。

2. 基频以上调速

在基频以上调速时，频率应该从 f_{1N} 向上升高，但定子电压 U_s 却不可能超过额定电压 U_{sN}，最多只能保持 $U_s = U_{sN}$，这将迫使磁通与频率成反比地降低，相当于直流电机弱磁升速的情况。

把基频以下调速和基频以上调速两种情况的控制特性画在一起，如图 6-2 所示。

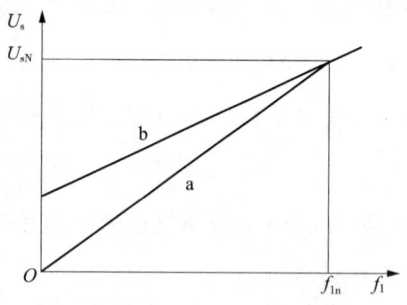

图 6-1 恒压频比控制特性
a—无补偿；b—带定子电压补偿

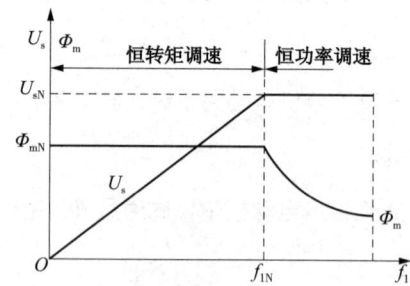

图 6-2 异步电机变压变频调速的控制特性

如果电机在不同转速时所带的负载都能使电流达到额定值，即都能在允许温升下长期运行，则转矩基本上随磁通量变化。按照电力拖动原理，在基频以下，磁通量恒定时转矩也恒定，属于"恒转矩调速"性质，而在基频以上，转速升高时转矩降低，基本上属于"恒功率

调速"。

二、恒压恒频正弦波供电时异步电动机的机械特性

为了近似地保持气隙磁通量不变,以便充分利用电机铁心,发挥电机产生转矩的能力,在基频以下须采用恒压频比控制。

1. 恒压频比控制(U_s/ω_1)

当 U_s/ω_1 为恒值时,在恒压频比的条件下改变频率 ω_1 时,机械特性基本上是平行下移,如图 6-3 所示。它们和直流他励电机变压调速时的情况基本相似。所不同的是,当转矩增大到最大值以后,转速再降低,特性就折回来了。而且频率越低时最大转矩值越小,可见最大转矩 T_{emax} 是随着 ω_1 降低而减小的。频率很低时,T_{emax} 太小将限制电机的带载能力,采用定子压降补偿,适当地提高电压 U_s,可以增强带载能力。

2. 恒 E_g/ω_1 控制

图 6-4 所示为恒 E_g/ω_1 控制时变频调速的机械特性。

如果在电压-频率协调控制中,恰当地提高电压 U_s 的数值,使它在克服定子阻抗压降以后,能维持 E_g/ω_1 为恒值,则无论频率高低,每极磁通量 Φ_m 均为常值。当 E_g/ω_1 为恒值时,T_{emax} 恒定不变,如图 6-4 所示,其稳态性能优于恒 U_s/ω_1 控制的性能。

这正是恒 E_g/ω_1 控制中补偿定子压降所追求的目标。

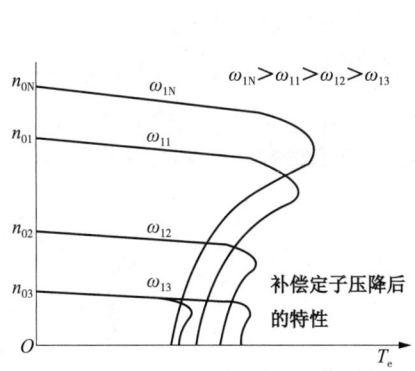

图 6-3 恒压频比控制时变频调速的机械特性

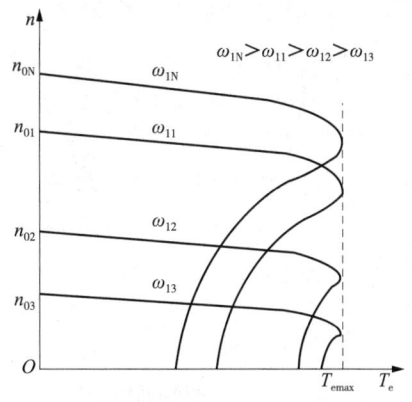

图 6-4 恒 E_g/ω_1 控制时变频调速的机械特性

3. 恒 E_r/ω_1 控制

E_r 为转子全磁通在转子绕组中的感应电动势(折合到定子边)。

图 6-4 所示为恒 E_g/ω_1 控制时变频调速的机械特性。如果把电压-频率协调控制中的电压

再进一步提高，把转子漏抗上的压降也抵消掉，得到恒 E_r/ω_1 控制，这时的机械特性完全是一条直线。

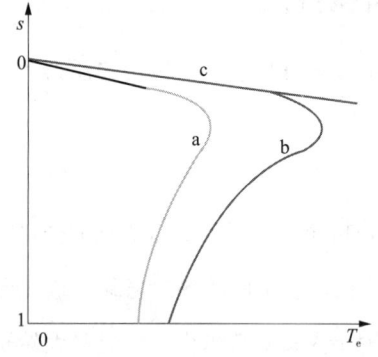

图 6-5　不同电压-频率协调控制方式时的机械特性

a—恒 U_s/ω_1 控制；b—恒 E_g/ω_1 控制；c—恒 E_r/ω_1 控制

几种电压-频率协调控制方式的特性比较如图 6-5 所示。

显然，恒 E_r/ω_1 控制的稳态性能最好，可以获得和直流电机一样的线性机械特性。这正是高性能交流变频调速所要求的性能。现在的问题是，怎样控制变频装置的电压和频率才能获得恒定的 E_r/ω_1 呢？只要能够按照转子全磁通量幅值 Φ_{rm} 恒定进行控制，就可以获得恒 E_r/ω_1 了。这正是矢量控制系统所遵循的原则。

综上所述，在正弦波供电时，按不同规律实现电压-频率协调控制可得不同类型的机械特性。

①恒压频比（U_s/ω_1 恒定）控制最容易实现，它的变频机械特性基本上是平行下移，硬度也较好，能够满足一般的调速要求，但低速带载能力有些差强人意，须对定子压降实行补偿。

②恒 E_g/ω_1 控制是通常对恒压频比控制实行电压补偿的标准，可以在稳态时达到 Φ_{rm} 恒定，从而改善了低速性能。但机械特性还是非线性的，产生转矩的能力仍受到限制。

③恒 E_r/ω_1 控制可以得到和直流他励电动机一样的线性机械特性，按照转子全磁通量 Φ_{rm} 恒定进行控制，即得

$$E_r/\omega_1 = 常数$$

而且，在动态中也尽可能保持 Φ_{rm} 恒定是矢量控制系统的目标，当然实现起来是比较复杂的。

第二节　变频器的分类及特点

一、变频器的分类

对交流电机实现变频调速的变频电源装置叫变频器，其功能是将电网提供的恒压恒频交流电变换为变压变频交流电，变频伴随变压，对交流电动机实现无级调速。变频器的基本分类如下：

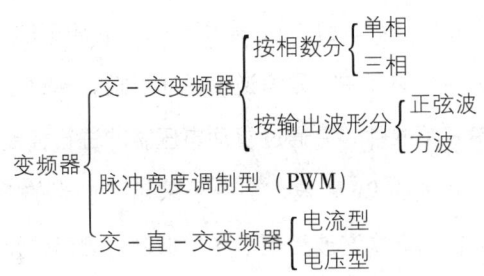

对于异步电动机的变压变频调速，必须具备能够同时控制电压幅值和频率的交流电源，而电网提供的是恒压恒频的电源，因此应该配置变压变频器，又称 VVVF（Variable Voltage Variable Frequency）装置。

最早的 VVVF 装置是旋转变频机组，即由直流电动机拖动交流同步发电机，调节直流电动机的转速就能控制交流发电机输出电压和频率。自从电力电子器件获得广泛应用以后，旋转变频机组已经无例外地让位给静止式的变压变频器了。

二、交-直-交和交-交变压变频器

1. 交-直-交变压变频器

交-直-交变压变频器先将工频交流电源通过整流器变换成直流，再通过逆变器变换成可控频率和电压的交流，如图 6-6 所示。

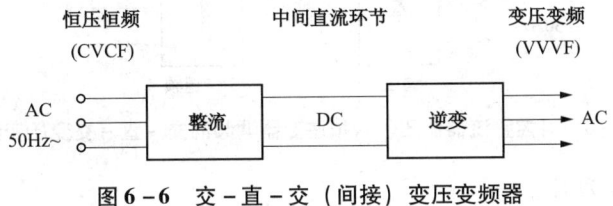

图 6-6 交-直-交（间接）变压变频器

由于这类变压变频器在恒频交流电源和变频交流输出之间有一个"中间直流环节"，所以又称间接式的变压变频器。

具体的整流和逆变电路种类很多，当前应用最广的是由二极管组成不控整流器和由功率开关器件（P-MOSFET，IGBT 等）组成的脉宽调制（PWM）逆变器，简称 PWM 变压变频器，这是当前最有发展前途的一种装置形式，如图 6-7 所示。

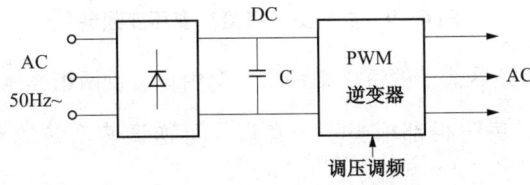

图 6-7 交-直-交 PWM 变压变频器

PWM 变压变频器的应用之所以如此广泛，是由于它具有如下的一系列优点：

①在主电路整流和逆变两个单元中，只有逆变单元可控，通过它同时调节电压和频率，结构简单。采用全控型的功率开关器件，只通过驱动电压脉冲进行控制，电路简单，效率高。

②输出电压波形虽是一系列的 PWM 波，但由于采用了恰当的 PWM 控制技术，正弦基波的比重较大，影响电动机运行的低次谐波受到很大的抑制，因而转矩脉动小，提高了系统的调速范围和稳态性能。

③逆变器同时实现调压和调频，动态响应不受中间直流环节滤波器参数的影响，系统的动态性能也得以提高。

④采用不可控的二极管整流器，电源侧功率因素较高，且不受逆变输出电压大小的影响。

PWM 变压变频器常用的功率开关器件有 P - MOSFET、IGBT、GTO 和替代 GTO 的电压控制器件如 IGCT、IEGT 等。

受到开关器件额定电压和电流的限制，对于特大容量电动机的变压变频调速仍只好采用半控型的晶闸管（SCR），并用可控整流器调压和六拍逆变器调频的交 - 直 - 交变压变频器，如图 6 - 8 所示。

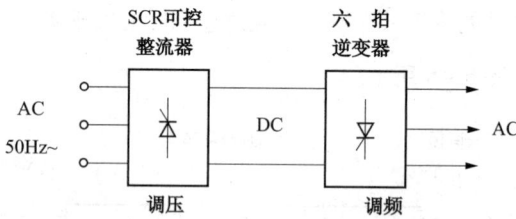

图 6 - 8　可控整流器调压、六拍逆变器调频的交 - 直 - 交变压变频器

2. 交 - 交变压变频器

交 - 交变压变频器的基本结构如图 6 - 9 所示，它只有一个变换环节，把恒压恒频（CVCF）的交流电源直接变换成 VVVF 的交流电源输出，因此又称直接式变压变频器。有时为了突出其变频功能，也称作周波变换器（Cycloconveter）。

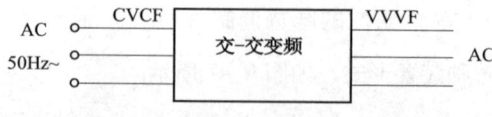

图 6 - 9　交 - 交（直接）变压变频器

常用的交 - 交变压变频器输出的每一相都是一个由正、反两组晶闸管可控整流装置反并联的可逆线路。也就是说，每一相都相当于一套直流可逆调速系统的反并联可逆线路，如图 6 - 10（a）所示。

(1) 整半周控制方式

正、反两组按一定周期相互切换，在负载上就获得交变的输出电压 u_0，u_0 的幅值决定于各组可控整流装置的控制角 α，u_0 的频率决定于正、反两组整流装置的切换频率。如果控制角一直不变，则输出平均电压是方波，如图 6-10（b）所示。

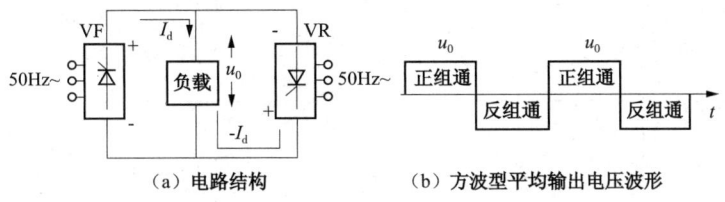

(a) 电路结构　　　　　　(b) 方波型平均输出电压波形

图 6-10　交-交变压变频器每一相的可逆线路

(2) α 调制控制方式

要获得正弦波输出，就必须在每一组整流装置导通期间不断改变其控制角。

例如：在正向组导通的半个周期中，使控制角 α 由 $\pi/2$（对应于平均电压 $u_0=0$）逐渐减小到 0（对应于 u_0 最大），然后再逐渐增加到 $\pi/2$（u_0 再变为 0），如图 6-11 所示。

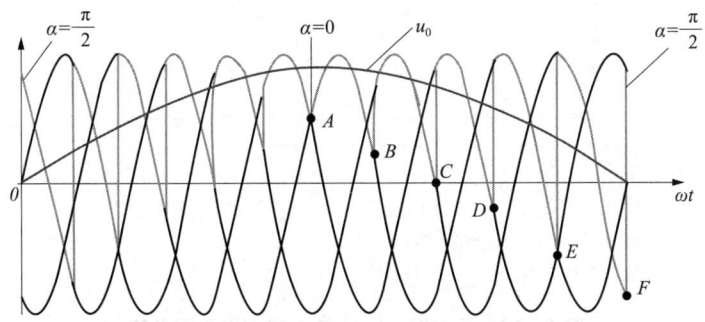

图 6-11　交-交变压变频器的单相正弦波输出电压波形

当 α 按正弦规律变化时，半周中的平均输出电压即为图 6-11 中所示的正弦波。对反向组负半周的控制也是这样。

①单相交-交变频电路输出电压和电流波形

单相交-交变频电路输出电压和电流波形如图 6-12 所示。

②三相交-交变频电路

三相交-交变频电路可以由 3 个单相交-交变频电路组成，其基本结构如图 6-13 所示。

如果每组可控整流装置都用桥式电路，含 6 个晶闸管（当每一桥臂都是单管时），则三相可逆线路共需 36 个晶闸管，即使采用零式电路也需 18 个晶闸管。因此，这样的交-交变压变频器虽然在结构上只有一个变换环节，省去了中间直流环节，看似简单，但所用的器件数量却很多，总体设备相当庞大。

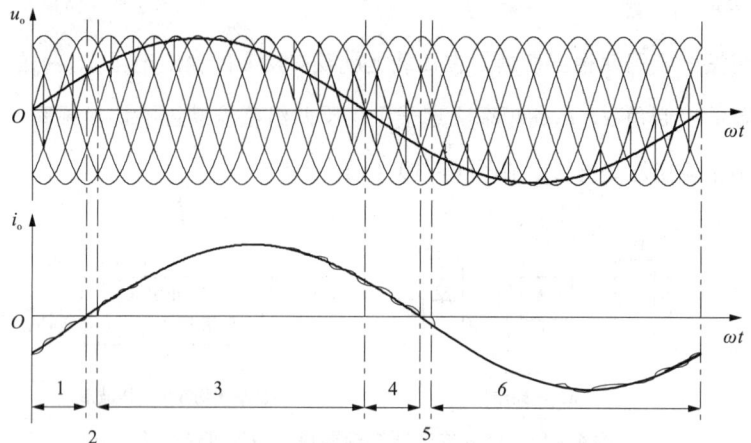

图 6-12 单相交-交变频电路输出电压和电流波形

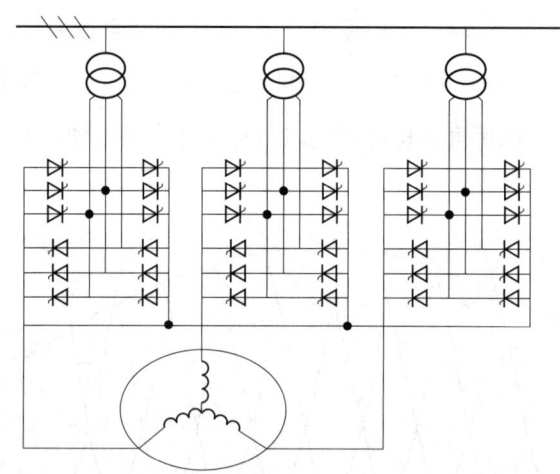

图 6-13 星形联结方式三相交-交变频电路

不过这些设备都是直流调速系统中常用的可逆整流装置,在技术上和制造工艺上都很成熟,目前国内有些企业已有可靠的产品。

这类交-交变频器的其他缺点是:输入功率因数较低,谐波电流含量大,频谱复杂,因此须配置谐波滤波和无功补偿设备。其最高输出频率不超过电网频率的 1/3～1/2,一般主要用于轧机主传动、球磨机、水泥回转窑等大容量、低转速的调速系统,供电给低速电机直接传动时,可以省去庞大的齿轮减速箱。

近年来又出现了一种采用全控型开关器件的矩阵式交-交变压变频器,类似于 PWM 控制方式,输出电压和输入电流的低次谐波都较小,输入功率因数可调,能量可双向流动,以获得四象限运行,但当输出电压必须为正弦波时,最大输出输入电压比只有 0.866。目前这类变压变频器尚处于开发阶段,其发展前景是很好的。

三、电压源型和电流源型逆变器

1. 两种类型逆变器结构

在交－直－交变压变频器中，按照中间直流环节直流电源性质的不同，逆变器可以分成电压源型和电流源型两类，两种类型的实际区别在于直流环节采用怎样的滤波器。电压源型和电流源型逆变器的示意图如图 6–14 所示。

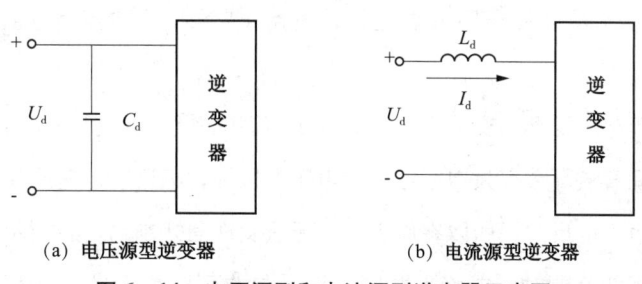

(a) 电压源型逆变器　　　　　　(b) 电流源型逆变器

图 6–14　电压源型和电流源型逆变器示意图

电压源型逆变器（Voltage Source Inverter，VSI），直流环节采用大电容滤波，因而直流电压波形比较平直，在理想情况下是一个内阻为零的恒压源，输出交流电压是矩形波或阶梯波，有时简称电压型逆变器。

电流源型逆变器（Current Source Inverter，CSI），直流环节采用大电感滤波，直流电流波形比较平直，相当于一个恒流源，输出交流电流是矩形波或阶梯波，或简称电流型逆变器。图 6–15 为两种类型逆变器波形比较。

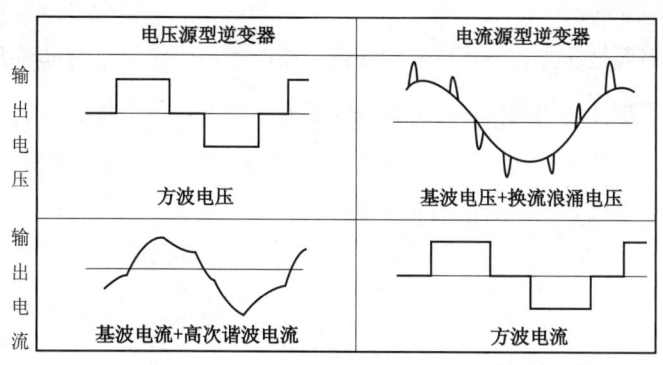

图 6–15　两种类型逆变器波形比较

2. 两种类型逆变器性能比较

两类逆变器在主电路上虽然只是滤波环节的不同，在性能上却带来了明显的差异，主要表现如下：

（1）无功能量的缓冲

在调速系统中，逆变器的负载是异步电动机，属感性负载。在中间直流环节与负载电动机之间，除了有功功率的传送外，还存在无功功率的交换。滤波器除滤波外还起着对无功功率的缓冲作用，使它不致影响到交流电网。

因此，两类逆变器的区别还表现在采用什么储能元件（电容器或电感器）来缓冲无功能量。

（2）能量的回馈

用电流源型逆变器给异步电动机供电的电流源型变压变频调速系统有一个显著特征，就是容易实现能量的回馈，从而便于四象限运行，适用于需要回馈制动和经常正、反转的生产机械。

与此相反，采用电压源型的交-直-交变压变频调速系统要实现回馈制动和四象限运行却很困难，因为其中间直流环节有大电容钳制着电压的极性，不可能迅速反向，而电流受到器件单向导电性的制约也不能反向，所以在原装置上无法实现回馈制动。必须制动时，只得在直流环节中并联电阻实现能耗制动，或者反并联一组反向的可控整流器，用以通过反向的制动电流，而保持电压极性不变，实现回馈制动。这样做，设备要复杂多了。

（3）动态响应

正由于交-直-交电流源型变压变频调速系统的直流电压可以迅速改变，所以动态响应比较快，而电压源型变压变频调速系统的动态响应就慢得多。

（4）输出波形

电压源型逆变器输出的电压波形为方波，电流源型逆变器输出的电流波形为方波。

（5）适应范围

电压源型逆变器属恒压源，电压控制响应慢，所以适用于作为多台电动机同步运行时的供电电源而不要求快速加减速的场合，电流源型逆变器则相反，由于滤波电感的作用，系统对负载变化的反应迟缓，不适用于多台电动机传动，而更适合于一台变频器供电给单台电动机传动，但可以满足快速启制动和可逆运行的要求。

第三节 晶闸管变频调速系统

一、晶闸管变频调速系统中的主要控制环节

1. 给定积分器

给定积分器（软启动器）是用来减缓突加阶跃给定信号造成的系统内部电流、电压的

冲击。

其原理图及输入输出信号对比如图 6-16 所示。给定积分器由两级集成运算放大器组成，第一级接成高倍的比例器，给定信号从同名端输入，第二级接成积分器，从异名端输入，第二级输出信号经电阻反馈至第一级输入端，为负反馈。

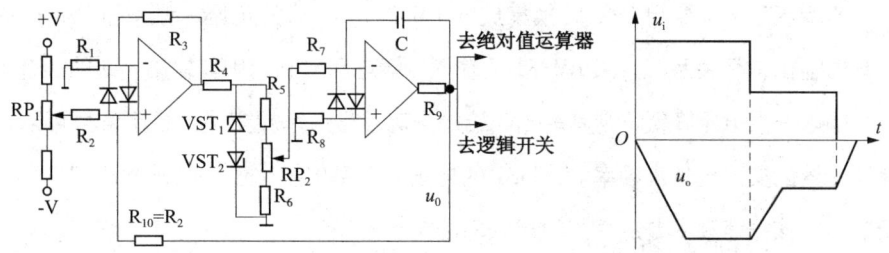

图 6-16　给定积分器的原理图及实际输入输出波形

由于第一级的比例器放大倍数很高，所以只要同名端有很小的输入输出就会限幅（正向或负向稳压值），第二级运放就在该稳压值上取一部分电压进行积分，只要改变 RP_2 上分压比，就可以改变积分时间常数，即改变加减速时间的长短。第二级输出在稳态时由于向第一级输入的负反馈作用将被迫与给定值相等，否则第一级运放仍有限幅输出，使第二级运放继续积分，直至两者相等。可见软启动器并不改变给定的大小，而仅仅改变加减速时上升、下降的斜率，避免了电动机直接启动与减速时的电流冲击，节省了整流逆变装置的容量。给定积分器在瞬态过程中的输出表达式为

$$u_0 = -\frac{1}{T}\int_0^t \rho u_{VST} \mathrm{d}t$$

式中　ρ——电位器 RP_2 的分压比；

　　　u_{VST}——稳压管的稳压值；

　　　T——积分时间常数 R_7C。

2. 绝对值运算器

绝对值运算器是把给定积分器送来的输入信号（正值或负值）均转换为正值。它能去掉给定积分器送来的信号符号。其输入输出关系为 $u_0 = |u_i|$，其电路图及输入输出信号关系如图 6-17 所示。

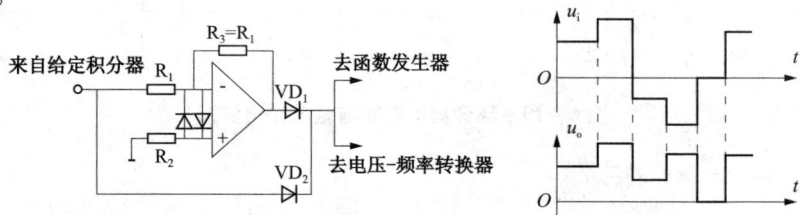

图 6-17　绝对值运算器的电路图及输入与输出之间的关系

3. 电压-频率变换器

电压-频率（U/F）变换器就是用来将电压给定信号转换成脉冲信号的装置，输入电压越高，脉冲频率越高；输入电压越低，则脉冲频率越低。电压-频率（U/F）变换器的种类很多，有单结晶体管压控振荡器、时基电路555构成的压控振荡器，还有各种专用集成压控振荡器。图6-18所示为一种专用U/F转换集成块LM331所构成的电压-频率（U/F）变换器的电路图及输入输出信号关系。如果LM331的输入7端电压较高，则其输出3端的振荡信号频率就较快；如输入7端电压降低，则其输出3端的振荡信号频率就变慢。给定信号可以通过这个环节控制逆变器的交流电输出频率。LM331的电压-频率转换比值可以通过调节2端的外接电位器进行调整。该振荡频率是逆变器输出频率的6倍。

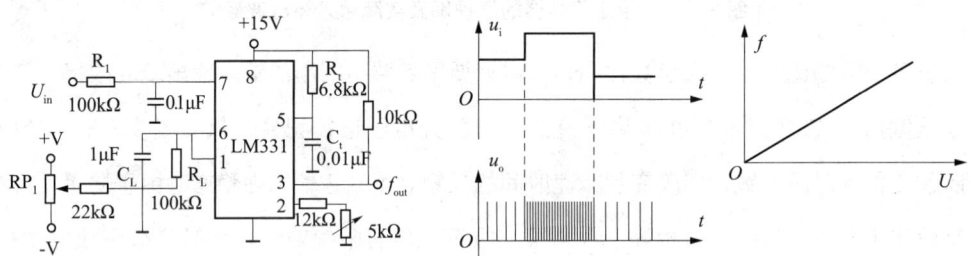

图6-18 压-频变换器的电路图及输入输出关系

4. 环形分配器

环形分配器又称6分频器，它将U/F变换器送来的压控振荡脉冲，每6个为一组分6路输出，依次送给逆变桥的6个晶闸管元件。图6-19所示为采用一个6D触发器和一个三输入或非门构成的环形分配器。

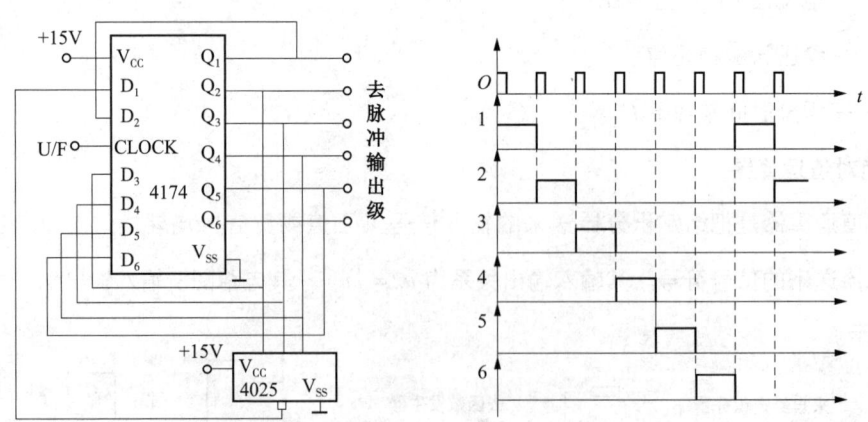

图6-19 环分器的电路与输入输出波形

环形分配器输出脉冲的特征：

① 各路脉冲发出的时间间隔为60°电角度；

②各路脉冲的宽度为60°。

5. 脉冲功率放大与脉冲输出级

图6-20所示为脉冲功放与输出级的功能原理图,图6-21所示为脉冲功放与输出级的输出波形。

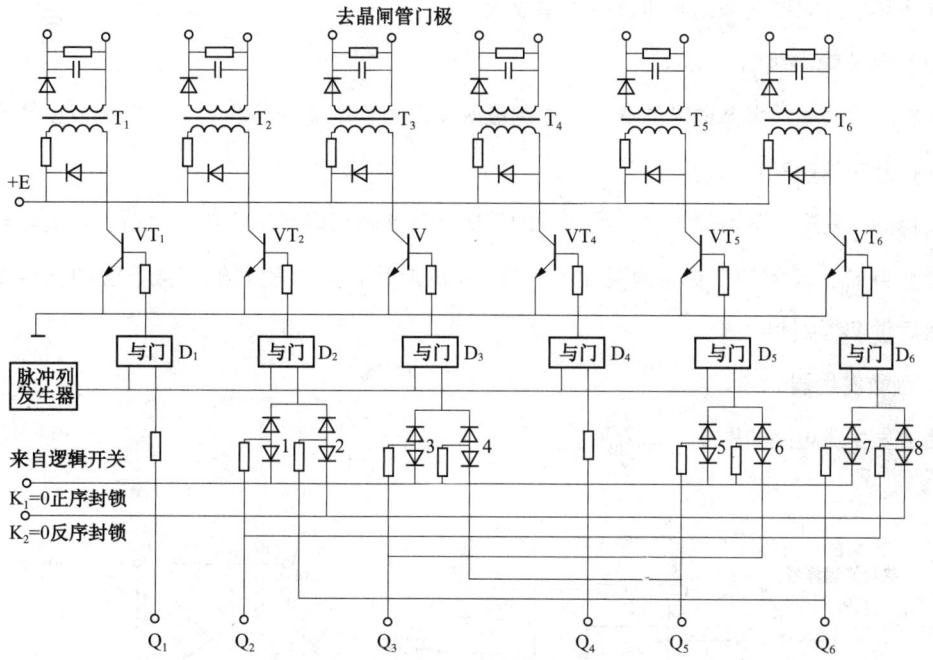

图6-20 功放与输出级功能原理图

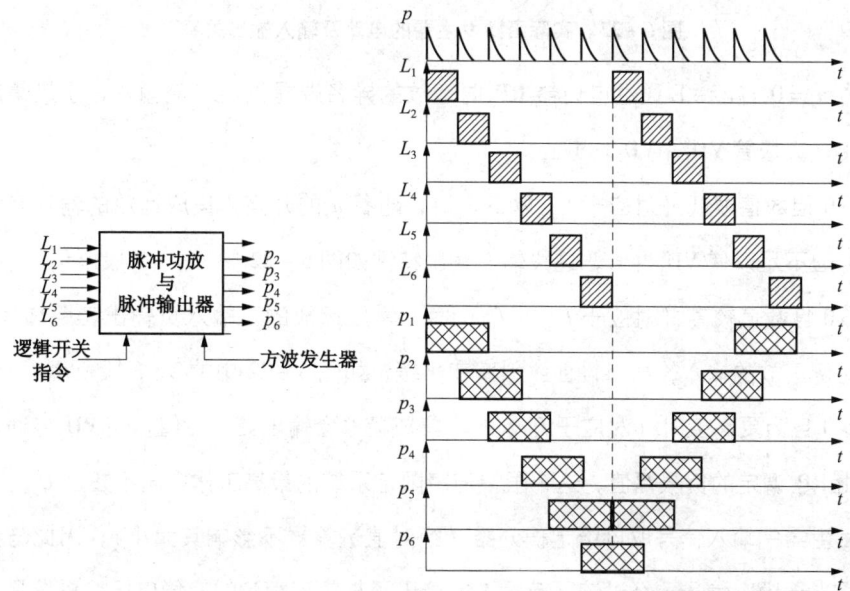

图6-21 脉冲功放与输出级的输出波形

(1) 脉冲功率放大的作用

①根据逻辑开关发出的指令，使功率放大管按照 $T_1 \rightarrow T_2 \rightarrow \cdots\cdots \rightarrow T_6 \rightarrow T_1 \rightarrow \cdots\cdots$ 或 $T_6 \rightarrow T_5 \rightarrow \cdots\cdots T_1 \rightarrow T_6 \cdots\cdots$ 的顺序导通；

②将宽度为 60°的脉冲拓宽为 120°的宽脉冲；

③将环形分配器送来的脉冲进行功率放大。

(2) 脉冲输出级的作用

①将脉冲功率放大器送来的宽脉冲调制成触发晶闸管所需的脉冲列（用方波发生器产生的脉冲进行脉冲列调制）；

②用脉冲变压器隔离输出级与晶闸管的门极。脉冲输出级包括方波发生器、功放与解调两个部分。当 T_1、T_2 管的基极均为高电平，在 TB 的原边得到调制后的信号，解调后得到原信号，然后供 VT 触发用。

6. 函数发生器

函数发生器电路如图 6–22 所示。

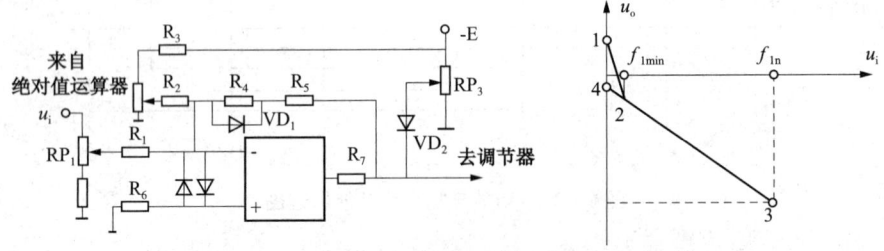

图 6–22　实际函数发生器的电路及输入输出关系

当输入 $u_i = 0$ 时，$-E$ 通过电位器 RP_2 向运放的异名端提供负电流输入，于是集成运放有一定正输出，二极管 VD_1、VD_2 均截止。

当 $u_i > 0$ 但数值很低（对应于 f_{1min} 以下）时，随着 u_i 的升高，集成运放的输入电流由负向逐步升高，但不足以使 VD_1 导通，这段输入输出特性如图 6–22 中的 1–2 段所示。

当 $u_i > 0$ 且数值较高（对应于 $f_{1min} \sim f_{1n}$）时，集成运放的正输入负输出差距增大，VD_1 将被短路，比例运放的输入输出特性曲线斜率变平缓，如图 6–22 中的 2–3 段所示。

当 $u_i > 0$ 且为更高值时（对应于 f_{1n} 以上）集成运放会输出更高负值，使 VD_2 导通，于是 u_0 只能输出由 RP_3 调定的负限幅值，这个限幅值将限定系统的最高工作电压不超过 U_{1n}。

函数发生器的输入信号取自给定积分器（绝对值运算器不影响其大小），因此与频率信号成正比，相当于频率信号，经过该环节后，就给出了与频率相应的补偿电压，系统只要按函数发生器的要求进行闭环电压调节，就能实现恒磁通调速。调节电位器 RP_1、RP_3，能使系统实现不同的电压补偿曲线，从而获得不同机械特性。

以上所讨论的是实际函数发生器的电路及输入输出关系，它与图 6-23 所示的函数发生器的预期输入输出关系仅有符号上的差别。各控制环节的正负号问题应在系统设计中统一协调。

函数发生器的作用：在 $f_{1min} \sim f_{1n}$ 的范围内，将频率给定信号正比例转换为电压给定信号，确保恒转矩调速，并在低频段将电压适当提升，实现低频电压补偿，保证 $E_g/f_1 = $ 常数；在 f_{1n} 以上，频率给定信号变化，电压给定信号保持不变，使输出电压 $U_1 = U_{1n}$ 不变。

7. 逻辑开关

逻辑开关的作用是根据给定信号为正、负或零来控制电动机的正转、反转或停车。如给定信号为正，则控制脉冲输出级按正相序触发；如给定信号为负，则控制脉冲输出级按负相序触发，相应控制调速电动机的正、反转；如给定信号为零，则逻辑开关将脉冲输出级的正负脉冲都封锁，使电动机停车。图 6-24 为一种逻辑开关原理图。

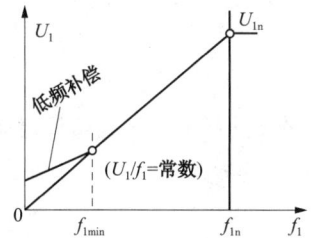

图 6-23　函数发生器的预期输入输出关系

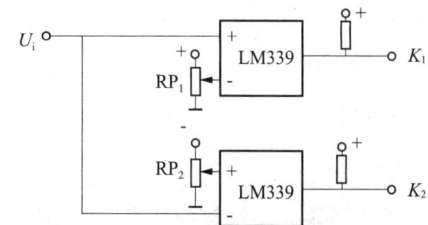

图 6-24　一种逻辑开关原理图

如给定信号为正，以上且有一定的数值（f_{1min} 以上，大于电位器 RP_1 调定的比较电压）时，比较器 1 输出高电平 $K_1 = 1$，其余情况下，$K_1 = 0$；如给定信号为负，以上且有一定的数值（$-f_{1min}$ 以下，低于电位器 RP_2 调定的比较电压）时，比较器 2 输出高电平 $K_2 = 1$，其余情况下，$K_2 = 0$；这就保证了正转时 $K_1 = 1$、$K_2 = 0$，反转时 $K_1 = 0$、$K_2 = 1$，死区内 $K_1 = 0$、$K_2 = 0$，为脉冲输出级提供了合适的逻辑信号。

二、转速开环的电压型晶闸管变频调速系统

转速开环的电压型晶闸管变频调速系统是没有测速反馈的转速开环变频调速，如图 6-25 所示，适用于调速要求不高的场合。

1. 对变频器的要求

① 在 f_{1n} 以下，进行恒转矩调速，即要求在改变频率的同时，改变供电电压，保证变频器以恒压频比 $E_g/f_1 = $ 常数来控制电机。

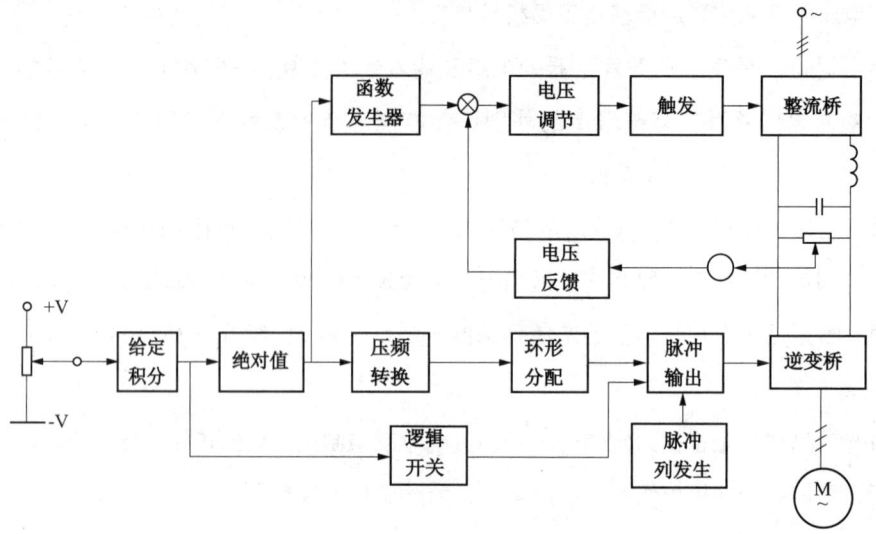

图 6-25 转速开环的电压型晶闸管变频调速系统

②在额定频率 f_{1n} 以上，进行近似恒功率调速，即要求变频器保持输出电压不变，只改变频率调速。

2. 系统组成

①控制部分分上、下两路，上路实现对晶闸管整流桥的变压控制，下路实现对晶闸管逆变桥的变频控制；

②主电路采用晶闸管交-直-交电压型变频器；

③有两个控制通道：上为电压控制通道，采用电压闭环控制整流器的输出电压；下为频率控制通道，控制逆变器的输出频率。电压和频率控制采用同一控制信号（来自绝对值运算器），保证二者之间的协调。

④因转速开环控制，不能让阶跃给定信号直接加到系统上，为此设置了给定积分器将阶跃信号转变成合适的斜坡信号，从而使电压和转速都能平缓地升高或降低。

⑤实现系统可逆只需改变变频电压的相序，并不需要在电压和频率的控制信号上反映极性，因此，设置了绝对值运算器将给定积分器的输出变换成只输出其绝对值的信号。

电压控制采用电压、电流双闭环结构。内环设电流调节器，限制动态电流；外环设电压调节器，以控制变频器输出电压。电压-频率控制信号加到电压环以前，应补偿定子阻抗压降，以改善低速时的机械特性，提高带负载能力。

频率控制环节主要由压-频变换器、环分器和脉冲放大器三部分组成。

三、转速开环的电流型晶闸管变频调速系统

图 6-26 所示为转速开环的电流型晶闸管变频调速系统。主电路采用了大电感滤波的电流

源型逆变器，控制系统采用电压－频率协调控制。只是电压反馈环节有所不同。电压源型变频器直流电压的极性是不变的，而电流源型变频器在回馈制动时直流电压要反向，因此后者的电压反馈不能从直流电压侧引出，而改从逆变器的输出端引出。

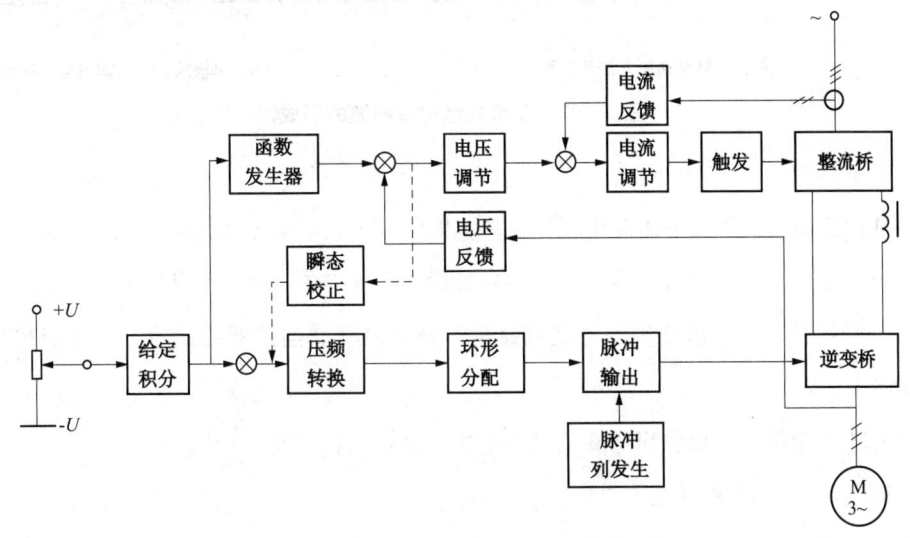

图6－26　转速开环的电流型晶闸管变频调速系统

系统中控制环节采用了电压、电流双闭环的控制结构。内环设电流调节器，以限制动态电流；外环设电压调节器，以控制变频器输出电压。

第四节　正弦波脉宽调制（SPWM）逆变器

所谓正弦波脉宽调制（SPWM）就是把正弦波等效为一系列等幅不等宽的矩形脉冲波形。

冲量等效原则：如果把一个正弦半波分作 n 等份（图中 $n=12$），然后把每一等份的正弦曲线与横轴所包围的面积都用一个与此面积相等的等高矩形脉冲来代替。这样，由 n 个等幅而不等宽的矩形脉冲所组成的波形就与正弦半周等效，称作SPWM波形。

图6－27的一系列脉冲波形就是所期望的逆变器输出SPWM波形，用该信号驱动相应开关器件的信号，则变频器输出就可得到与图6－27形状相似的一系列脉冲波形。

SPWM脉冲波的获得：

①计算法；

②调制法，用等腰三角波作为载波，当它与任何一个光滑的曲线相交时，在交点的时刻控制开关器件的通断，即可得到一组等幅而脉冲宽度正比于该曲线函数的矩形脉冲，这正是SP-

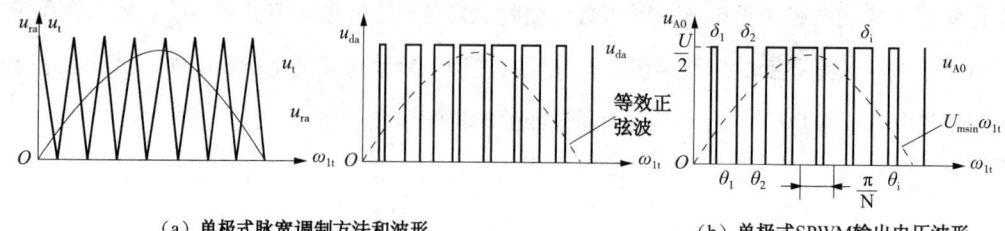

(a) 单极式脉宽调制方法和波形　　(b) 单极式SPWM输出电压波形

图 6-27　单极式埋宽调制波的形成

WM 所需要的结果。

SPWM 逆变器可用等腰三角波电压作为载波信号，正弦波电压作为调制信号，通过正弦波电压与三角波电压信号相比较的方法，确定各分段矩形脉冲的宽度。可获得脉宽正比于正弦波等幅等距的矩形脉冲列。该信号用于逆变器电子开关的开通与关断控制时，逆变器输出就是 SPWM 脉冲波。

图 6-28 是全控型三相桥 SPWM 变频器的主电路，其特点是：

①三相整流电压 U_s 给逆变器供电。

②控制电路，由信号发生器提供正弦调制波 u_{ra}、u_{rb}、u_{rc}，其频率可调，决定逆变器输出的基波频率，其幅值也可调，决定输出电压的大小。三角波载波信号 u_t 是公用的，分别与每相参考电压比较后，产生 SPWM 脉冲序列波 u_{da}、u_{db}、u_{dc}，作为逆变器功率开关器件的驱动控制信号。

正弦波脉宽调制（SPWM）包括单极式调制和双极式调制。

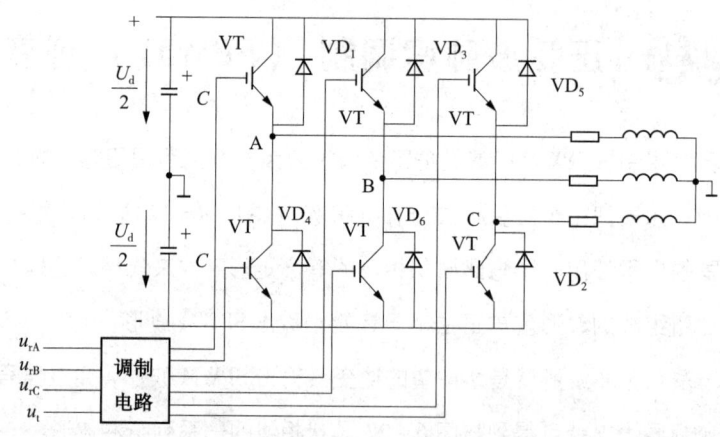

图 6-28　全控型三相桥 SPWM 变频器的主电路

单极式调制是指正弦波的半个周期内每相只有一个开关器件开通或关断，例如 A 相 VT_1 反复通断，图 6-28 表示这时的调制情况。

双极性调制是指载波正、负两个极性，逆变器同一桥臂上下两个开关器件交替通断，处于互补的工作方式。

经计算表明，这种SPWM逆变器能够有效地抑制次$k=2N-1$以下的低次谐波，但存在高次谐波电压，不过其幅值已很小。

PWM调制方法包括异步调制、同步调制、分段同步调制和混合调制。

本 章 小 节

电压U_s与频率ω_1是变频器–异步电动机调速系统的两个独立的控制变量，在变频调速时需要对这两个控制变量进行协调控制。

在基频以下，有三种协调控制方式。采用不同的协调控制方式，得到的系统稳态性能不同，其中恒E_r/ω_1控制的性能最好。

在基频以上，采用保持电压不变的恒功率弱磁调速方法。

习题与思考题

1. 在变频调速中变频时为什么要保持压频比恒定？

2. 交–直–交电压源型变频器调压、调频的有哪几种电路结构？并说明各种电压结构的优缺点。

3. SPWM控制的思想是什么？

4. 什么是180°导通型变频器？什么是120°导通型变频器？

5. 电压、频率协调控制有几种控制方式，各有哪些特点？

6. 在恒压频比控制系统中，绝对值单元的作用是什么？函数发生器的作用是什么？如何控制转速正反转？

7. 总结恒U_1/ω_1、恒E_g/ω_1、恒E_r/ω_1三种控制方式的特点。

8. 交流调速有哪几种基本类型？各种调速方法的特点是什么？

第二篇　直流调速系统调试

第七章 主电路调试与维护

项目引入

主电路是直流调速系统的功率放大部件,也是系统中执行环节的动力来源。在直流调速系统中,主电路的工作状态直接关系到生产设备的运行性能和安全性能。所以,主电路调试与维护是直流调速控制系统设备维护的重要任务。

典型直流调速系统的主电路常采用三相桥式全控整流电路,作为直流电动机电枢回路驱动电源;由独立的励磁电源向电动机提供励磁电流;利用交流电流互感器检测负载电流,并设置有保护报警电路。

高精度金属切削机床(如龙门刨床、龙门铣床、轧辊磨床、立式车床等)、大型起重设备、轧钢机、矿井卷扬机、城市电车等众多领域都广泛采用直流电动机驱动。因此,直流调速系统的主电路调试与维护技能可应用到直流电动机驱动生产机械的任何领域。

项目要求

(1) 了解晶闸管的工作原理、特性和主要参数;
(2) 能够读懂晶闸管直流调速系统的主电路原理图;
(3) 能够测绘主电路,并绘出其原理图;
(4) 能够正确使用仪器、仪表,对主电路进行调试与维护。

项目内容

(1) 分析晶闸管直流调速系统的主电路工作原理;
(2) 主电路调试和维护项目的实施。

项目实施

根据主电路调试与维护工作需要,将主电路调试和维护教学项目分为两个工作任务来实施:

任务1　主电路调试

任务2　主电路维护

控制直流电动机单向运转，且对停车快速性无特殊要求的车床、镗床等生产机械，采用典型不可逆直流调速系统实现无级调速，可获得较高的加工精度。这种直流调速系统的主电路采用三相桥式全控整流电路，三相交流电源（~380V）经交流接触器 KM1 引至整流变压器 T1 的一次侧，经 T1 变压后，通过快速熔断器 FU 进入三相桥式全控整流电路，整流后输出可调直流电压，向直流电动机电枢供电。改变控制角 α，就可以改变整流电压的大小，实现对电动机转速的调节。典型直流调速系统的主电路，如图 7-1 所示。

任务目标

根据电路结构，将主电路调试工作分成以下 4 个子任务：

1. 主电路工作原理分析

通过主电路原理图，描述三相桥式全控整流电路的构成、工作原理及波形分析，整理变压器的作用及选择方式，励磁环节的设计及注意事项，各环节的功能及元器件的选用等。

2. 继电操作电路工作原理分析

正确描述系统启动操作顺序、停止运行操作顺序、各接触器与继电器的结构特点和功能及各种联锁动作。

3. 主电路测绘

正确使用测绘仪器、工具，绘制各个环节电路图，制作装配工艺图纸。

4. 主电路调试

熟练使用调试仪器、仪表及工具，调整、测试各个环节的电路参数，记录与分析各测试点参数与波形。

任务引入与分析

1. 主电路工作原理

三相电源自然换相点为相邻两相电压波形或线电压波形的交点，它距离相电压波形坐标原

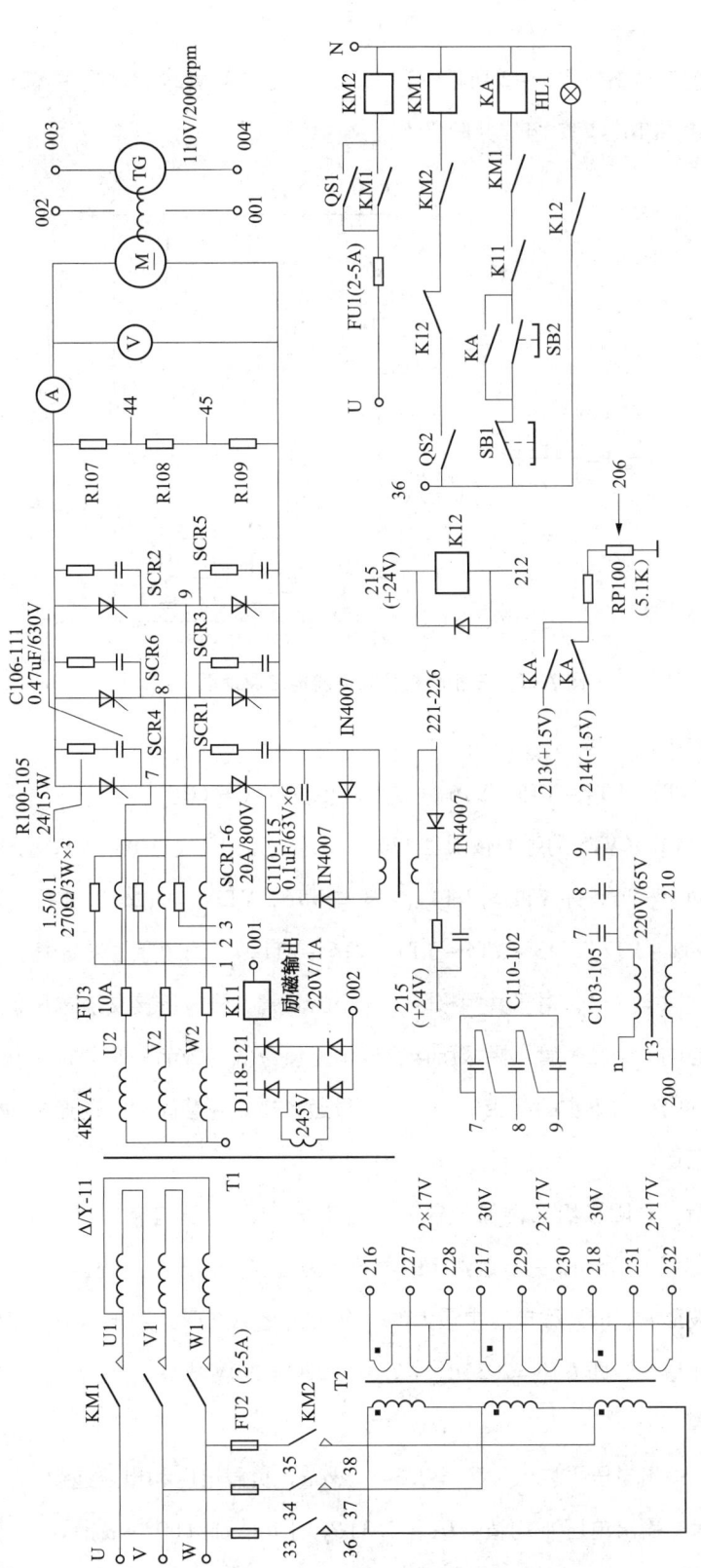

图7-1 典型直流调速系统主电路

点30°，距离线电压波形坐标原点60°。

三相桥式全控整流电路如图7-2所示。该电路由6个晶闸管构成，其中VT1、VT3、VT5组成共阴极组，VT4、VT6、VT2组成共阳极组。

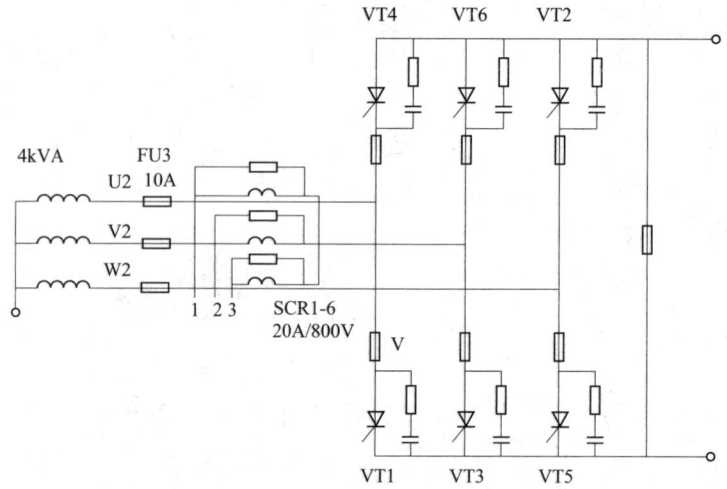

图7-2 三相全控桥式整流电路原理图

对触发脉冲的要求：

按VT1-VT2-VT3-VT4-VT5-VT6的顺序，相位依次差60°。

共阴极组VT1、VT3、VT5的脉冲依次差120°，共阳极组VT4、VT6、VT2也依次差120°。

同一相的上下两个桥臂，即VT1与VT4，VT3与VT6，VT5与VT2，脉冲相差180°。

6个晶闸管按VT1-VT2-VT3-VT4-VT5-VT6-VT1……的顺序触发导通。

如图7-3所示，$\alpha = 0°$时，对于共阴极阻的3个晶闸管，阳极所接交流电压值最大的一个导通；对于共阳极组的3个晶闸管，阴极所接交流电压值最低（或者说负得最多）的导通；任意时刻共阳极组和共阴极组不在同一相的器件处于导通状态。两管同时导通形成供电回路。触发脉冲加在自然换相点。

从相电压波形看，共阴极组晶闸管导通时，u_{d1}为相电压的正包络线，共阳极组导通时，u_{d2}为相电压的负包络线，$u_d = u_{d1} - u_{d2}$是两者的差值，为线电压在正半周的包络线。

直接从线电压波形看，u_d为线电压中最大的一个，因此u_d波形为线电压的包络线。

其输出直流电压最大，即$U_{dom} = 2.34 U_{2\phi} = 2.34 \times 220 = 290V$

（1）电阻性负载

$0° \leq \alpha \leq 60°$时，输出电压平均值：$U_{do} = 2.34 U_{2\varphi} \cos\alpha$，负载电压和电流连续。

$60° < \alpha \leq 120°$时，输出电压平均值：$U_{do} = 2.34 U_{2\varphi} [1 + \cos(60° + \alpha)]$，，负载电压和电流断续。$\alpha = 120°$时，$U_{do} = 0V$。

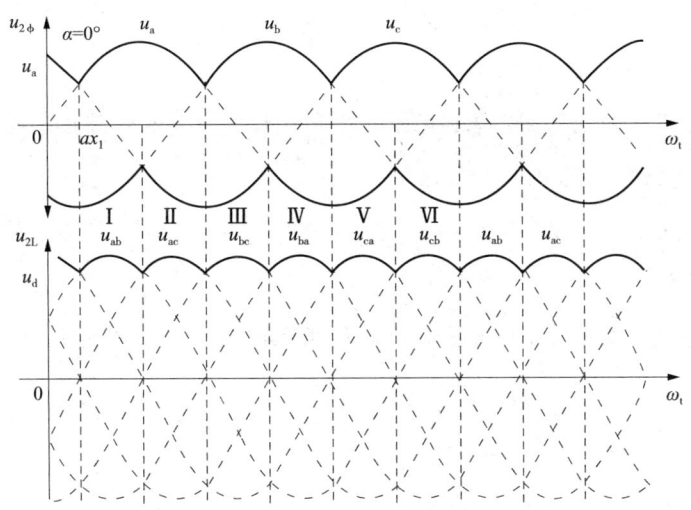

图 7-3　$\alpha=0°$ 输出电压波形

所以，移项范围 $\alpha=0°\sim 120°$。

$\alpha=60°$ 和 $\alpha=90°$ 时电阻性负载的输出电压波形如图 7-4 所示。

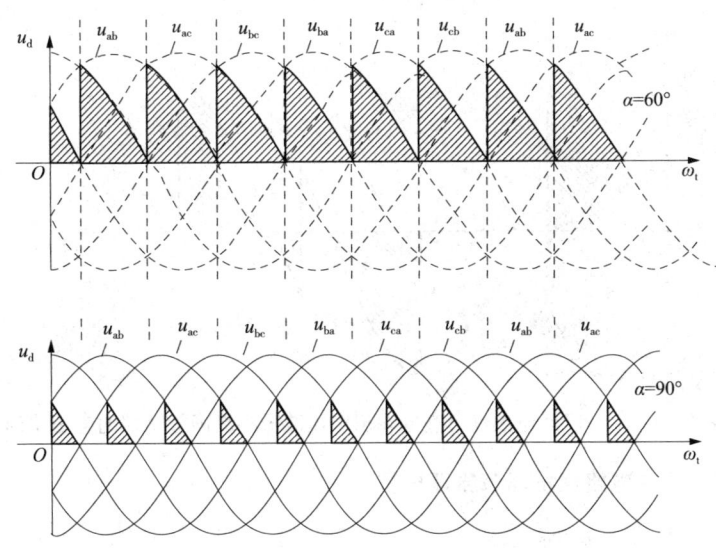

图 7-4　$\alpha=60°$ 和 $\alpha=90°$ 时电阻性负载的输出电压波形

（2）电感性负载

$0°\leq\alpha\leq 60°$ 时：

u_d 波形连续，工作情况与带电阻负载时十分相似，各晶闸管的通断情况、输出整流电压 u_d 波形、晶闸管承受的电压波形等都一样。

区别在于：由于负载不同，同样的整流输出电压加到负载上，得到的负载电流 i_d 波形不同。大电感负载时，由于电感的作用，使得负载电流波形变得平直，当电感足够大的时候，负载电流的波形可近似为一条水平线。

$60° < \alpha \leq 90°$时：

由于电感的自感电动势作用，输出电压 u_d 波形出现负值，但 u_d 波形的正面积仍大于负面积，则平均电压 u_d 仍为正值。

输出电压平均值：$U_{do} = 2.34 U_{2\varphi}\cos\alpha$；当 $\alpha = 90°$时，$U_{do} = 0V$。所以，移项范围 $\alpha = 0° \sim 90°$。电流是连续的。

$\alpha = 90°$时电感性负载的输出电压波形和晶闸管两端的电压波形如图7-5所示。

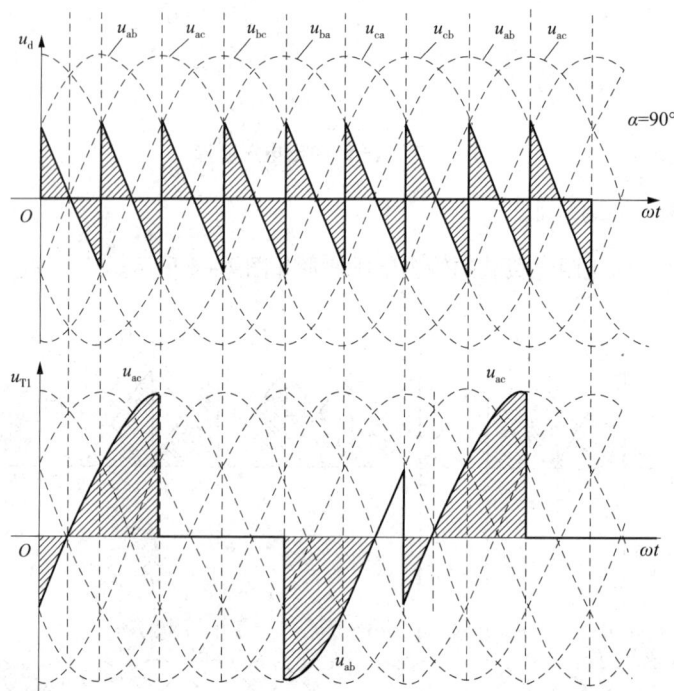

图7-5　$\alpha = 90°$时电感性负载的输出电压波形和晶闸管两端的电压波形

2. 整流变压器及主电路保护环节原理分析

（1）整流变压器

整流变压器接线如图7-6所示。

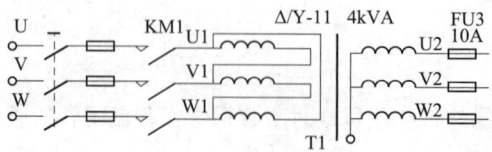

图7-6　整流变压器接线图

整流变压器T1主要用于电源电压的变换，即将380V交流电压变换成215V的交流电压。整流变压器联接采用△/Y0-11方式，此接法可以减小高次谐波对电网波形品质的影响，实现了二次侧电压的相位比一次侧电压的相位超前30°。

（2）主电路保护环节

①交流侧阻容吸收保护装置

在主电路的交流侧接入电容器，如图7-7所示，可起到过电压保护的作用。由于电容两端电压不能突变，所以能有效吸收浪涌、抑制尖峰电压。为了防止变压器漏感和并联电容构成振荡电路，常在每个电容器支路串电阻器以消耗部分能量，抑制LC回路振荡。

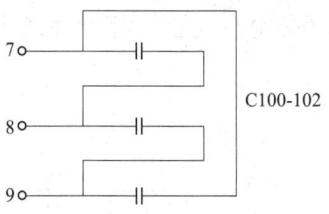

图7-7 交流侧过电压保护措施

电容器与电阻器的选择：

$$C \geqslant 6I_{cm} \times S/U_2^2 \ uF \quad R \geqslant 2.3 \frac{U_2^2}{S} \sqrt{\frac{U_{sh}}{I_{cm}}} \ \Omega$$

式中　S——整流变压器每相伏安值；

　　　U_2——整流变压器二次侧相电压有效值；

　　　U_{sh}——变压器短路电压百分比，10~1000kVA变压器，$U_{sh}=5$~10；

　　　I_{cm}——变压器激磁场电流百分数，10~1000kVA变压器，$I_{cm}=10$~4。

②晶闸管关断过电压保护

在晶闸管两端并联 R_k、C_k 阻容吸收电路，防止关断时的过电压可能反向击穿晶闸管。R_k、C_k 可按经验公式选择：

$$R_k = 10 \sim 30\Omega \quad C_k = (2 \sim 4) \ I_v \times 10^{-3} \mu F$$

式中　I_v——晶闸管额定电流，A。

③短路保护

在主电路交流侧输入端接快速熔断器，能对元件短路和直流侧短路起到保护作用。正常长期运行和正常短时过载工作时，熔体应不过热；发生短路时，熔体应在晶闸管未烧坏之前熔断。

熔体额定电流 I_{fv} 的选取方法：

a. 熔体额定电压大于线路正常工作的有效值；

b. 熔断器的额定电流大于或等于熔体电流，其值应小于被保护晶闸管的额定有效值 $1.57I_{T(AV)}$，同时要大于流过晶闸管实际最大有效值 I_{TM}。

c. 熔体额定电流：$1.57I_{T(AV)} \geqslant I_{fv} \geqslant I_{TM}$。

（3）励磁环节原理分析

直流电动机励磁电源电路如图7-8所示，由整流变压器二次侧输出交流（245V），经二极管单相桥式整流电路变换为 220V 直流电压，作为电动机的励磁电源。

3. 继电操作电路工作原理

继电操作电路必须保证晶闸管直流调速系统的控制电路已通电，才可接通主电路；主电路未通电前，不允许对系统加给定信号。继电操作电路如图 7-9 所示。

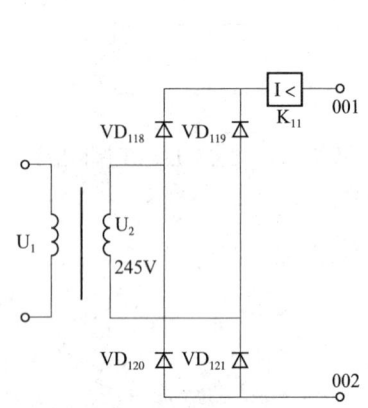

图 7-8　直流电动机励磁电源电路

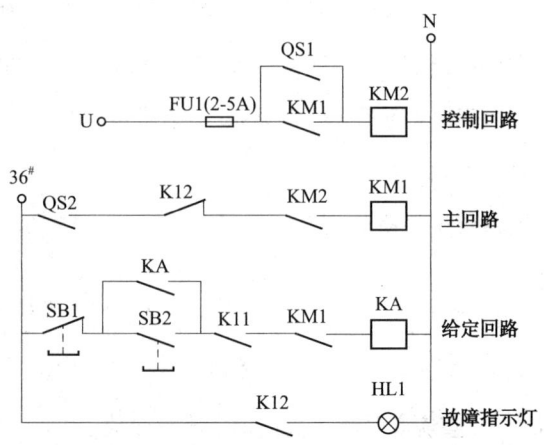

图 7-9　继电操作电路

QS1，QS2—主令开关；SB1，SB2—操作按钮；KM1—主路接触器；KM2—控制电路接触器；KA—给定电路继电器；K12——过电流继电器触点

（1）启动操作顺序

①闭合 QS1（带自锁），KM2 线圈得电，主触头闭合，将 U、V、W 与 36#、37#、38#接通，使同步电源变压器 T2 和控制电路得电，因 36# 线得电，且 KM2 的常开辅助触点的闭合，为主回路和给定电路的接通做好了准备。

②闭合 QS2（带自锁），KM1 线圈得电，主触头闭合而接通三相电源，整流变压器 T1 得电；KM1 的常开辅助触点的闭合，使 KM2 线圈始终接通，保证了主电路得电时，控制电路不被切断，同时为给定回路的接通做好了准备。

③按下 SB2，给定回路接通，KA 得电自锁，启动完成。

④调节给定电位器，观察电压表指示，直至输出电压达到要求。

（2）停止运行操作顺序

①按下 SB1，切断给定回路。

②断开 QS2，切断主回路。

③断开 QS1，切断控制回路。

4. 主电路调试

（1）直流电动机励磁电路调试

调试 1　电压测量

接通主令开关 QS2，主电路接触器 KM1 线圈得电，其主触头闭合，整流变压器 T1 得电，并将三相交流电送至晶闸管整流桥输入端，同时励磁电源得电。测量励磁整流桥交流输入电压时，用万用表交流 500V 挡；测量励磁整流桥直流输出电压时，万用表的挡位应在直流 500V 挡。

调试 2　失磁保护调试

调整失磁继电器 K11 的调节螺栓，以保证主回路接触器 KM1 的主触头吸合时 K11 就动作。

（2）继电操作电路调试

继电操作电路调试的目的是：保证系统正常运行操作工作顺序，使继电器与接触器的触点正常动作。

切断主电路 380V 交流电源，将继电操作电路的 36# 端与 U 端连在一起接入 220V 单相交流电。

启动操作：闭合 QS1，KM2 动作；闭合 QS2，KM1 动作；按下 SB2，KA 动作，给定回路接通。观察各继电器、接触器触头的动作及分合状态，调节继电器、接触器的调节螺栓，使其分合状态最佳。

调节给定电位器，用示波器观察整流电路输出直流电压 u_d 的波形。用万用表观察整流电路输出直流电压 u_d 的大小。

停止操作：按下 SB1，切断给定回路；断开 QS2，切断主电路；断开 QS1，切断控制回路。观察各继电器、接触器触头的动作及分合状态，调节继电器、接触器的调节螺栓，使其分合状态最佳。

（3）整流电路调试

将三相桥式全控整流电路接成电阻性负载，三相桥式全控整流电路交流电源电压为 380V，其输出为 0～220V 以上的直流电压，在高电压环境下调试操作，必须做好安全防护准备。

第二节　主电路维护

任务目标

（1）熟悉主电路原理图。

（2）掌握主电路维护方法。

（3）根据故障现象分析、判断故障，准确查出故障点。

（4）能够查找故障原因并排除故障。

任务引入与分析

在直流调速系统中，主电路是将交流电压转换为可控直流电压的执行机构，其电路始终处于交直流高压工作环境下，所以主电路安全、可靠工作就成为系统能否正常运行的保证。掌握主电路工作原理，具备主电路的调试与维护能力，是保证直流调速系统正常运行的基本条件。

在整个直流调速系统中，主电路中任一环节或任一元器件出现故障便无法正常工作，所以主电路的维护就成为一个重要课题。

根据故障现象，分析故障原因。通过观察系统异常状态，确认故障区域，根据故障现象，利用仪器、仪表及工具查找出故障器件与故障原因。主电路常见故障如表7-1所示。

表7-1 主电路常见故障

序号	故障现象	故障点及原因	备注
1	KM1 不闭合	U 相电压为零	测量方法：用万用表电压挡测量 U 到 N 是否为220V，若正常，则闭合 QS1 测量 KM2 闭合情况。测量 36# 到 N 是否为220V，若是，则闭合 QS2，测量 105#、106#、107# 到 N 是否为220V
		KM2 主触头没有闭合	
		U 相保险及外电路断开	
		QS2 无法闭合及接线断路	
		K12-1 断路	
		KM2 常开触点闭合不上	
		KM1 线圈或外接线断开	
2	KA 不闭合	电源缺 U 相	33# 到 36# 断开
		KM2 主触头闭合不上	
		停止按钮 SB1 常闭触电断开	
		启动按钮 SB2 闭合不上	
		KM1 常开联锁触头无法闭合	
		KA 线圈或外部接线断开	
3	KA 不能自锁	KA 常开自锁触头无法闭合	110# 到 111# 断开
4		KA 的自锁触头	110# 到 111# 断开或短路
5	断开负载时，输出电压 u_d =0V	断开负载时，负载电流 I_d = 0，晶闸管不能导通；缺相保护启动	

故障 1 没有输出电压（$u_d = 0V$），经检查确认故障区域在主电路上。

故障 2 继电保护电路中 KM1 不闭合，经检查确认故障区域在主电路上。

习题与思考题

1. 描述三相全控桥式整流电路中 6 个晶闸管的工作状态，并说明其功能。计算晶闸管的额定电压和额定电流，确定晶闸管型号，写出晶闸管选择的依据。

2. 在三相全控桥式整流电路中，如果其中一只晶闸管的触发脉冲突然丢失，将会出现什么现象？如何判断有触发脉冲丢失的现象？

3. 描述续流二极管的作用。

4. 描述整流变压器 T1 的工作原理，并说明其功能。整流变压器的联结法对系统性能有何影响。计算整流变压器二次侧相电压及一次、二次侧电流，确定整流变压器容量。

5. 主电路的保护有哪些？在设备上找出各保护电路，并进行比较。如何确定 RC 阻容吸收回路参数？

6. 描述电流互感器的工作原理，并说明其功能。

7. 描述 R107～R109 的功能。

8. 描述欠电流继电器 K11（失磁继电器）的工作原理，说明其功能。取消 K11 有何后果？

9. 分析接触器 KM1、KM2、继电器 KA 和指示灯 HL1 的工作状态，说明其功能。

10. KM1 的常开辅助触点与 QS1 并联有什么作用？KM2 的常开辅助触点与 KM1 串联有什么作用？

11. KA 控制接通 ±15V 电压有何作用？

12. 三相桥式全控整流电路带电感性负载时，其输出端是否需要接续流二极管？若没有续流二极管，是否会产生失控现象？

13. 计算直流电动机励磁整流电路中二极管的额定电压和额定电流，并写出二极管型号确定的依据。

14. 计算直流电动机电枢回路串联电抗器的电感量，并写出电抗器选择的依据。

15. 主电路的缺相保护中，为什么当 7#、8#、9# 均正常时，N 线无电流流过，而 200# 与 201# 线间没有电压？当 7#、8#、9# 中断开一根时，则在变压器一侧出现约 127V 的反向电压。

16. 在防止误导通保护电路原理图中，为什么当给定继电器 KA 未动作时，给定电压是负值，就能有效防止由于干扰等原因产生的误导通？

17. 在过电压保护中，为什么在交流侧输入端接电容器，可吸收浪涌等尖峰电压？

第八章 电源电路调试

项目引入

直流调速系统中,电源电路为给定电路、调节电路、隔离电路及触发电路等"核心"控制电路提供直流工作电压,是"核心"控制电路的能源。电源电路能否可靠运行直接关系到直流调速系统与生产设备能否正常运行。所以电源电路调试与维护就成了直流调速控制系统设备维护的主要任务之一。

高精度的金属切削机床(如龙门刨、龙门铣、轧辊磨床、立式车床等)、大型起重设备、轧钢机、矿井卷扬、城市电车等众多领域广泛采用直流电机驱动。因此,直流调速系统的电源电路调试与维护技能可应用到直流电机驱动生产机械的任何领域。

项目要求

(1) 了解电源电路的功能;
(2) 能够读懂晶闸管直流调速系统电源电路原理图;
(3) 能够测绘整流环节电路,并绘出其原理图;
(4) 能够测绘滤波稳压环节电路,并绘出其原理图;
(5) 能够正确使用测量仪器、仪表,对触发电路进行调试与维护。

项目内容

(1) 分析直流调速系统电源电路工作原理。
(2) 电源电路调试和维护项目的实施。

项目实施

根据电源电路调试和维护工作需要,将电源电路调试和维护教学项目分为两个工作任务实施:
(1) 电源电路的调试;
(2) 电源电路的维护。

第一节 电源电路的调试

任务目标

(1) 能读懂电源电路原理图。

(2) 理解电源电路工作原理。

(3) 能够掌握整流、滤波、稳压、指示环节电路的调试方法,实现电源电路的正常工作。

(4) 能够测绘电源电路,并绘出其原理图。

(5) 能够正确使用测量仪器、仪表,维护电源电路。

任务引入与分析

在整个直流调速系统中,电源电路为其他单元提供工作电压,一为给定电路提供电压;二为调节电路、隔离电路、触发电路提供工作直流电源,确保电路工作;三为脉冲变压器提供电源,保证系统正常安全工作。了解电源电路的工作原理及其调试与维护,需要懂得电源板与其他单元板的关系,如图8-1所示。

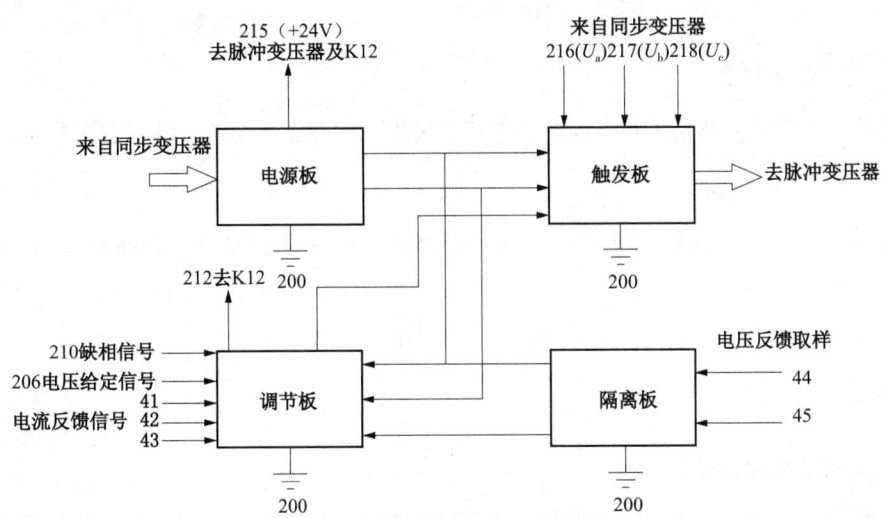

图 8-1 电源板和其他单元板的关系图

电源板的输入为 6 组 17V 交流电源,经过整流后得到 +15V,+24V,-15V 三组电源,电源板主要是由 Q1～Q3 三个硅桥组成的桥式整流电路,对输入的交流电压整流,可提供三组直流电源：+15V，+24V 和 -15V，经电容滤波后输出未经稳压的 +24V 电压，给脉冲变压器和过流继电器 KA 供电；另外未稳压的直流电压还给 LM7815 和 LM7915 三端集成稳压器供电，输出 ±15V 电压给各控制电路供电。电源板电路原理图如图 8-2 所示。

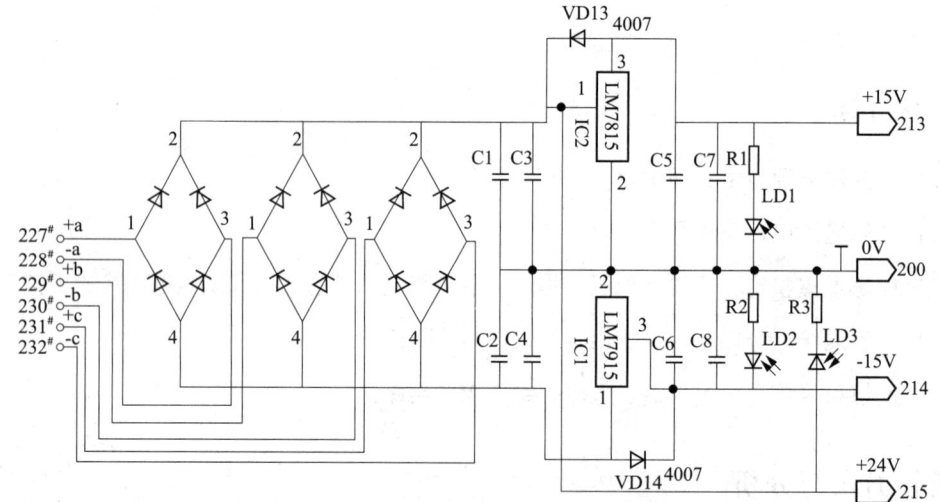

图 8-2　电源板电路原理图

根据电源电路的结构，将分析电源电路工作原理分成以下 3 个子任务。

（1）电源电路工作原理分析。

通过分析电路的原理，能够描述整流、滤波稳压、指示环节等电路的结构特点、功能及元件作用。

（2）电源电路测绘。

能正确使用测绘仪器、工具，绘制各个环节电路的制作工艺图纸，编制工艺文件。

（3）电源电路调试。

能够熟练使用调试仪器、仪表等工具，会调试各个环节，分析与记录各测试点参数与波形。

任务实施

1. 电源板工作原理分析

电源板输入电压取自同步变压器的二次侧同步绕组，分别为交流 17V 电压，但在相位上互差 60°，共 6 组，矢量图如图 8-3 所示。Q1～Q3 三组整流桥式电路，将 6 组 17V 电压整流，产生具有 6 个波头的直流脉动电压。

再经电容滤波后输出未经稳压的 +24V 电压，给脉冲变压器和过流继电器 KA 供电；另外未稳压的直流电压还给 LM7815 和 LM7915 三端集成稳压器供电,输出 ±15V 电压给各控制板供电。

该电源板主要由 Q1~Q3 三个硅桥组成了桥式整流电路。整流环节电路原理如图 8-4 所示。

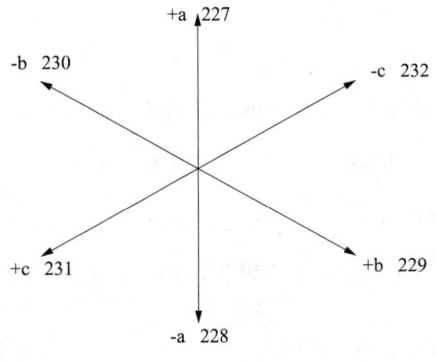

图 8-3　矢量图

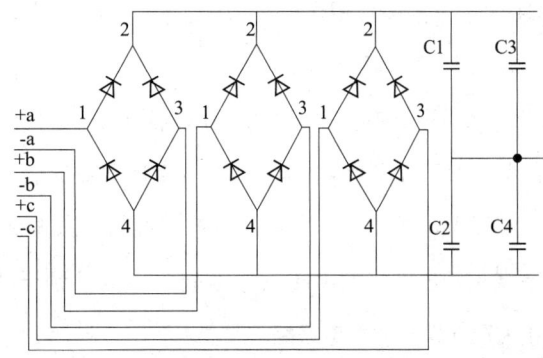

图 8-4　整流环节电路原理图

滤波稳压环节电路原理分析:

所谓滤波,就是将整流后的脉动直流电中的交流成分滤去,使之变为平滑直流电的过程。滤波原理是利用电容两端电压不能突变的原理。

(1) 电路原理图

电路原理图如图 8-5 所示。

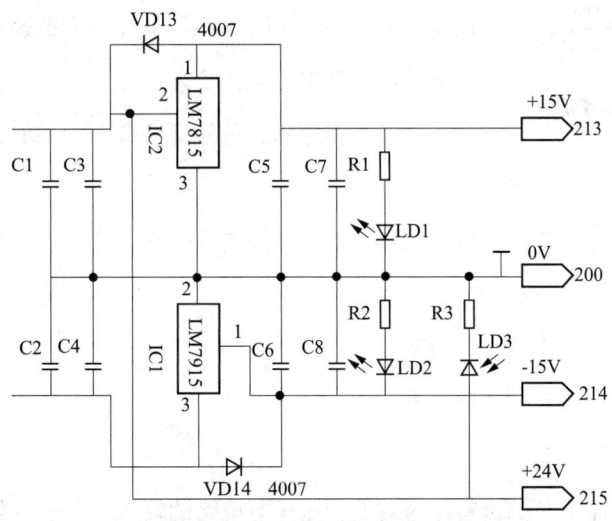

图 8-5　滤波稳压电路原理图

(2) 滤波分析

在该电路中,滤波电路将输出电压 U1 分为正负两组后进行滤波。正电压经 C1、C3,负电压经 C2、C4 滤波。C1、C2 为电解电容起工频滤波作用，提高输出电压，减小电压脉动。C3、C4 为小电容，起高频滤波作用，减小高频信号对电路的影响。

$C1 = C2 = 1000\mu F$，其阻抗 $X_c = 1/\omega_c = 1/(2\pi f \times 1000 \times 10^{-6}) = 3.1\Omega$。

$C3 = C4 = 0.47\mu F$，其阻抗 $X_c' = 1/\omega_c = 1/(2\pi f \times 0.47 \times 10^{-6}) = 6.8 \times 10^3 \Omega$。所以 C3、C4 对于工频信号相当于开路状态。

（3）稳压环节

稳压环节中，采用输出电压固定的三端集成稳压器 LM7815 和 LM7915。正常工作时输出电压为 +15V 和 -15V。电容 C3、C4 用于减少输入电压脉动和防止过电压，电容 C5、C6 的作用是实现频率补偿，防止稳压器产生高频自激振荡和抑制电路引入高频干扰。电容 C7、C8 作用是减小稳压电路输出端由输入端引入的低频干扰。D13、D14 是保护二极管，当输入短路时，给 C7、C8 一个放电回路。

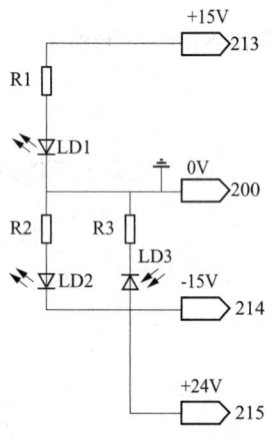

图 8-6 指示环节电路原理图

（4）指示环节电路原理分析

指示环节电路由 R1、R2、R3、LD1、LD2、LD3 组成，R1、R2、R3 为限流电阻器，其原理如图 8-6 所示。

2. 电源电路的调试方法

调试 1 整流环节电路的调试

①对整流环节电路的输入电压进行分析。

②根据整流环节电路原理（图 8-4），分析电源板输入电压即 +a，-a，+b，-b，+c，-c 的值是否正确。以上各点对应地线（200#）均为交流 17V。

③结合电路板，分别测出 227#，228#，229#，230#，231#，232# 各点对地线（200#）的电压值。

根据整流环节电路原理图分析写出每个整流桥的工作过程。

调试 2 测电压波形并读出电压值

①分别测出整流前各点的电压波形。

②分别测出整流后各点的电压波形。

调试 3 滤波稳压环节电路的调试

收集有关滤波稳压环节的资料。对滤波稳压环节电路的输入电压进行分析：

①根据滤波稳压电路原理图观察电压被整流后未经滤波时的电压值及波形。

②如图 8-7 所示，整流后的输出电压 $U1$ 分为正负两组进行滤波，正电压经 C1、C3，负

电压经 C2、C4 滤波，然后观察 U1 被滤波后正负电压波形。检测滤波稳压后输出电压是否正常。

滤波稳压后输出电压的参数值：

①$1^\#$对$2^\#$，应为直流 +15V。

②$3^\#$对$2^\#$，应为直流 -15V。

③$4^\#$对$2^\#$，应为直流 +24V。

调试 4　电路内部测量

测量方法：用引出线接通电源板，使用万用表测量。

①整流后的电压：直流。

②C3 两端的电压：直流 15V。

③C4 两端的电压：直流 15V。

调试 5　观察记录各指示灯的亮度

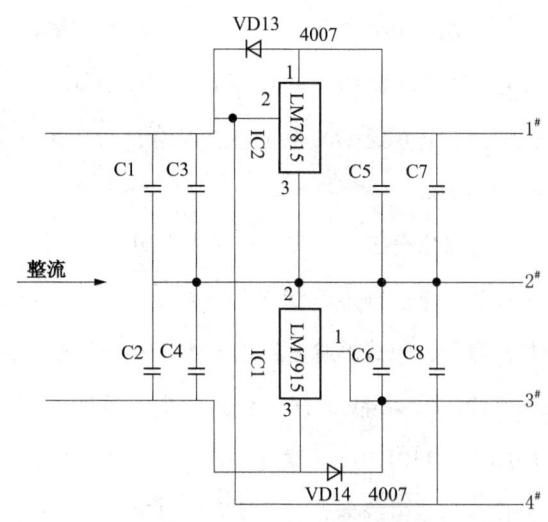

图 8-7　滤波稳压环节电路图

第二节　电源电路的维护

任务目标

（1）了解电源电路原理图。

（2）掌握电源电路的维护方法。

（3）会分析判断故障。

（4）查找故障原因并排除故障。

任务引入与分析

在典型直流调压系统中，电源板的输入为 6 组 17V 交流电源，经过整流后得到 +15V、+24V、-15V 三组电源，一为给定电压，二为调节板、隔离板、触发板提供工作直流电源，三为脉冲变压器提供电源。为保证电源电路各个环节能正常工作，对电源板的维护是不可缺少的，对电源板的维护其实就是对电源电路中各个环节进行维护。

电源板输入电压取自同步变压器的二次侧同步绕组，输入端子号227#，228#，229#，230#，231#，232#，即+a，-a，+b，-b，+c，-c分别为交流17V电压，但在相位上互差60°，共6组，将6组17V电压整流电路，产生具有6个波头的直流脉动电压。电源单元电路如图8-8所示。

电源板分三个环节，一是由VD1～VD12十二个二极管组成的桥式整流电路环节，对输入的交流电电压整流，整流后得到+15V，+24V，-15V三组直流电源；二是有电容器和三端集成稳压器组成的滤波稳压电路环节。整流后的电压经过电容C1、C2、C3、C4滤波后，输出未经稳压的+24V电压，给脉冲变压器和过流继电器KA供电；另外未稳压的直流电压还给LM7815和LM7915三端稳压集成器供电，输出±15V电压给各控制板供电，各个电压的指示通过指示环节中的发光二极管显示出来。

综上所述，电源电路中任一环节或任一元件出现故障，电源板均无法正常工作，所以电源电路板的维护就成为直流调速系统维护中的一个重要课题。

习题与思考题

1. 讨论各元件在滤波稳压环节电路中的工作状态或作用：
（1）描述二极管VD13、VD14在系统正常运作下的工作状态；
（2）描述二极管VD13、VD14在输入短路情况下的工作状态及其作用；
（3）分析电容C1～C8，分别写出它们在滤波稳压电路中的作用。
2. 如图8-8所示滤波稳压电路的电压值及波形测量：

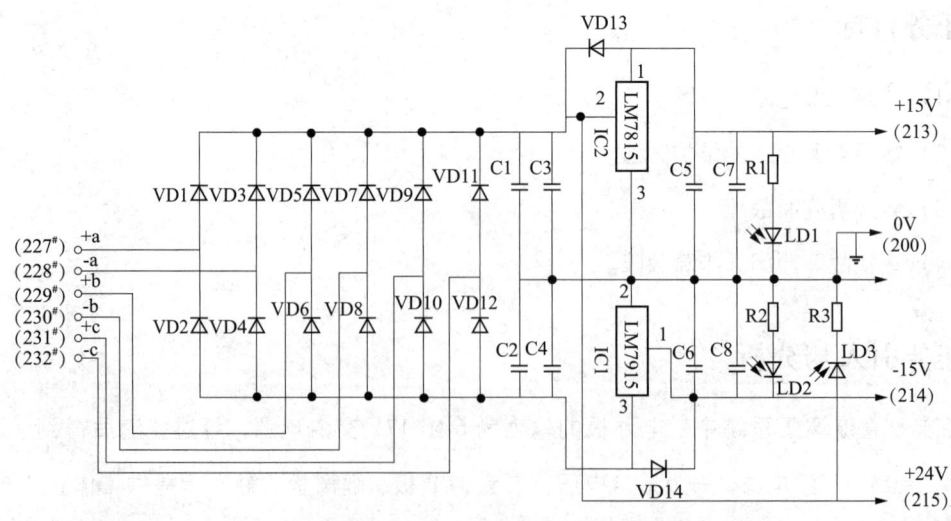

图8-8 电源单元电路

（1）分别测出在输入稳压器 LM7815，LM7915 前的电压值及其波形；

（2）分别测出经稳压器 LM7815，LM7915 输出的电压值及其波形。

3. 讨论：各元件在指示环节电路中的工作状态或作用：

（1）描述发光二极管的工作状态；

（2）描述电阻器 R1、R2、R3 的作用。

4. 描述指示环节电路原理：

（1）指出各发光二极管所指示的电源电压值；

（2）发光二极管的工作原理。

5. 在稳压电路中，若：

（1）一个二极管反相可能出现什么问题？

（2）一个二极管开路可能出现什么问题？

（3）极性电容接反可能出现什么问题？

6. 电源电路常见的故障有哪些？原因是什么？

7. 试述整流环节电路元件参数。分析各元件在整流环节电路中的原理及功能。

8. 描述硅桥 Q1、Q2、Q3 的工作状态，说明其功能。描述每个硅桥中四个二极管的工作状态，并说明其功能。

第九章 触发电路的调试与维护

项目引入

触发电路是直流调速系统的重要组成部分之一，不仅实现对晶闸管的开通控制，从而完成输出电压的调节，同时还实现对晶闸管以及驱动系统的安全保护。可以说调速系统中几乎所有调节和控制都是通过触发电路实现的，所以触发电路的安全可靠地运行对系统至关重要。

随着半导体技术不断提高，触发电路从早期的分立元件电路向集成电路和智能控制模块方向发展，在控制的准确度、控制的线性、调节范围、电路的复杂程度等方面都有了极大的提高。因此，学习触发电路的工作原理，掌握触发电路的调试维护方法，对完成系统的调试与维护十分关键。

项目要求

（1）能够读懂直流调速系统触发电路原理图；
（2）了解直流调速系统触发电路的功能；
（3）能够测绘直流调速系统触发电路，并绘出其原理图；
（4）掌握触发电路的调试和维护的基本方法；
（5）能够正确使用测量仪器、仪表，对触发电路进行调试与维护。

项目内容

（1）分析晶闸管直流调速系统的触发电路工作原理。
（2）触发电路调试和维护项目的实施。

项目实施

根据触发电路调试和维护工作需要，将触发电路调试和维护教学项目分为2个工作任务来实施：

任务1　触发电路调试；
任务2　触发电路维护。

第一节 触发电路的调试

任务目标

(1) 能读懂触发电路原理图。

(2) 分析触发电路工作原理。

(3) 能进行脉冲触发电路原理图的测绘及触发电路的调试。

(4) 能够正确使用测量仪器、仪表。

任务引入与分析

1. 典型的三相触发电路的主要组成部分

三相触发电路通常由四个部分组成,如图 9-1 所示。

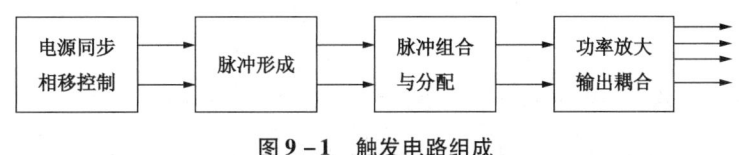

图 9-1 触发电路组成

2. 触发电路产生脉冲信号

常用的触发电路是产生符合要求的脉冲信号(有些简易单相设备采用电平触发),以控制晶闸管开通,达到可控整流目的。为使晶闸管稳定可靠地工作,对触发脉冲提出以下要求:

①足够的脉冲宽度,以保证晶闸管阳极电流超过维持电流,使晶闸管开通稳定。对于纯电阻性负载,一般要求脉冲宽度为 6~30μs;而对于感性负载,则因阳极电流上升缓慢,要求脉冲宽度大于 50μs。

②足够的脉冲电平,应根据晶闸管门极指标选择,一般在 4~6V。

③足够的触发电流,晶闸管从根本上来讲属于电流控制器件,因此对触发电流有明确的要求,一般在几 mA 到几百 mA,应根据门极(控制板)的要求确定。

④脉冲波形,应考虑触发时刻的准确性,要求脉冲前沿陡峭,脉冲顶部尽可能平直。

⑤脉冲序列要求间隔均匀,误差一般应控制在 5°以下;触发时刻准确,误差控制在 2°以下。

⑥各个触发脉冲与交流保持严格的稳定相位同步关系,对于三相而言,选择 $\omega_t = 30°$ 作为同步点。

3. 触发电路经历的阶段

触发电路随着电子器件和电子技术的发展,前后经历了几个阶段:一是以双基极晶体管为代表的多脉冲触发电路(当然,只有第一个脉冲有效);二是由多个晶体管构成的、具有同步特性的触发电路;三是由西门子为代表的 K 系列集成触发电路;四是由单片机或工控机控制的触发脉冲发生器。现代设备大都采用后两种技术,其主要特点是:

①极大地提高了输出脉冲的质量;

②具有较好的控制线性,符合自动化控制的要求;

③具有较强的抗干扰特性;

④调节、整定、维护简便快捷;

⑤耦合技术有了很大的提高,从最初的阻容耦合,变压器耦合发展到现代的光电耦合,极大地提高了系统的可靠性;

⑥完善的保护措施。该系统采用的是典型的 K 系列触发集成电路为核心的双脉冲触发电路。采用技术成熟的变压器耦合输出方式,性能优良,结构简单,成本低廉,维护比较方便。

根据电路结构,将分析触发电路工作原理分成以下 4 个学习子任务:

①学习 KC04 集成电路原理,通过该电路原理分析,能描述 KC04 触发电路的结构特点、功能,能正确理解同步环节在触发电路中的作用及实现方法。

②三相触发电路的测绘方法,能熟练使用测绘仪器、工具,绘制该电路的制作工艺图纸,会编制工艺文件。

③同步移相环节的调试方法。

④三相触发电路输入、输出波形的调节,触发电路各参数、波形的调试。

任务实施

1. 典型三相触发电路的结构和原理

以一台典型的直流调速设备为例,简述其触发电路板及周边电路的工作原理。整个触发电路包括"电源同步及移相"、"脉冲形成"、"脉冲分配与组合"、"脉冲功放及输出耦合"四个部分。

触发电路板是以成熟的集成触发电路 KC04 为核心构成,其工作原理如图 9-2 所示。

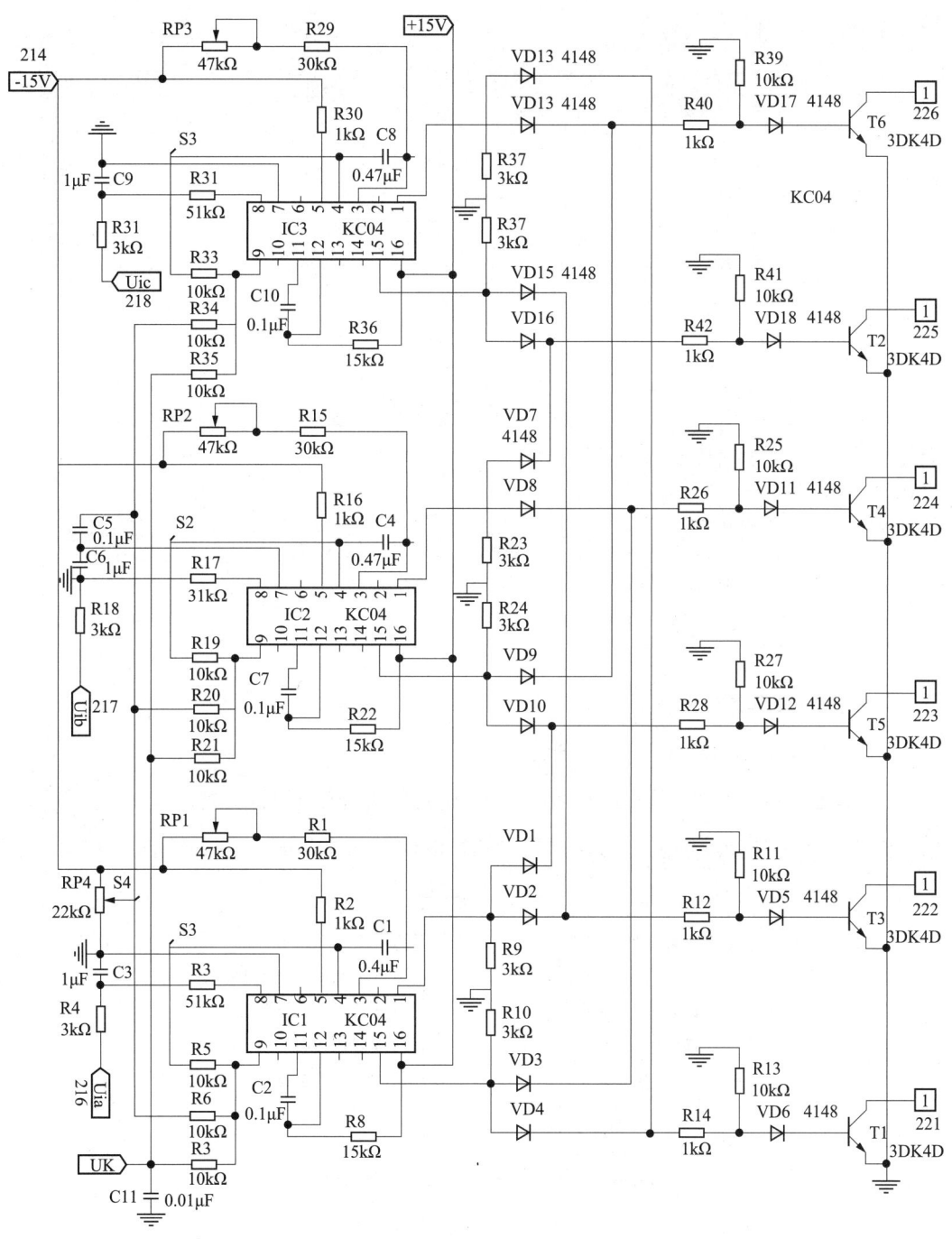

图 9-2 触发电路板原理图（CFD）

现将触发电路板中主要的输入、输出信号、调节控制信号和功能电路分别列于表 9-1，便于分析该电路的工作原理。

表9-1 触发电路板主要信号及电路说明

线号或元件号	信号、连接	功能	信号形式	备 注
216~218	主电路同步变压器	使得形成的脉冲信号与各相交流电波形同步	50Hz 正弦波	对应主电路的三相交流电
IC1，IC2，IC3	三只单相集成触发电路 KC04	交流电信号的每个周期，产生2个触发脉冲	窄脉冲信号	脉冲宽度可调
219	移相控制信号	调节各相脉冲形成的时刻	直流电平	三相触发脉冲同时产生移相
VD12与VD9；VD7与VD10；VD6与VD3；VD1与VD4；VD11与VD2；VD5与VD8	输入信号为3只KC04的6个脉冲；输出至66只晶闸管	分别组成6个或门，对3只KC04产生的脉冲进行组合、分配	脉冲信号的逻辑运算	主要针对全控整流
VT1~VT6		脉冲功率放大	脉冲信号	兼具隔离作用
221~226	脉冲输出至耦合电路	采用变压器耦合以驱动晶闸管	脉冲信号	耦合电路位于主电路板

2. 触发电路工作原理分析

(1) KC04 集成触发电路原理及引脚定义

KC04是西门子公司开发的一款触发脉冲形成电路，应其性能优异，成本低廉，使用方便，深受设计工程师的喜爱，得到广泛的推广和应用。KC04引脚功能如图9-3所示。

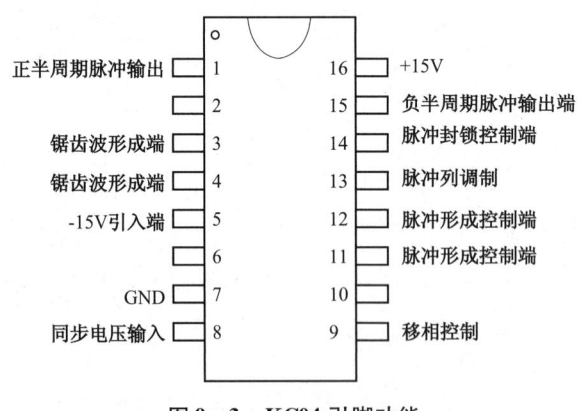

图9-3 KC04引脚功能

KC04是一款双列直插16引脚的IC，使用15V双电源，具有较强的抗干扰能力。KC04集成电路由同步电压、锯齿波形成、脉冲形成、脉冲移相和脉冲输出五个部分组成。

①同步电压输入。通过"主电路同步变压器"，输入与主电路同相位的三相交流电，由此

作为产生脉冲的同步点,为锯齿波形成、脉冲移相提供初始相位和起始计算点。

同步信号的获取和输入,如图9-4所示。

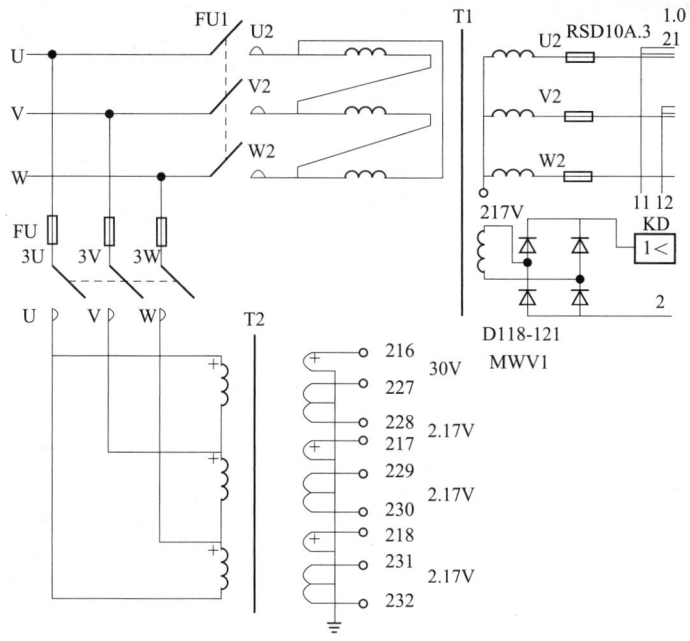

图9-4 同步信号的取出和输入

KC04集成电路对输入同步电压信号的变换,如图9-5所示。

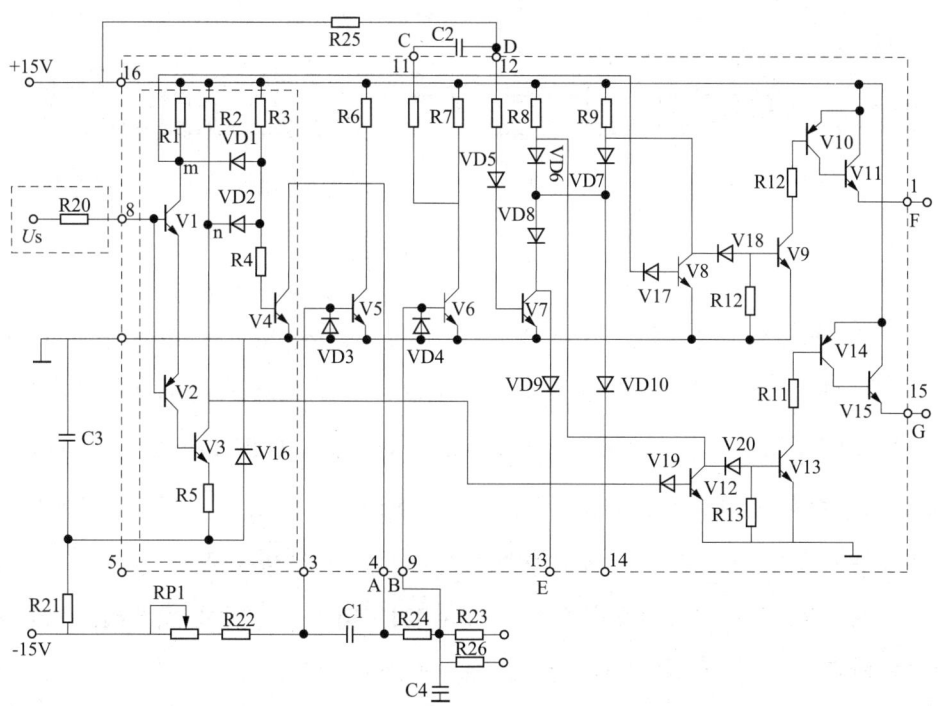

图9-5 KC04内部电路原理图(虚线内为同步环节)

同步电源环节主要由 V1～V4 等元件构成，同步电压 u_s 经限流电阻 R20 加到 V1、V2 基极。当 u_s 在正半周时，V1 导通，V2、V3 截止，m 点为低电平，n 为高电平。当 u_s 在负半周时，V2、V3 导通，V1 截止，n 点为低电平，m 为高电平。VD1、VD2 组成与门电路，只要 m、n 两点有一处为低电平，就将 U_{b4} 箝位在低电平，V4 截止，只有在同步电压 $|u_s| < 0.7\text{V}$ 时，V1～V3 都截止，m、n 两点都是高电平，V4 才饱和导通。所以，每周内 V4 从截止到导通变化两次，锯齿波形成环节在同步电压 u_s 的正负半周内均有相同的锯齿波产生，且两者有固定的相位关系。这个环节是将输入的正弦波同步信号变换为方波，供锯齿波发生电路使用。同步电压及方波信号的波形如图 9-6 所示。

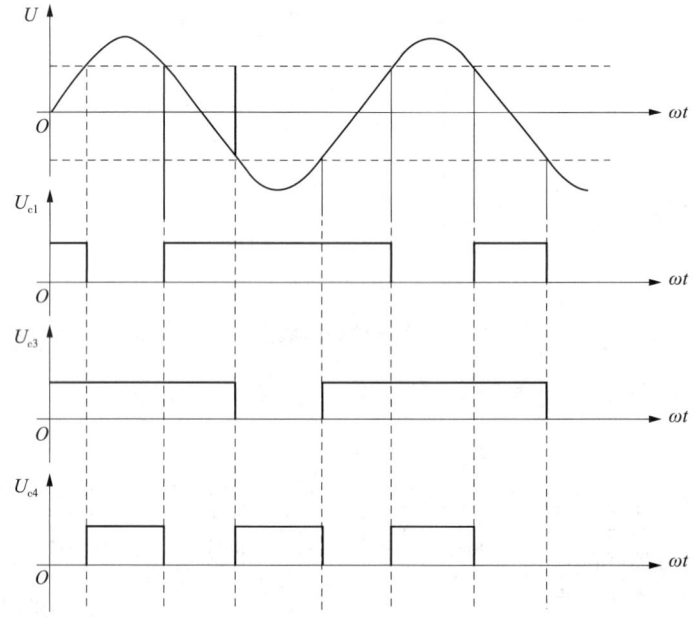

图 9-6 同步信号产生

②锯齿波形成电路。锯齿波形成环节主要由 V5、C1 等元件组成，电容 C1 接在 V5 基极和集电极之间，组成一个电容负反馈的锯齿波发生器。V4 截止时，+15V 电源经 R6、R22、BP1，-15V 电源给 C1 充电，V5 的集电极电位 U_{c5} 逐渐升高，锯齿波的上升段开始形成，当 V4 导通时，C1 经 V4、VD3 迅速放电，形成锯齿波的回程电压。所以，当 V4 周期性地导通、截止时，在端 4# 即 U_{c5} 就形成了一系列线性增长的锯齿波，如图 9-7 所示。

锯齿波的斜率是由 C1 充电的时间常数（R6 + R22 + RP1）决定的。由此输出的锯齿波与外加的直流电平（经 R23 和 R26）输入叠加后送入脉冲形成环节。

③脉冲形成环节。主要由 V7、VD5、C2、R7 等元件组成，当 V6 截止时，+15V 电源通过

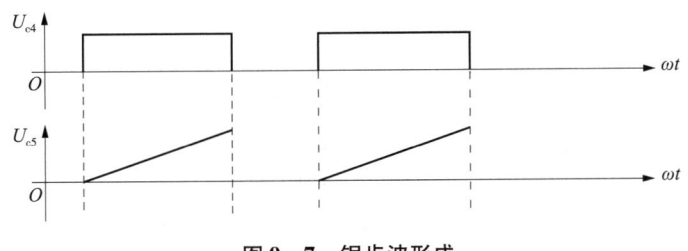

图 9-7 锯齿波形成

R25 给 V7 提供一个基极电流，使 V7 饱和导通。同时 +15V 电源经 R7、VD5、V7 接地点给 C2 充电，充电结束时，C2 左端电位 U_{c6} = +15V，C2 右端电位约为 +1.4V，当 V6 由截止转为导通时，U_{c6} 从 +15V 迅速跳变到 +0.3V，由于电容两端电压不能突变，C2 右端电位从 +1.4V 也迅速下跳到 −13.3V，这时 V7 立刻截止。此后，+15V 电源经 R25、V6 接地点给 C2 反向充电，当充到 C2 右端电压大于 1.4V 时，V7 又重新导通，这样，在 V7 的集电极就得到了固定宽度的脉冲，如图 9-8 所示。显然脉冲宽度由 C2 的反向充电时间常数 R25、C2 决定。

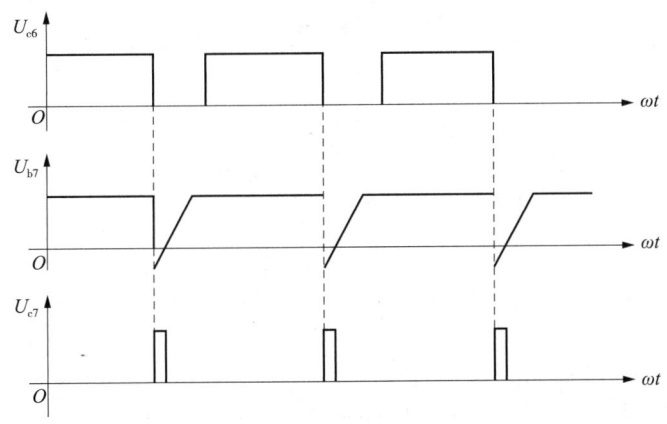

图 9-8 窄脉冲形成

④脉冲移相环节。主要由 V6、U_c、U_b 及外接元件组成，锯齿波电压 U_{c5} 经 R24、偏移电压 U_b 经 R23，控制电压 U_c 经 R26 在 V6 的基极叠加，当 V6 的基极电压 U_{b6} > 0.7V 时，V6 管导通（即 V7 管截止），若固定 U_{c5}、U_b 不变，使 U_c 变动，V6 管导通的时刻将随之改变，即脉冲产生的时刻随之改变，这样脉冲也就得以移相。

显然 V6 脉冲输出的时刻受到三个电压的控制，它们是：V5 产生的锯齿波电压，经 R23 加入的外加偏移电压 U_b；经 R26 加入的控制电压 U_c；这三个电压在 V6 管的基极叠加并控制 V6 集电极输出电压 U_{c6}，从而导致 U_{c7} 脉冲出现的时刻改变，起到移相的作用，如图 9-9 所示。

⑤KC04 脉冲的输出，如图 9-10 所示。

KC04 交流正半周输出一个脉冲（1 脚）；交流负半周输出一个脉冲（15 脚），两个脉冲间

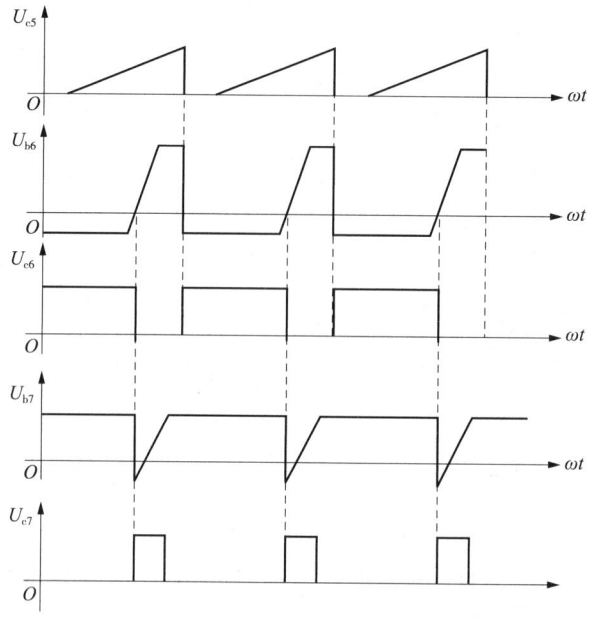

图 9-9 脉冲实现移相

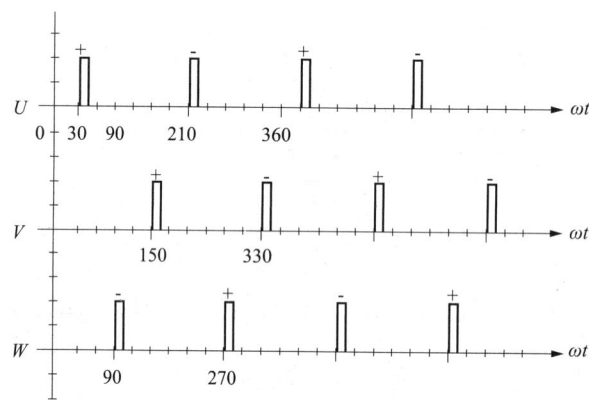

图 9-10 各相 KC04 输出的脉冲

隔 180°。以触发移相角 $\alpha = 0°$（$\omega t = 30°$）为例，画出分别接入三相的 KC04 的脉冲输出，"＋"和"－"分别代表交流正、负半周对称输出的两个脉冲。

（2）同步移相环节电路原理

所谓同步，是指各组触发脉冲出现时刻均统一到以各相交流电源的过零点为起始计算点上，从而使得各组触发脉冲与各相交流电源形成严格的相位关系，确保三组晶闸管的开通关断有序、均匀、交替进行，输出稳定的直流整流电压。

对电源同步信号的要求大致有以下几点：首先，三相同步信号一般取自同一个与主回路相连的变压器，以确保各相位、幅度一致；其次，同步信号应该具有足够的电压幅度，满足 KC04 的输入要求；最后，为避免主回路的各种噪声及尖脉冲干扰同步的提取，还应该对同步信号进行噪声滤除。

以选用的典型直流调速系统为例，同步信号取自同步变压器 T2，并经过阻容滤波送入 KC04，如图 9-11 所示。

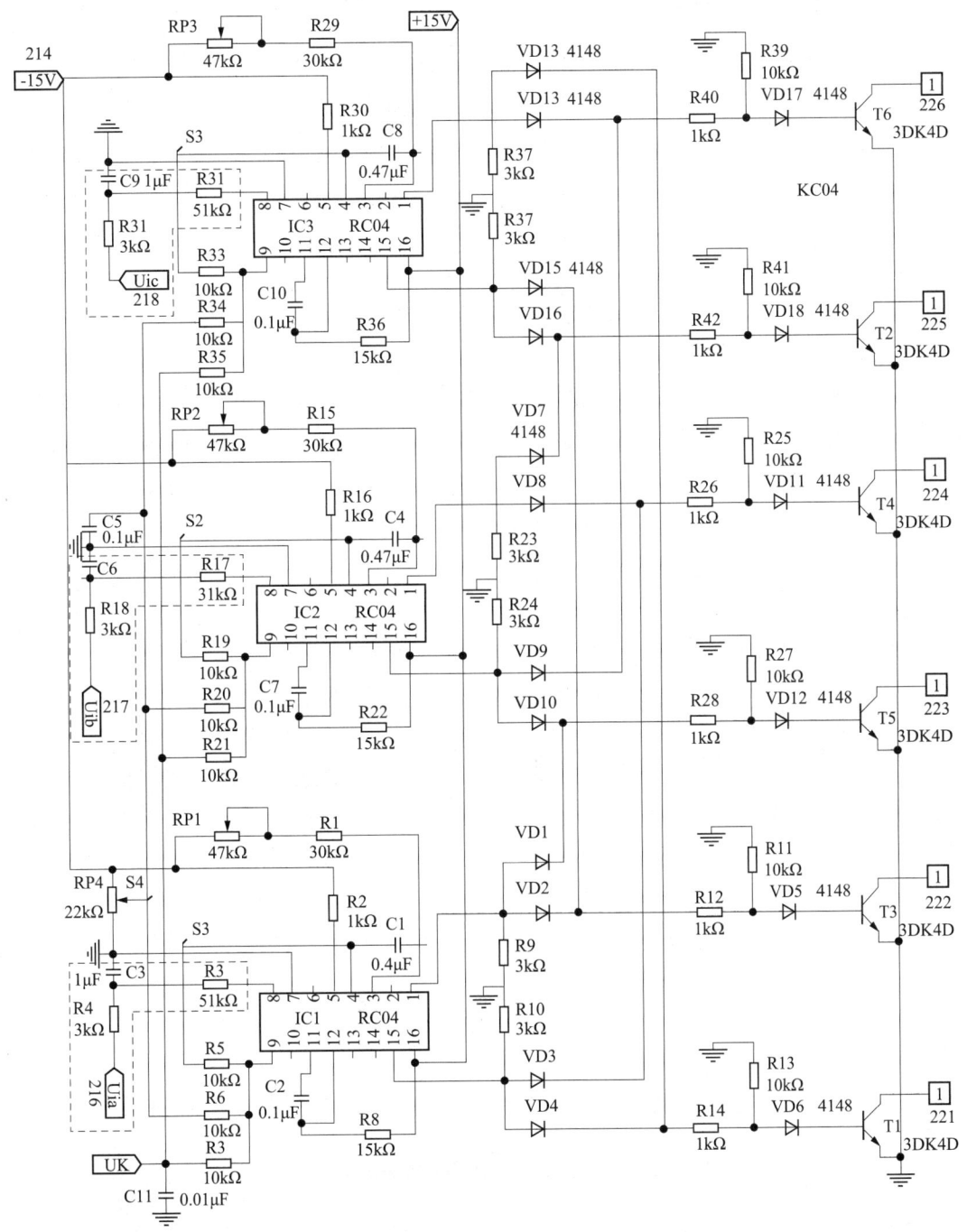

图 9-11　同步信号输入原理图（虚线内阻容滤波环节）

移相环节主要包括两个内容。一是确定主触发脉冲的相位起始，即移相角 $\alpha = 0°$ 的位置，调整到适合主电路整流工作的位置，在三相整流中就各相而言，通常将 $\alpha = 0°$ 设置在 $\omega t = 30°$ 的位置；二是确定最大的变化范围，这需要根据负载和电路结构情况而定，对于纯电阻负载，三相半波 $\alpha = 150°$，三相全控桥 $\alpha = 120°$，三相半控桥 $\alpha = 180°$，这就意味着当移相角达到这个角度时，整流输出电压下降到 0，把这个角度叫作初始相位角；三是移相角可以随着外部信号或者内部反馈信号进行自动调节，使得输出直流电压达到要求或稳定在某一数值。

对移相的调节主要以三种方式实现：其一，通过触发板上的电位器 RP4 同时调整三相触发脉冲的偏移电压 U_b，以确定初始相位角；其二，分别调整三相 KC04 的锯齿波斜率（RP1、RP2、RP3），使得三相脉冲移相一致；其三，使用外部给定电位器调整给定电压 U_k，同时调整三相脉冲的移相角，以获得所需的整流输出电压。

（3）三相触发电路原理

①脉冲组合。如何将一个周期中的 3 只 KC04 输出的 6 个脉冲进行适当的组合，分配给 6 只晶闸管？脉冲组合是通过二极管构成"或"逻辑电路实现的，具体地说，VD12 与 VD9，VD7 与 VD10，VD3 与 VD6，VD1 与 VD4，VD11 与 VD2，VD5 与 VD8 分别组成一个或门。完成下列运算：

以移相角 $\alpha = 0°$（$\omega = 30°$）为例，如图 9-12 所示。

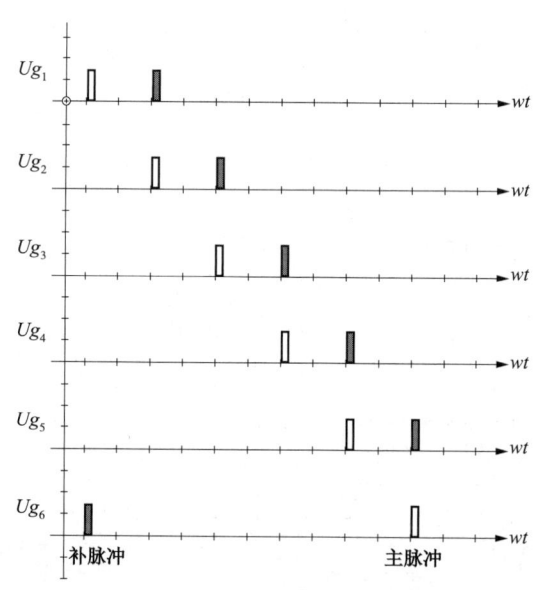

图 9-12 送至 6 只晶闸管的触发脉冲

$Ug_1 = (U+) + (W-)$，$Ug_2 = (V+) + (U-)$，$Ug_3 = (W+) + (V-)$

$Ug_4 = (U-) + (W+)$，$Ug_5 = (W+) + (V-)$，$Ug_6 = (V-) + (U+)$

②双窄脉冲分配输出。从移相触发电路原理得知，在一个周期中驱动一只晶闸管，先后使用了2个脉冲，其中"主脉冲"用于防止已导通的晶闸管意外关断，为什么会出现意外关断的情况呢？

以上桥臂的某只晶闸管为例，从它换相开通（由"主脉冲"触发）时算起，60°后，下桥臂必然会出现晶闸管换向，在此换向期间，可能会出现电流急剧减小，甚至断流的现象，致使上桥臂晶闸管意外关断（它本应该再工作60°），因此，需要增加一个"补脉冲"以防止意外关断。以此类推，每个晶闸管都存在同样的问题，所以采用双窄脉冲输出的设计对提高系统可靠性非常必要。

3. 触发电路测绘

测试1 电源同步信号的测试

①使用双踪示波器，对同步变压器的同步信号和输入KC04的同步信号同时进行测试。

②仔细判读显示波形，并完成测试记录。

③将电容更换为2μF重复②的测量，并完成测试记录。

测试2 脉冲移相调试

RP1：U相斜率电位器、RP2：V相斜率电位器、RP3：W相斜率电位器、RP4：初相角电位器

S1：U相斜率值、S2：U相斜率值、S3：W相斜率值、S4：偏置电压值

①触发电路板CFD初相角及斜率均衡独立调试：

a. 调节电位器RP1、RP2、RP3，并测量各测试点S1、S2、S3电压均为直流电压6V；

b. 调节电位器RP4，使得S4偏置电压值为−6V；

c. 用双踪示波器观察各相同步电压和相应的KC04的①脚，确定脉冲移相角为120°；

d. 用万用表测量整流电压，这时应当是0V。

②触发电路CFD独立移相测试

U_k的加入，与偏置电压同时作用于三只KC04的脉冲形成环节，使得脉冲的移相角由120°开始减小，脉冲左移，晶闸管开通提前，输出电压上升。

调试及观察

①缓慢调节直流稳压电源的输出，使输出电压在0至10V范围变化，用万用表观察整流电压的变化，同时用示波器观察各相KC04的①脚输出波形；

②反复上述过程，完成数据的记录；

③CFD与调节板TJB联合调试。

调试目标

确定系统最小移相角,即确定系统最大输出整流电压。原则是当给定电压 U_g 达到最大值时,调压柜的晶闸管触发角 α 不小于 $0°$,此时调速系统的输出直流电压达到最大值。

注意:$U_g \neq U_k$。U_g 位于控制面板,即 $206^\#$ 给定电压,U_k 来自于调节板 TJB,由位于 TJB 面板上的 RP1 对 U_g 调节限幅后,送入触发板 CFD,如图 9-13 所示。

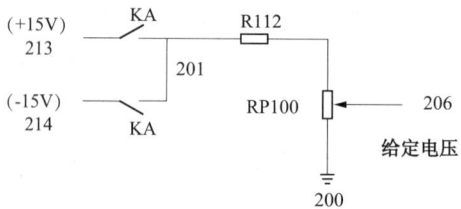

图 9-13 给定电压的产生电路

调试及观察

调节给定电位器,使 U_g 达到最大值,然后缓慢调节 RP1,观察 U_k、触发角 α、输出直流电压 U_d 之间的关系,并记录下来。

①此项调试的目的是什么?

②给定电压 U_g 调节与 RP1 限幅调节的区别在哪里?

三相触发电路输入、输出波形的调节

在纯电阻负载下,整流输出波形是均衡一致的,这表明了三组 6 只晶闸管的工作均匀交替进行,从而说明,6 只晶闸管的触发脉冲在时序、相位、波形、功率等诸多方面都符合设计要求;相反,如果触发脉冲在任何一个指标上出问题,最终都会反映到输出波形的变化。

测试 1 脉冲波形的定量测量

①分别对三只 KC04 输出的正负半周脉冲的波形进行测量;

②分别对六路经过"或"运算的脉冲波形进行测量;

③分别对六路经过功率放大后的脉冲波形进行测量;

④分别对六路经过变压器耦合的晶闸管门极触发脉冲的波形进行测量;

⑤比较几点的脉冲波形,如果产生变形,试说明其可能的原因及改善的方法。

测试 2 脉冲相位异常对直流波形的影响

①用双踪示波器分别观察输出直流波形和某相触发脉冲;

②微调该相触发脉冲 KC04 的锯齿波斜率;

③当主脉冲的相位发生变化时,输出直流波形发生相应的变化吗?什么变化?

测试 3 脉冲波形异常对直流波形的影响

①选择一路脉冲放大电路,在放大管的基极并联一个 0.1μF/50V 的电容器接地;

②用双踪示波器同时观察输出直流波形和该路晶闸管门极触发脉冲的波形;

③与正常的波形相比较,看看直流电压波形发生了什么变化?

④想想看,从该电路哪个环节取出信号进行波形的观察?如图 9-14 所示。

测试 4　触发脉冲对触发可靠性的影响

①选择一只晶闸管门极触发电路,在门极上串联 5.1kΩ/1W 的电阻;

②用双踪示波器观察输出直流波形;

③与正常波形比较,看看直流电压波形发生了什么变化?

④想想看,从该电路哪个环节取出信号进行波形的观察。

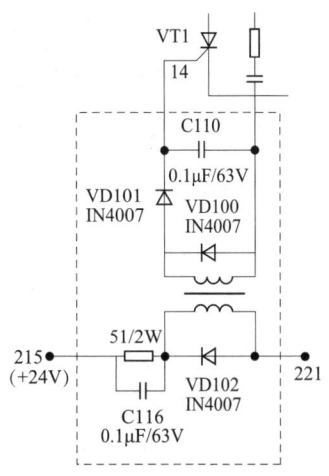

图 9-14　脉冲波形取出点

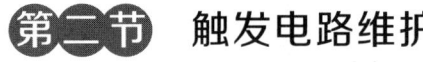 触发电路维护

任务目标

(1) 能熟练使用仪器、仪表及工具,会准备维修配件及材料。

(2) 能根据系统运行的异常现象,判断触发电路板是否存在故障。

(3) 能根据故障现象,分析故障原因,准确查找出故障点。

(4) 能排除故障,保证系统正常运行。

任务引入与分析

电气设备在使用过程中出现故障几乎是不可避免的事情,一般来讲,设备越复杂,出现故障的概率也越大。就故障的原因来讲主要有以下几个方面:一是设计原因,设计时某些电路设计富余量不足,环境因素变化考虑不周,错容设计不够等;二是工艺问题,元器件选择不当,生产加工工艺粗糙落后等;三是使用操作不当,使用者不严格按照操作规程违规操作,包括超过额定参数使用,安全不符合要求等;四是设备老化,虽然半导体器件的老化失效时间较长,但其他器件,特别是接插件、导线、线路板,以及长期工作在高电压大电流状况下的阻容感器件，其老化失效率是比较高的。

在列举的这套典型直流调速设备中，触发电路板主要属于弱电电路，其故障率本身并不高，但是，一方面其信号输入、输出仍然与强电相关联，容易受到来自强电电路的干扰和影响；另一方面，触发电路板与其他电路板存在信号上的联系和调试设定参数的联系，因此有可能造成调试、设定失当而引发设备故障；另外触发电路板使用较多的电位器作为调试手段，实际上这种老式电位器的故障是比较高的，而且老化失效率也较高，这些都容易使设备出现故障。

实际工作中，碰到的同类设备的故障会千奇百怪，一个原因可能造成多种故障现象，而一种故障现象又有可能是多种原因所致，所以说排除设备故障，妥善地维护好设备，使之长期处于良好的运行状态是一件技术含量很高的工作，这需要对设备性能和原理的理解、需要经验的积累、需要正确的思路和方法。实践证明，排除故障的技能和技巧是可以通过训练加以学习和提高的。

故障1 电压负反馈单闭环直流调速系统在运行过程中出现电动机转速被动现象。经检查确认故障区域在触发电路板上。

故障2 电压负反馈单闭环直流调速系统，输出电压不能在规定范围内有效调解。经检查确认故障区域在触发电路板上。

触发电路常见故障和原因，见表9–2。

表9–2 触发电路常见故障

序号	故障现象	故障原因分析	
		故障点	故障原因
1	没有相应的脉冲出现，U_d波形缺波头	VD13，VD15，VD7，VD9，VD1，VD3中出现断开或极性装反	二极管损坏或装接工艺错误
2	U_{t5}不导通，U_d电压低，为正常的2/3左右	VD8断开或极性装反	二极管损坏或装接工艺错误
3	T5不导通，U_{g5}未输出，U_{t3}未导通	R40电阻阻值不符合要求	电阻选用错误，或者装接工艺不符合要求
4	缺少某相脉冲，U_d低	VD17，VD11，VD5中出现断开或极性装反	二极管损坏或装接工艺错误
		U_{ta}，U_{tb}，U_{tc}某相同步电压缺失	同步信号输入回路出现故障
		确定的某相脉冲通道故障	KC04损坏，或者相应的电路通道故障

续表

序号	故障现象	故障原因分析	
		故障点	故障原因
5	相序不正确，电压在小范围内可调，且波动	U_{ta}，U_{tb}，U_{tc}同步输入线序错误	装接工艺错误

操作1　直观法，检查触发电路板。

①断开电源，抽出触发电路板仔细观察、询问故障发生时产生的声、光、味等异常现象，初步确定故障范围。

②接通+15V电源和三相同步信号，若没有脉冲输出，则说明触发电路工作异常。

操作2　参数检测法，将触发电路参数检测值填入表9-3。

触发电路参数检测时的电源设置方法：

①离线检测。接通15V电源和三相同步信号。

②在线检测。电源板、调节板应正常工作，闭合控制电路。

习题与思考题

1. 晶闸管对触发脉冲的基本要求。

2. 脉冲的主要技术参数。

3. 二极管、三极管的频率特性：

（1）触发电路为什么需要电压同步信号？

（2）晶闸管采用双脉冲控制的必要性是什么？

（3）在该系统中，脉冲的耦合方式可以采用其他什么方式代替吗？

（4）KC04内部分为几大功能电路？说明各部分的作用。

（5）描述"同步"的含义，并说明KC04如何实现与三相交流的同步？

（6）描述锯齿波环节的作用和形成原理。

（7）描述移相环节是如何实现移相的，与之相关的外围元器件有哪些？

（8）描述脉冲形成环节必须考虑的几个问题，为什么？

（9）可以通过调节哪几个元件参数实现对脉冲宽度的调节？

4. 同步信号输入设置阻容滤波环节的作用是什么？

（1）如果S1、S2、S3电压均为直流电压6V，S4偏置电压为-6V，但输出直流电压不为0，可能原因是什么？应当怎样解决？

（2）单独调节如果三相脉冲不全是120°，该怎样解决？

（3）如何合理取出？在什么电路中取出该信号？

（4）R、L、C所构成的电路的频率特性是什么？

5. 根据本系统对触发电路的技术要求，设计无耦合变压器的触发电路，并要求编写以下详细技术文件：

（1）触发电路板设计说明书。

（2）触发电路原理图。

（3）触发电路板印制电路图。

学生在教师指导下，利用计算机网络、图书资料查阅电子电路设计资料，完成触发电路板产品设计。

第十章 保护电路调试与维护

项目引入

以晶闸管为主体构成的电气电子设备,需要对设备以及晶闸管设置妥善的保护,晶闸管直流调速系统也不例外,这是因为在实际应用中常常会出现以下一些问题:

①存在很多突然变化的外部因素,可能对设备的运行造成严重影响甚至损毁,如雷击、电源异常(大幅度的电压波动、三相交流缺相等)、严重的电源尖峰干扰等。

②晶闸管是系统的重要部件,因其采用半导体工艺制成,在电路中实现功率变流的功能,又工作在开关状态,所以极易受到损毁,必须对其进行专门的保护,甚至可以说大部分的保护措施是针对晶闸管的。比如,在各种仪表指示均正常时,晶闸管却意外损毁,系统工作异常等。

③防止因人员误操作或操作不当而造成系统和电动机故障甚至损毁。比如,与电动和负载不匹配的设定。

④电动机或负载出现异常情况和发生故障时,为防止故障扩大,必须及时采取措施。比如,负载剧烈波动可能造成的飞车和堵转。

所以,如果没有较完善的保护措施,调速系统就不可能长期、安全地运行。

项目要求

(1)能够读懂直流调速系统中几种保护电路的原理图。

(2)了解直流调速系统中几种保护电路的功能。

(3)能够进行直流调速系统几种保护电路的测绘,并绘出其原理图。

(4)掌握几种保护电路的调试和维护的基本方法。

(5)能够正确使用测量仪器、仪表,检修保护电路。

根据保护电路调试和维护工作需要,将保护电路调试与维护教学项目分为2个工作任务来实施:

任务1 保护电路调试

任务2 保护电路维护

第一节 保护电路调试

任务目标

(1) 能读懂保护电路原理图。

(2) 分析保护电路工作原理。

(3) 能进行保护电路原理图的测绘及保护电路的调试。

(4) 能够正确使用测量仪器、仪表。

任务引入与分析

保护电路的作用是指当系统内部、外部出现异常或者故障时,保护电路能及时地进行缓冲或动作,以避免器件的损坏和故障的扩大,最终达到保护系统内、外部设备安全的目的。

1. 系统内、外部异常或故障的主要表现形式

(1) 过电压

通常是指超过正常工作时晶闸管所能承受的最大峰值电压,或者是超过系统各部分所设计的额定电压。

(2) 过电流

通常是指超过正常工作时流过晶闸管的电流,或者是指超过系统所设计的最大输出电流和设定电流。

(3) 电压、电流上升率(du/dt,di/dt)

这是专门针对晶闸管提出的概念,是与晶闸管的相关参数直接对应的,其表现为晶闸管的误导通和性能下降直至损毁。

2. 保护装置的动作及结果

依据异常及故障的严重性,保护装置的动作主要有以下3种。

①异常情况出现时没有可见的动作,但只要保护电路及元器件不损坏,就能在一定范围内为系统和晶闸管提供保护,而且,保护动作持续存在。比如,对电源尖峰电压的吸收;对晶闸管通断转换的缓冲等。

②以电路控制或调节的方式应对异常情况和较轻故障,一旦异常和故障消失,系统自行恢

复到正常运行状态,或重新启动系统后恢复到正常运行状态。比如过电流保护中的"电流截止型保护"、"电动机零速封锁保护"、"缺相保护"等。

③当出现极端的异常情况或设备严重故障时,特别是当其他保护措施失效时,则应采取不能自行恢复的、迅速的保护动作。出现这种保护动作后,设备需经修复后方能正常运行。比如"快速熔断器保护",这类保护通常作为设备保护的最后一道防线,其特点是迅速、简单、可靠,以此防止故障的扩大和危及人身安全。

总之,针对不同的故障通常采用不同的保护动作,并且会在一个系统中联合使用多种、多重的保护,最终达到使系统高效、安全、可靠工作的目的。

根据典型直流调速系统的结构特点,在本项目的任务1中需要完成以下5个子任务:

①学习晶闸管保护电路、过流保护电路、缺相保护电路的工作原理。

②晶闸管保护电路、过流保护电路、缺相保护电路的测绘,能熟练使用测绘仪器、工具,绘制该电路的制作工艺图样,会编制工艺文件。

③晶闸管保护电路的调试。

④过流保护电路的调试。

⑤缺相保护电路的调试。

任务实施一

1. 保护电路工作原理的分析

晶闸管保护电路如图10-1所示。

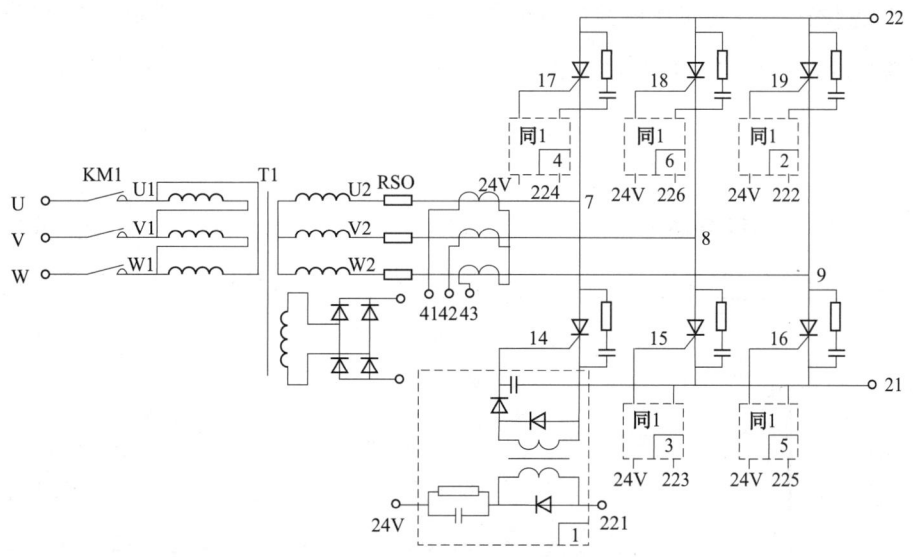

图10-1 晶闸管保护电路(主电路图局部)

这里所说的晶闸管保护是指直接的保护，其实就整个系统而言，保护电路主要是围绕晶闸管来设计的，其次才考虑电动机和系统的其他部件的保护，因此这里只讨论晶闸管直接保护电路。

晶闸管直接受到的威胁主要是过电压、过电流及电压电流上升率（即 du/dt，di/dt）。关于这几个概念，有必要做如下说明。

由于系统内外存在很多电抗器和电容，而且，晶闸管总是工作在开关状态，因此，即使系统内、外部没有出现异常或故障，系统内部也会出现过电压、过电流和 du/dt、di/dt 过大的现象。换句话讲，在类似的系统中，必须设置多重保护环节对此 3 种危害进行有效的抑制、限制、吸收和缓冲，使之不至于危害晶闸管的安全和系统的稳定工作。

过电压未必造成过电流才能形成对系统的危害，而正常的电压下也会出现过电流，因此，不要误认为过电压和过电流之间一定存在必然的联系，有时它们之间是完全独立存在的，是独立危害系统。

过大的电压、电流上升率这个概念强调的是速率，比如 $500V/\mu s$，$200A/\mu s$，因为持续时间极为短暂，所以电压或电流的最终数值可能小于 $500V$ 或 $200A$，换言之，电压、电流的数值完全在额定电压电流范围内，但如果不加以防范则可能对晶闸管和系统造成危害。

以上概念的意义更多的是针对半导体器件而言的，而造成半导体损毁的原因主要有三种，即 PN 结击穿（电压击穿）、半导体局部损毁（不能及时扩散激增电流所致）、热损毁（超过管芯功率耗散值，导致温度上升从而破坏半导体结构）。

典型的直流调速系统的晶闸管保护电路由两部分组成，如图 10-1 所示，一部分是由分别接入交流侧的三只快速熔断器组成过电流保护电路；另一部分是紧靠每只晶闸管的阻容缓冲电路组成，起到防止开关过电压和过高的电压电流上升速率（即 du/dt，di/dt）的作用。

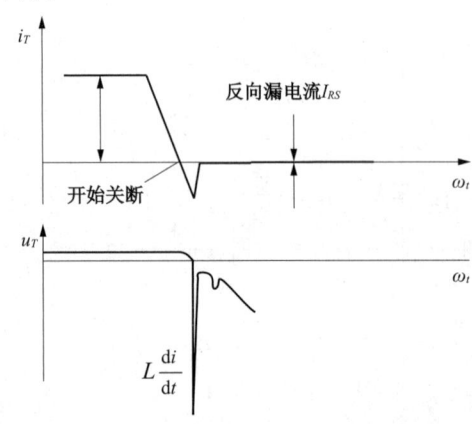

图 10-2　晶闸管关断时的电流、电压波形

晶闸管在正常的工作状态下，由于负载或系统电路中电感的存在，使得晶闸管在开通、关断转换期间，会产生较大的反向尖脉冲。这些尖脉冲会对晶闸管造成极大的威胁，如图 10-2 所示。

电容器作用是抑制电压的上升速率，电阻器的作用是消耗脉冲能量和防止电容器与电感形成 LC 振荡。在实际工作中，电容器和电阻器的取值存在一个合理的搭配关系，见表 10-1。

表 10-1 晶闸管保护缓冲电路参数

晶闸管额定电流/A	1000	500	200	100	50	20	10
电容/μF	2	1	0.5	0.25	0.2	0.15	0.1
电阻/Ω	2	5	10	20	40	80	100

快速熔断器是作为短路保护使用的，也是过电流保护的最后防线，接在交流侧输入端，这种接法能够对元件短路和直流侧短路起到保护作用，由于在正常工作时，流过快速熔断器的电流有效值大于流过晶闸管的电流有效值，故应选择额定电流较大的快速熔断器。选取方法：

①快速熔断器的额定电压大于线路正常工作电压的有效值。

②熔断器的额定电流应大于或等于熔体电流。

③ $1.57 I_{TA} > I_{FU} > I_{TM}$

式中 I_{TA}——流过晶闸管额定有效值电流；

I_{FU}——熔体的额定电流（有效值）；

I_{TM}——流过晶闸管的平均电流。

2. 过电流保护电路工作原理

（1）电流取样

取样电路在主电路交流二次侧，通过三相交流互感器，分别取出流过主电路的三相电流，并通过 41#、42#、43# 信号线，送入调节板 TJB。

对于全控整流电路，整流输出的电流平均值 = 负载电流平均值，可采用交流互感器直接从整流输入端取样；但对于半控整流，这种方式则误差较大，半控整流为防止晶闸管失控，必须在直流端并接续流二极管，当移相控制角 $\alpha > 90°$ 时，整流输出的电流平均值 ≠ 负载电流平均值，因此必须靠近负载端进行电流取样。

电流互感器在原理上相当于一个升压变压器，为防止出现高压，输出端不允许开路，所以在电路中设计添加了一个并联电阻，如图 10-3 所示。

（2）取样电路的变换及处理

通过交流互感器取样得到的信号送入调节板（TJB），经三相全波整流后获得与主电路直流基本呈线性关系的 $+U_{fi}$ 和 $-U_{fi}$，而后进入调节环节，C18、R38 与 C19、R39 组成简易滤波电路，并对称接地，得到随主电路电流变化的一对直流电压信号 $+U_{fi}$ 和 $-U_{fi}$。其中，$+U_{fi}$ 用于电流截止负反馈，$-U_{fi}$ 用于过流值整定电路，如图 10-4 所示。

电流截止负反馈电路原理如图 10-5 所示。

$+U_{fi}$ 经电位器 RP3 调节反馈强度后，整定值 U_i 为稳压二极管的稳压值。

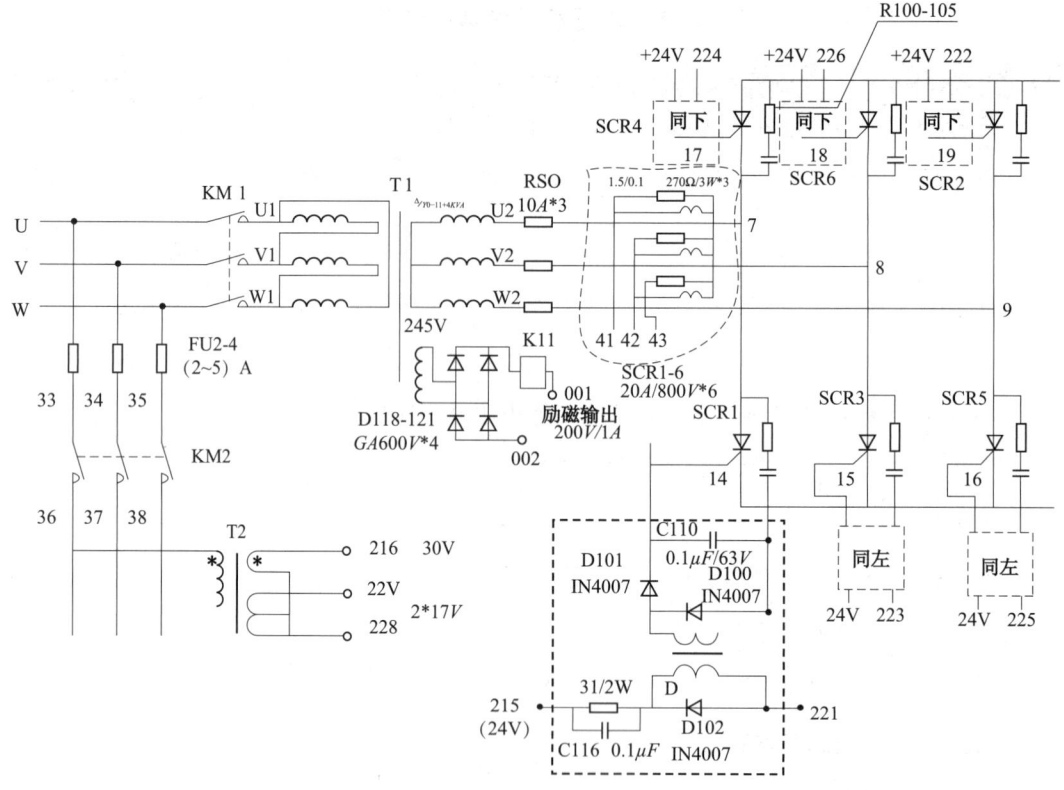

图 10-3 主电路图（局部）

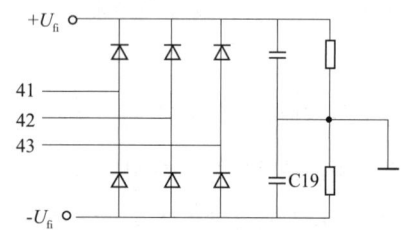

图 10-4 交流信号变换电路（TJB 局部）

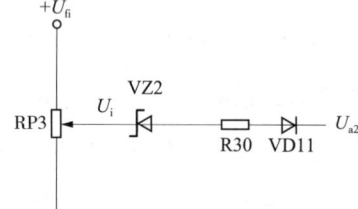

图 10-5 电流截止负反馈电路原理

当主电路正常工作时，U_i 小于 VZ2 的稳压值，稳压管不会被击穿，$U_{a2}=0V$。此时电流反馈信号电压对电路没有任何影响；当 U_i 大于 VZ2 +0.7V 时，$U_{a2}>0V$，此信号与给定积分器的输出信号和低速封锁电路的输出信号 U_{fu} 在线性积分电路的输出端叠加，使 U_k 值减小，从而使输出电压变低，负载电流不再上升，如图 10-6 所示。

3. 过电流保护的优点

一方面可以实施过电流的保护，以防损坏晶闸管和电动机；另一方面是电动机获得挖土机特性，即当负载电流 $I<1.25I_e$ 时，电流截止负反馈不影响电路，使得拖动系统迅速克服负载转矩的波动；当 $I<1.25I_e$ 时，由于反馈的作用使电动机电枢两端电压下降，有效地进行过载保护，而当负载转矩减小后还可以自动恢复正常进行。

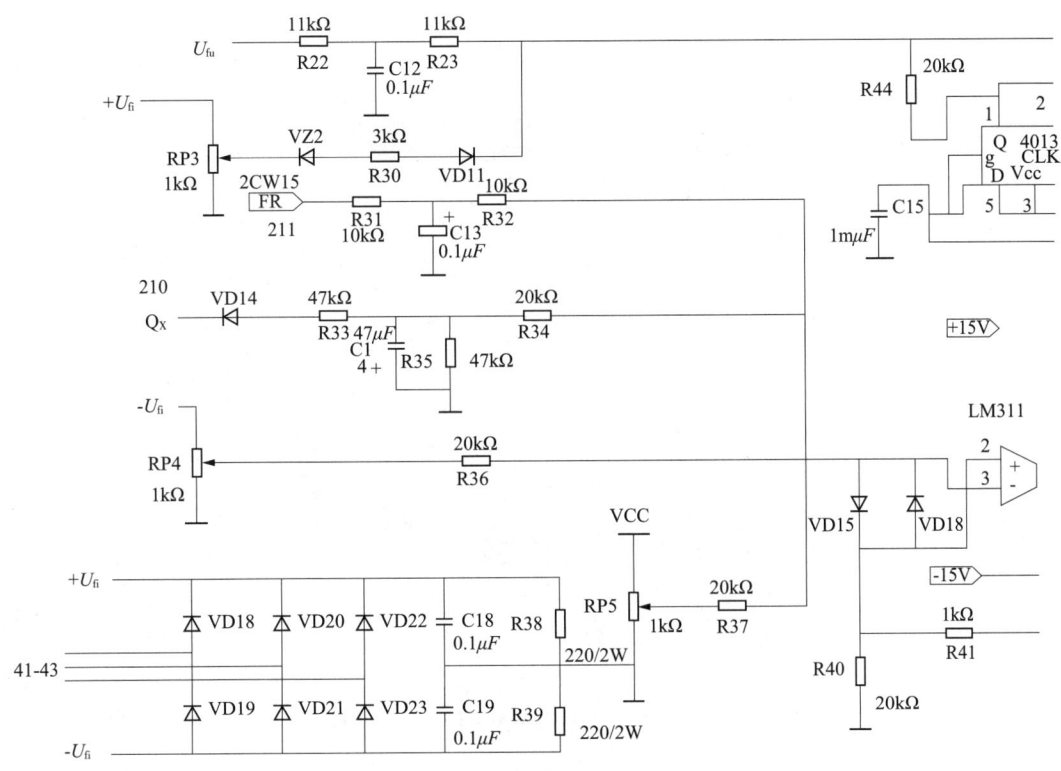

图 10-6 电流截止负反馈电路原理

电动机获得挖土机特性的实质是，在一定范围内利用电路和电动机的过载能力，当负载加重转速降低时，尽量保持或加大转矩输出，在克服负载转矩后，重新拉起转速，进入正常工况，类似于挖土机将挖斗装满土，并发力挖起的工作状态。

4. 缺相检测及保护

当三相交流如采用 Y 形联结，当发生缺相时就会出现零序电流，通常利用此特性来检测缺相的发生，如图 10-7 所示。

$7^\#$，$8^\#$，$9^\#$ 为主变压器输出，通过电容分压（耦合），并形成 Y 形，使用隔离变压器 T3 隔离高压，变压器 T3 一次侧与主变压器中性点相连，当出现缺相时，将会有零序电流流过变压器 T3 一次侧，在变压器 T3 二次测感应出电压，送入调节板（TJB），形成缺相信号 Q_x。

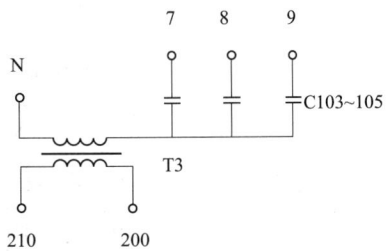

图 10-7 缺相保护原理图

缺相信号 Q_x $210^\#$ 送入调节板（TJB）$200^\#$，接 TJB 地，经过检波、滤波后得到直流检测信号，与其他信号叠加进入滞环比较器，如图 10-8 所示。

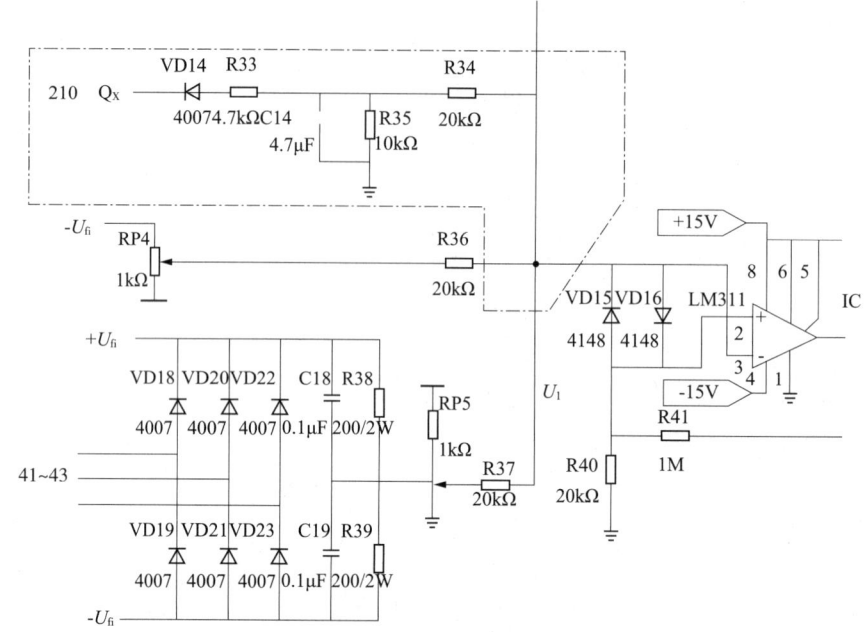

图 10-8 缺相保护原理图-信号输入 TJB

缺相保护电路板投入运行后，在缺相发生时，检测缺相信号 Q_x，经检波滤波后得到直流检测信号，与其他控制信号叠加进入 TJB 迟滞比较器，使保护电路动作，主回路交流接触器线圈失电，从而切断主电源，并发出报警，保护晶闸管和负载不致受到损坏。工艺要求是，变压器具有良好的电气隔离性能，使高低压线路完全隔离，同时，滤波电路能充分滤除高压主回路的各种尖峰干扰，三只耦合电容器容量、漏电特性应尽可能一致，以防误报警的发生。

5. 过流保护电路调试

测试 1 电流截止负反馈电路的测试

①该部分电路 RP3 位于 TJB 面板，同时设置了电压 U_i 观察点 S3，用以测量 RP3 输出电压，而反馈电路的输出 U_{a2}，则加入比例积分器（PI 调节器），并影响其输出 U_k。

②该电路用稳压二极管 VZ2 设置了一个电平门槛，当 U_i < VZ2 的稳压值时，$U_{a2} = 0$，此时电流反馈对电路没有任何影响，当 U_t > VZ2 + 0.7V 时 U_{a2} > 0V，此时电流反馈量加入到电路当中。

③反馈电路的作用。负载电流 I < $1.25I_e$ 时，电流截止负反馈不影响电路，当 I > $1.25I_e$ 时，由于反馈的作用使电动电枢两端电压下降，有效地进行过载保护，且当负载减小后还可以自动恢复正常进行。这就是通常说的，使电动机获得挖土机特性。

④显然，调节 RP3 输出电压 U_1 的大小，可改变允许的过载电流的大小。

测试 2　基准比较电位电路

基准比较电位电路如图 10 – 9 所示。

①该电路通过调节 RP5 可以获得一个合适的基准比较电压 U_1，且 $U_1 > 0$。

②这样做的目的是为电流取样信号确定一个零电位，方便与过流整定电路进行比较，以判定实际负载电流是否超过整定值。

测试 3　过流值整定电路

过流值整定电路原理如图 10 – 10 所示。

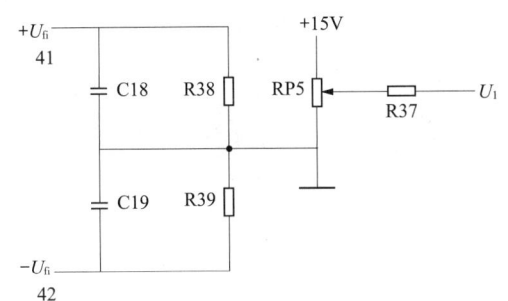

图 10 – 9　基准比较电位电路图　　　图 10 – 10　过流值整定电路

①将电流反馈信号 $-U_{fi}$ 通过 RP4 的调节可得到反馈信号 U_2，且 $U_2 < 0$，显然负载电流越大，U_2 数值也越大，当然是负电位。可通过 S4 观察此电位变化。

②$U_2 + U_1$ 在迟滞比较器输入端进行叠加运算，会出现两种结果：$U_2 + U_1 > 0$；$U_2 + U_1 < 0$。

③当 $U_2 + U_1 > 0$ 时，说明负载电流没有超过整定值，迟滞比较器输出不翻转；当 $U_2 + U_1 < 0$ 时，说明负载电流已经超过整定值，迟滞比较器输出翻转，并使 D 触发器状态翻转，继电保护晶闸管（2P4M，位于 TJB 内）导通，使得 K12 线圈得电，KM1 线圈失电。

④K12 – 1 常闭触头断开，主回路接触器的 KM1 线圈失电，主回路断开。

⑤同时 K12 – 2 常开触头闭合，故障指示灯点亮。

测试 4　过流值的整定和截流值的整定（带等效负载）

（1）过流值的整定

（RP5 的输出电压调到 6~7V）→（调节给定电位器，使输出电压达到 220V）→（减小等效负载阻值，负载电流增加）→（电流表指示电流值达到电枢额定电流值的 2.2 倍时，$I_d = 2.2I_e$）→（调整电位器 RP4）→（使保护电路动作，即切断主电路，故障指示灯亮）。

此时调节板上的电位器 RP4 的电压值为过流值的整定值。切断控制回路，将电阻箱的阻值复原。

（2）截流值的整定（即电流截止负反馈电路调整）

（反馈电位器 RP3 顺时针调到最大）→（调节给定电位器，使输出电压达到 220V）→（减小等效负载阻值，负载电流增加）→（电流表指示电流值达到电枢额定电流值的 1.5 倍时，$I_d = 1.5I_e$）→（RP3 逆时针调节）→（电压表数值开始减小时，停止调节电流截止负反馈电位器 RP3）→（再减小等效负载阻值）→（负载电流基本保持不变，而输出电压却在下降）。

截流值整定调试完毕。

6. 缺相保护电路的调试

测试 1 缺相保护电路的测试

（1）缺相保护信号电路（见图 10-11）

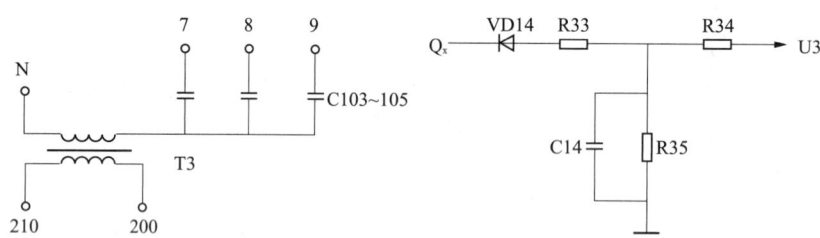

图 10-11 缺相保护的取样及变换

将缺相变压器的二次侧输出信号 Q_x 经二极管 VD14 的半波整流后，由 C14、R35 滤波得到反馈信号 U_3，且 $U_3 < 0$，约为 -14V。

（2）测试缺相保护信号

调试好所有电路，并用转接电缆接出 TJB 电路板；断开 R34；断开 C103～C105 中的任何一只电容器（人为制造缺相故障），测量缺相变压器一次电压、二次电压、保护信号输出波形和数值。

测试 2 缺相保护信号的处理

电路原理如图 10-12 所示。

三路信号在迟滞比较器输入端叠加：

当 $U_1 + U_2 + U_3 > 0$ 时，即 $U_1 > -(U_2 + U_3)$，比较器不翻转，保护电路不动作。

当 $U_1 + U_2 + U_3 < 0$ 时，即 $U_1 < -(U_2 + U_3)$，比较器翻转，保护电路动作，实际电路中 $U_2 + U_3$（过流、缺相）为负电压，当 $(U_2 + U_3) > 1V$ 时，保护电路动作，动作原理参见过流保护设定环节的说明。

迟滞环的抗干扰容限仅为 0.3V 左右，输入变化超过 0.3V 即呈现输出极性翻转。

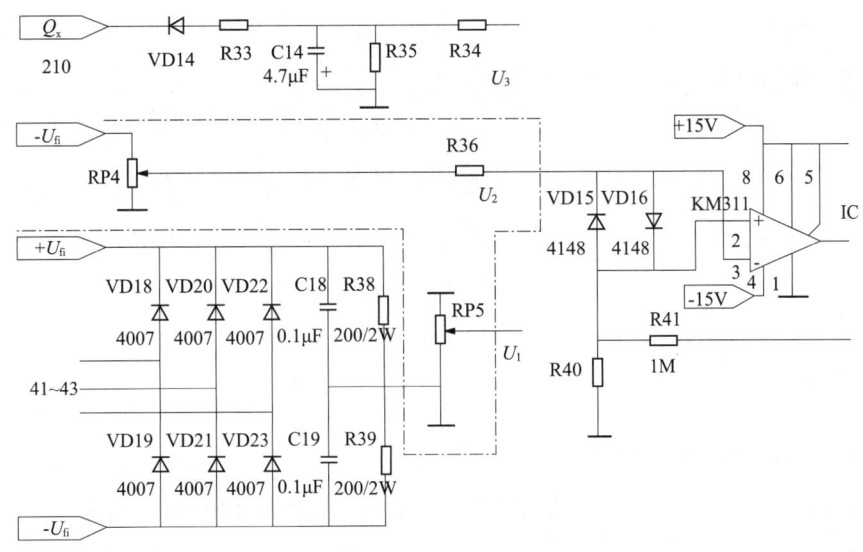

图 10 –12　缺相信号送入迟滞比较器（TJB 板局部）

第二节　保护电路维护

任务目标

（1）能熟练使用维修仪器、仪表及工具，正确准备维修配件及材料。

（2）能根据系统运行的异常现象，判断保护电路板是否存在故障。

（3）能根据故障现象分析故障原因，准确查找出故障点。

（4）能修复故障，保证系统正常运行。

任务引入与分析

保护电路在电气设备中的作用极其重要，可以说只要是电气设备，就会包含保护电路。就性质来讲，保护电路是一些简单电路，它能对系统的重要部件或重要电路提供保护，使之在出现下列情况时而免于造成损坏，如：误操作、工作环境的突然变化、负载的突然变化、部分关键电路意外失效等。人们希望保护电路能自动、及时地介入并干预系统，轻者，调整系统工况，克服并顺利度过意外情况；重者，立即停止系统工作，防止故障的扩大，减小损失。

对保护电路的基本要求是在正常情况下，不干预系统的工作，即不误报、不误动作；出现意外情况时，则能及时干预，不漏报、不漏动作，要达到基本要求，保护电路的参数设定和整定必须正确，保护电路必须无故障。

然而，保护电路也是电路，也是由一些基本元器件按照一定的工艺标准生产出来的，还需要操作人员对保护参数进行设定整定，所以保护电路本身出现故障，或者参数设定整定不合理也在所难免，本章节的基本任务就是排除保护电路出现的各种故障，以确保系统的安全工作。

任务实施

1. 查看故障现象，分析故障原因

故障1 电源供电正常，但出现缺相保护。经检查确认故障区域在保护电路。

故障2 电源供电正常，但输出电压不能上调到220V，超过即出现报警和跳闸现象，经检查确认故障区域在保护电路。

保护电路常见故障如表10-2所示。

表10-2 保护电路常见故障

序号	故障现象	故障原因分析	
		故障点	故障原因
1	通电即出现熔断器熔断	某相熔断器	熔断器规格选择不当
		系统或负载存在短路现象	电动机故障
			晶闸管出现击穿
			主回路存在短路现象
2	电源供电正常，但出现缺相保护	缺相耦合电容失效	存在严重漏电或击穿现象
		7#、8#、9#线中存在接触不良	装接工艺存在缺陷
3	电源供电正常，但输出电压不能上调到220V，或超过即出现报警和跳闸现象	过流值整定不正确	RP3调节不当
		截流值整定不正确	RP4调节不当
		基准电压值设置不当	RP5调节不当
4	空载运行正常，电压可调，带负载即跳闸、报警	过流值整定不正确	RP4调节不当
5	出现缺相，但没报警，也不能终止系统工作	R33、R34断开	烧坏或焊点脱焊
		VD04出现断路	VD04损坏

2. 修复故障，通电调试运行

操作 1 直观法。检查保护电路。

①断开电源，对调节板和前后配电盘仔细观察、询问故障发生时产生的声、光、味等异常现象，初步确定故障范围。

②接通主电源，即发生报警、跳闸现象则说明电路工作不正常。

操作 2 参数检测法。将保护电路参数检测值填入表 10-3 中。

在线检测：主电源及各个电路板工作正常，闭合控制电路。

表 10-3 保护电路故障参数检测记录表

序号	检测观察点名称	标准参数	实测 电压	实测 频率（kHz）	备注
1	缺相电压：对	30V			不缺相时为零
2	缺相信号：R33 两端	-14V			不缺相时为零
3	过电流保护基准电压 RP5 输出	7V			

操作 3 线路及器件处理与试运行

①通过观察、检测查出故障点。

②参照电子、电工产品装配工艺处理电路板，更换故障器件、清洗及烘干电路板；

③在线试运行。

a. 过流保护。将调节板内的 RP5 的输出电压调到 7V 左右，闭合各电路，加大负载，当电枢电流达到 2.2 倍额定电流（$I_d = 2.2 I_e$）后调整 TJB 的 RP4，对电路起保护作用。

b. 堵转电流调整。将调节板上的电流截止负反馈电位器 RP3 顺时针调到最大，逐渐加大给定使其到最大值（10V），加大负载，使电动机堵转，逐渐减小调节板上的电流截止负反馈电位器 RP3（逆时针），当电枢电流达到 $2.0 I_e$，堵转电流调试完毕，验证截止电流为 $(1.1 \sim 1.5) I_e$。

c. 缺相保护的测试。断开任意一根闭合电路，此时电路应直接处于保护状态。

习题与思考题

1. 简述常见高耐压电容器的种类及特性、大功率电阻器的种类及特性、熔断器的种类及规格。

2. 说出过流取样的各种方法及交流互感器的原理及特性。

3. 找出缺相检测的其他方法。

4. 简述其他晶闸管直接保护电路的形式和种类。
5. 描述各种保护电路的应用场合和特点。
6. 详细阐述保护电路原理并绘制原理图。
7. 缺相保护的实现原理是什么?
8. 过流保护电路与快速熔断器保护,在作用上有什么异同?如何整定保护电流值?
9. 详细论述"挖土机特性"是如何获得的?
10. "过流值"与"截流值"的含义有什么异同?

第十一章 隔离电路调试与维护

项目引入

直流电压隔离变换器是直流调速系统中电压负反馈环节的关键部件,是系统内核的安全"卫士"。在电压负反馈直流调速系统中,直流电压隔离电路能否可靠运行,直接关系到生产设备的安全。所以隔离电路调试与维护就成了直流调速控制系统设备维护的主要任务之一。

高精度金属切削机床(如龙门刨、龙门铣、轧辊磨床、立式车床等)、大型重机设备、轧钢机、矿井卷扬、城市电车等众多领域广泛采用直流电动机驱动。因此,直流调速系统的隔离电路调试与维护技能可应用到直流电动机驱动生产机械的任何领域。

项目要求

(1) 能够读懂电路原理图;
(2) 了解隔离电路的功能;
(3) 了解振荡电路的工作原理;
(4) 能够测绘电压隔离电路,并绘制出其原理图;
(5) 能够独立正确使用测量仪器、仪表,维护隔离电路。

项目内容

(1) 晶闸管直流调速系统的隔离电路工作原理分析;
(2) 隔离电路调试和维护。

项目实施

根据隔离电路调试和维护工作的需要,将隔离电路调试与维护教学项目分为两个工作任务来实施:

任务1 隔离电路调试
任务2 隔离电路维护

第一节 隔离电路调试

任务目标

（1）能够读懂隔离电路原理图。

（2）了解隔离电路的功能。

（3）能进行振荡环节和隔离环节电路的测绘，并绘出原理图。

（4）能进行振荡环节和隔离环节电路的调试，实现隔离电路的正常工作。

（5）能够正确的使用测量仪器、仪表。

任务引入与分析

在晶闸管直流调速系统中，电压负反馈信号一般取主回路中的直流电压。在大中容量系中主回路直流电压都在数百伏以上，而控制回路电压一般都在±15V。所以直流电压检测必须采取隔离措施，绝不允许把主电路的电压反馈信号直接送往调节器，必须通过直流电压隔离变换器取得电压反馈信号 u_{fu} 才能送控制回路，以保障人身和设备安全。采用直流电压隔离变换器 YG 检测电压的线路图如图 11-1 所示。

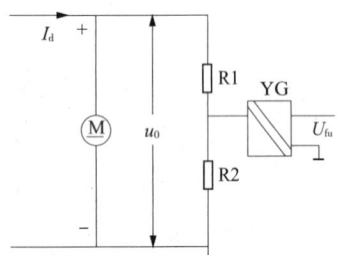

图 11-1 直流电压隔离变换器

根据电路结构，将直流电压隔离电路调试任务分成以下 3 个子任务：

①分析隔离电路工作原理。通过电路原理分析，能描述隔离环节电路和振荡环节电路的结构特点、功能及元器件作用。

②隔离电路测绘。能正确使用测绘仪器、工具，绘制隔离环节电路和振荡环节电路的制作工艺图样，会编制工艺文件。

③隔离电路调试。能熟练使用调试仪器、仪表及工具，调节、测试隔离环节和振荡环节电路参数，记录与分析个测试点参数与波形。

任务实施

1. 直流电压隔离变换器原理

直流电压隔离变换器 YG 是将其输入和输出在电路上隔开而又能正确地传递电压信号的装置。直流电压隔离变化器 YG 是用一个辅助交流电源，先把被测的直流电压调制成交流信号，利用变压器隔离和变换后,再解调成直流信号作为输出量,使输入和输出的直流信号的大小保持线性比例关系。

直流电压隔离变换器 YG,在晶闸管直流调速系统中是标准的控制单元插件,线路设计一般采用标准典型线路,如图 11-2 所示。

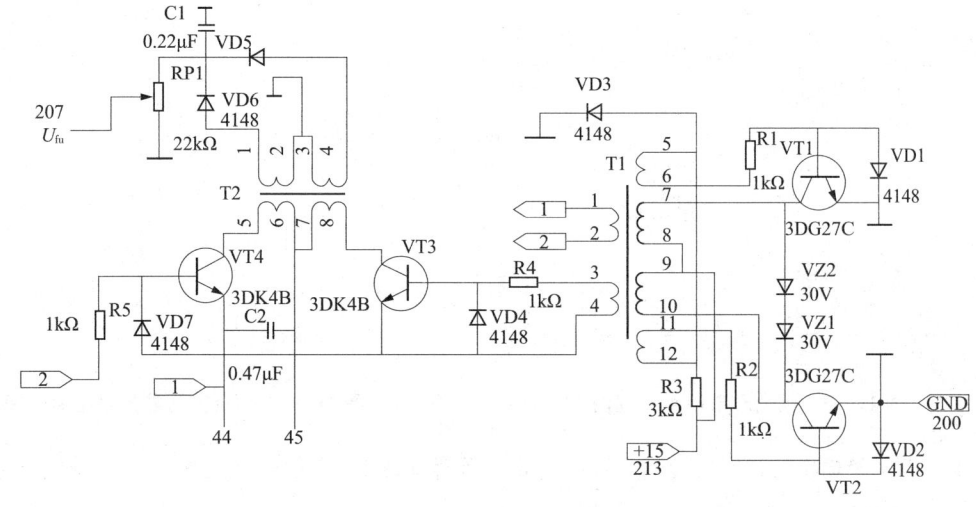

图 11-2 直流电压隔离变换器原理图

性能较好的直流电压隔离变换器,一般采用 1~2kHz 的方波辅助电源(高频方波发生器),提高方波频率是为了减小变压器体积,并能加快信号的反应速度。图 11-2 所示为 2kHz 方波发生器的直流电压隔离变换器。由于被检测的电压信号中常含有脉动分量,须加滤波,可选用不同参数的选频滤波器,但滤波时间常数不能选的太大,否则将使信号反应速度变慢。这一点需要注意。直流电压隔离变换器 YG 信号说明如表 11-1 所示。

表 11-1 直流电压隔离变换器 YG 信号说明

线号或元件号	连接	功能	YG 信号	备注
44~45	主电路直流分压电阻 R108	主电路直流电压分压值;电压负反馈信号	YG 输入信号	
207	单闭环调节板电压调节器	电压负反馈线 U_{fu}	YG 输出信号	
1~2	振荡电路正向输出端	辅助交流信号	振荡电路输出 2kHz 信号	初相为 0°
3~4	振荡电路反向输出端	辅助交流信号	振荡电路输出 2kHz 信号	初相 180°
T1				振荡变压器
T2				隔离变压器

2. 隔离环节电路原理

隔离环节电路如图 11-3 所示。将取自主电路的电压反馈信号 U_{fu}，接入直流电压隔离变换器的输入端，如图 11-3 所示，其中 45# 电位高于 44# 电位，即 45# 为正，44# 为负。振荡环节工作后，产生 2kHz 的方波，经振荡变压器 T1 输出送至隔离电路的调制控制端，其波形如图 11-4 所示。

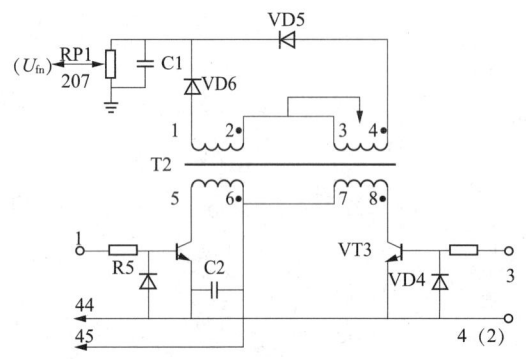
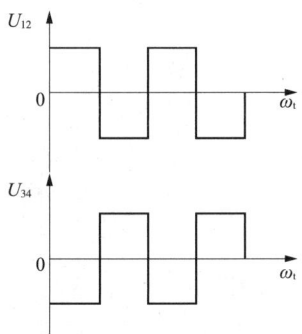

图 11-3　隔离环节电路原理图　　　　图 11-4　振荡变压器的输出波形图

①当 1#、2# 输出时，VT4 管饱和导通，此时隔离变压器 T2 的一次绕组 5#、6# 脚接通反馈电压，即 6# 正，5# 负，而二次侧 1#、2# 脚产生电压，2# 正，1# 负。

②当 3#、4# 输出时，VT3 管饱和导通，此时，隔离变压器 T2 的一次绕组 7#、8# 脚接通反馈电压，即 7# 正，8# 负，而二次侧 3#、4# 脚产生电压，3# 正，4# 负。

③经隔离变压器 T2，产生 2kHz 的信号，波形如图 11-4 所示，即将 45# 与 44# 的直流信号调制成 2kHz 交流信号，再经由 VD5、VD6 组成的全波整流电路整流成直流电压 U_{fu} 作为电压负反馈信号从 207# 输出。

（1）直流电压反馈信号的调制过程

主电路的直流电压反馈信号，经输入端进入电压隔离环节电路，晶体三极管 VT3、VT4 轮流截止、导通，将直流电压反馈信号调制成 2kHz 方波交流型号。

①写出晶体三极管 VT3、VT4 的工作过程。

②分析并画出晶体三极管 VT3、VT4 基极 b3、b4 的输入信号波形。

③分析并画出隔离变压器 T2 副边的输出信号波形。

（2）交流信号的解调过程

隔离变压器 T2 副边输出的 2kHz 方波信号，经晶体二极管 VD5、VD6 轮流导通，将其解调还原成直流电压信号，再经电压反馈调节电位器 RP1 分压，获得电压负反馈信号。

①写出晶体二极管 VD5，VD6 的工作过程；

②分析并画出解调器 VD5，VD6 的输入信号和输出信号波形。

3. 振荡环节电路原理

振荡环节电路如图 11-5 所示。

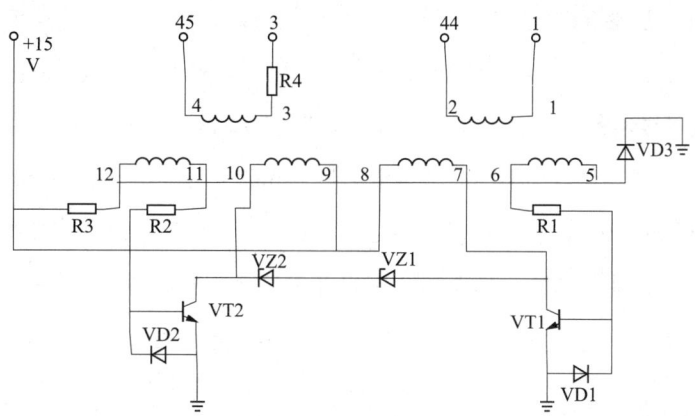

图 11-5 振荡电路原理图

振荡环节是直流电压隔离变换器 YG 内部交流辅助电源，产生频率为 2kHz 的方波信号，经振荡变压器 T1 副边绕组输出频率为 2kHz、相位相反的 2 个方波信号，作为隔离环节的调制信号，控制调制晶体三极管 VT3、VT4 轮流导通，将主动电路直流电压负反馈信号调制成方波交流信号。

振荡环节电路有 2 个对称的互感耦合式正反馈电路构成，振荡晶体三极管 VT1、VT2 特性相同，基极电阻 $R_1 = R_2 = 1\text{k}\Omega$，电阻 $R_3 = 3\text{k}\Omega$ 作为 VT1、VT2 共用的基极限流电阻，振荡变压器 T1 原边绕组（$5^\#$，$6^\#$）与（$11^\#$，$12^\#$）匝数相同、（$7^\#$，$8^\#$）与（$9^\#$，$10^\#$）匝数相同。稳压管 VZ1、VZ2 是控制晶体三极管 VT1、VT2 轮流导通的开关元件，当 VT1 或 VT2 的集电极电位约大于 $30\text{V} + 1\text{V} = 31\text{V}$（其中晶体三极管饱和压降与稳压管正向导通电压之和约为 1V）时，VT1、VT2 导通或截止交换。二极管 VD1、VD2 和 VD3 均为保护元件。振荡环节的等效电路图如图 11-6 所示。

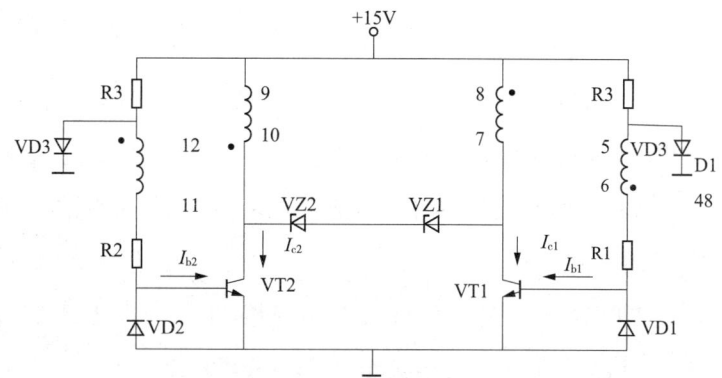

图 11-6 振荡环节等效电路

+15V 直流电源经振荡变压器 T1 一次绕组（9#，10#）加到晶体三极管 VT2 的集电极，经电阻 R3、振荡变压器 T1 一次绕组（12#，11#）和电阻 R2 加到晶体三极管 VT2 的基极；+15V 直流电源又经振荡变压器 T1 一次绕组（8#，7#）加到晶体三极管 VT1 的集电极，经电阻 R3、振荡变压器 T1 一次绕组（5#，6#）和电阻 R1 加到晶体三极管 VT1 的基极。因此，晶体三极管 VT1、VT2 同时具备导通条件。由于晶体三极管 VT1、VT2 的参数不完全一致，将导致其中一只晶体三极管优先导通工作。如 VT2 优先导通，则当 VT2 导通时，经振荡器变压器 T1 的互感耦合迫使 VT1 基极电位 U_{b1} 下降，使 VT1 向截止区转化；当 VT2 饱和时，晶体三极管 VT2 的饱和压降 $U_{ce2} \approx 0.3V$，则使稳压管 VZ2 两端电压超过 31V 而反向导通，此时振荡变压器 T1 一次绕组（7#，8#）的感应电势 e_L 方向改变，经 T1 互感耦合迫使 VT1 基极电位 U_{b1} 迅速上升，而使 VT1 导通，VT2 截止。

VT1、VT2 轮流导通，使振荡变压器 T1 一次绕组（7#，8#）和（9#，10#）轮流流过电流，绕组中的电流方向为从 8# 流入、7# 流出，9# 流入、10# 流出，而 8# 和 10# 为同名端，所以在振荡器变压器 T1 二次绕组（1#，2#）和（3#，4#）中产生相位互差 180°的调制方波信号，且频率均为 2kHz 左右。

振荡环节电路的工作过程：

晶体三极管 VT1、VT2 同时具备导通条件，开始工作时，VT1、VT2 的集电极电流，由于 VT1、VT2 的参数不可能完全一致，若 $I_{c1} < I_{c2}$，其中工作过程如下：

$$I_{c2}\uparrow \to T1 绕组(9^\#,10^\#)的感应电动势 e_L\uparrow \to u_{b2}\uparrow \to I_{b2}\uparrow$$

其正反馈过程使 VT2 迅速饱和，同时，

$$I_{c2}\uparrow \to T1 绕组（9^\#,10^\#）的感应电动势 e_L\uparrow \to u_{b1}\downarrow \to I_{b1}\downarrow \to I_{c1}$$
$$\uparrow\!\!-\!\!-\!\!- T1 绕组（7^\#,8^\#）的感应电势 e_L\!\!-\!\!-\!\!-\!\!\uparrow$$

其正反馈过程使 VT1 迅速截止。

VT1 截止、VT2 饱和时，稳压管 VZ2 两端电压超过 31V 而反向导通，振荡变压器 T1 绕组（7#，8#）的感应电势 e_L 突然改变方向，经 T1 互感耦合迫使 VT1 基极电位 U_{b1} 迅速上升，而使 VT1 导通，VT2 截止。VT1，VT2 轮流导通使电路产生振荡，其振荡频率 $f_0 = 2kHz$。

（1）交流调制信号的产生

晶体三极管 VT1、VT2 轮流导通或截止。振荡变压器 T1 的一次绕组（7#，8#）和（9#，10#）交替流过电流，使振荡变压器 T1 二次绕组（1#，2#）和（3#，4#）中产生相位互差 180°的方波调制信号。

（2）隔离电路应具备的条件

直流电压隔离变换器既能将主回路与控制回路在电路上隔开，又能正确地传递直流电压负反馈信号。因此，用振荡电路作为交流信号辅助电源，先把被测直流电压调制成交流信号，利用变压器隔离和变换后，再解调成直流信号送到电压调节器参与控制。所以直流电压隔离变换器必须具备以下条件：

①隔离变换器输入和输出直流信号保持线性关系；

②没有电压变换带来的纹波干扰；

③隔离变压器体积小。

为了使直流电压隔离变换器满足以上条件，利用方波信号作为调制信号，就能消除因电压变换带来的纹波干扰，同时保证了输入和输出直流信号的线性关系。另外采用较高频率的调制信号就能减小隔离变压器的体积。

按照直流电压隔离变换器的条件，通过振荡环节、隔离环节的离线调试和综合调试，校正电路各元器件参数、验证和正确地选择直流电压隔离变换器的元器件，实现以下目标：

①电压负反馈信号 $U_f = 0 \sim 10V$，可平滑调节。

②电压负反馈信号 U_f 无毛刺干扰。

③振荡环节输出相位互差180°方波信号，其频率 $f = 2kHz$，U_m 幅值 $= 3.3V$。

④电压负反馈信号 U_f 与主电路输出电压 U_0 成线性比例关系。

4. 电路调试操作

（1）振荡环节电路调试

在离线状态下，振荡环节（1#、2#）输出端与（3#、4#）输出端分别输出相位互差180°方波信号，其频率 $f = 2kHz$，幅值 $U_m = 3.3V$。

调试1 静态测试

振荡环节电路如图11-7所示。

①用导线将5#、6#端短接，11#、12#端短接。

②在213#、200#加上 +15V 直流电压。

③用万用表测试各点静态电位，并作出表11-2。

④描述 VT1、VT2 和 VZ1、VZ2 的工作状态。

调试2 动态调试

①保持 $R_1 = R_2 = 1k\Omega$，$R_3 = 3k\Omega$；

②关闭 +15V 电源，拆除5#、6#端短接线和11#、12#端短接线；

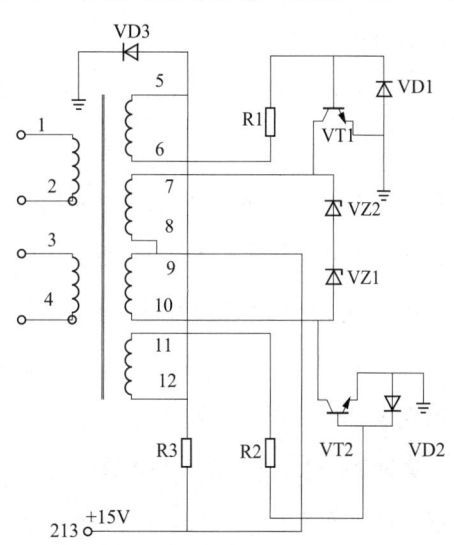

图11-7 振荡环节电路

③将+15V电源引入振荡电路,用示波器观察各点波形,并按比例将各点波形图绘制将电阻换为 $R_1 = R_2 = 0.5\text{k}\Omega$,$R_3 = 3\text{k}\Omega$,重复上述①、②步骤,并作出各点动态电位及波形图;

④再将电阻换为 $R_1 = R_2 = 1.5\text{k}\Omega$,$R_3 = 3\text{k}\Omega$,重复上述①,②步骤,并作出各点动态电位及波形图;

⑤分析上述三次调试,并描述观察到的波形的变化原因和理论依据,总结各观察点波形的变化规律。

(2) 隔离环节电路调试

隔离环节电路调试目标是:在离线状态下,电压负反馈信号 $U_f = 0 \sim 10\text{V}$,可平滑调节,而且无毛刺干扰。

调试1 静态测试

隔离环节电路如图 11-3 所示。

①将 1#端(VT4 基极输入回路)断开,3#端(VT3 基极输入回路)断开。

②在 44#、45#之间加上 5V 直流电压(45#端为正,44#端为负)。

③用万用表测试各点静态电位,描述 VT3、VT4 和 VD5、VD6 的工作状态。

调试2 动态调试

①保持振荡环节的 $R_1 = R_2 = 1\text{k}\Omega$,$R_3 = 3\text{k}\Omega$。恢复并接通1#端(VT4 基极输入回路)和3#端(VT3 基极输入回路)断开点。

②将+15V电源接入振荡电路,用示波器观察隔离环节电路各点波形,并按比例绘制各点波形图。在 44#、45#之间接上可调直流电源(45#端为正,44#端为负),从 0V 开始缓慢增加其电压值,用电压表观察 207#端电压的变化,并用示波器观察 207#端电压有无毛刺干扰,作出端动态电位及波形图。

③当 207#端电压 $U_{fn} = 10\text{V}$ 时,测试 44#,45#之间电压,并说明该电压值的作用。

④试分析 C1,C2 的作用;将 C1,C2 拆除,再次测试隔离环节各点动态电位及波形图,将观察到的波形与第一次测试结果进行对比。

⑤描述隔离环节电路各点波形的变化原因和理论依据,总结各观察点波形变化规律。

(3) 电压隔离电路综合调试

隔离电路综合调试目标是:电压负反馈信号 U_f 无毛刺干扰;电压负反馈信号 U_f 与主电路输出电压 U_0 成线性比例关系。

调试1 安装并检查系统接线,将直流调速装置配成为电压负反馈单闭环调速系统,检查并确认接线正确性,插入电源板和隔离板。

调试2 接通控制电路的主令开关 QS1,控制回路接触器 KM2 线圈得电,控制回路电源接通。

此时主电路尚未工作，44#与45#线无电压，而应有蜂鸣声，表示振荡变压器工作正常，2kHz方波已经产生。

调试3 接通主电路的主令开关QS2，主回路接触器KM1线圈得电，整流变压器T1得电，并将三相交流电送至晶闸管整流桥输入端。

调试4 确认给定电位器在零位，给定电压等于0V，按下给定回路启动按钮SB2，给定回路继电器KA线圈得电，给定回路电源接通。将反馈电压调节电位器RP1的动触头调整到中间位置，测量反馈信号U_f和系统输出电压U_0（此时$U_0 = 0V$，$U_f = 0V$）。

调试5 将给定电位器调节到最大值（$U_g = 10V$），再调整电压隔离板（YGD）上的反馈电压调节电位器RP1，使输出电压降低到负载需要的额定电压值（$U_e = 220V$）为止。

调试6 测量并调整反馈信号U_f和系统输出电压U_0；

调整给定电位器，给系统加入不同的给定信号时，用万用表测量输出电压与反馈信号，并用示波器观测反馈信号的毛刺干扰波形，填入表11-2中。

表11-2 反馈信号U_f与系统输出电压U_0的关系

序号	测试条件	输出电压U_0/V	反馈信号U_f/V	毛刺干扰波形图及原因
1	$U_g = 0V$			
2	$U_g = 1V$			
3	$U_g = 4V$			
4	$U_g = 6V$			
5	$U_g = 8V$			
6	$U_g = 10V$			

查阅常用数字式电压表的相关资料，分析直流数字电压表的工作原理，并写出技术文件。

第二节 隔离电路维护

任务目标

（1）能够熟练使用维修仪器、仪表及工具；会准备维修配件及材料。

（2）能够根据系统运行的异常现象，判断隔离电路板是否存在故障。

(3) 能够根据故障现象，分析故障原因，准确查找出故障点。

(4) 能修复故障，保证其系统正常运行。

任务引入与分析

直流电压隔离变换器其振荡环节电路由振荡变压器 T1，晶体三极管 VT1、VT2，稳压管 VZ1、VZ2，二极管 VD1、VD2、VD3 和电阻器 R1、R2、R3 等元件组成；其隔离环节电路由调制三极管 VT3、VT4，隔离变压器 T2，全波整流二极管 VD5、VD6，滤波电容 C1、C2 和负反馈电压调节电位器 RP1 等元件组成。振荡环节产生 2kHz 的方波信号加于调制三极管 VT3、VT4 的基极，控制 VT3、VT4 轮流导通，将主电路的 44#端、45#端（见图 11-8 电压反馈信号取样电路）送来的直流反馈电压信号调制成交流电压信号，经隔离变压器 T2 变压后，由解调二极管 VD5、VD6 完成全波整流变换成直流信号，为系统的调节电路提供电压负反馈信号。

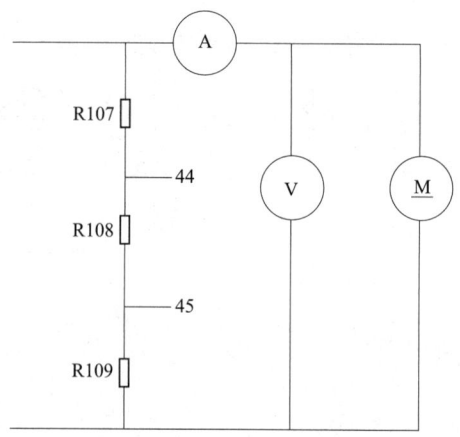

图 11-8　电压反馈信号取样电路

综上所述，电压隔离变换电路中任一环节或任一元器件出现故障，隔离板均无法正常工作，所以隔离电路的维护就成为为直流调速系统维护中的一个重要课题。

任务实施

1. 查看故障现象，分析故障原因

故障 1　电压负反馈单闭环直流调速系统在运行过程中出现电动机转速波动现象。经查确认故障区域在电压隔离电路板上。

故障 2　电压负反馈单闭环直流调速系统每次启动运行 5min 左右，出现电动机转速突然升高现象。经检查确认故障区域在电压隔离电路板上。

直流电压隔离变换器常见故障及原因，见表 11-3。

表 11-3 电压隔离变换器常见故障

序号	故障现象	故障原因分析	
		故障点	故障原因
1	振荡电路不工作，没有蜂鸣声	无 +15V 电源	电源板故障
			+15V 电源电路断开或焊点脱焊
		VT1 或 VT2 不工作	VT1 或 VT2 损坏
			VT1 或 VT2 的基极断开或焊点脱焊
			VD1 或 VD2 击穿短路
2	有蜂鸣声，但没有反馈电压输出	⑨，⑩ 脚反接	将 VT2 接成了负反馈电路，振荡环节不能工作
		⑪，⑫ 脚反接	
		⑦，⑧ 脚反接	将 VT1 接成了负反馈电路，振荡环节不能工作
		⑤，⑥ 脚反接	
3	反馈电压低一半	VD5 或 VD6 断开	整流电路只有一半工作，成为半波整流电路
		VT3 或 VT4 不工作	调制电压只有半个方波
		VD4 或 VD7 击穿短路	导致 VT3、VT4 不工作，调制电压只有半个方波
4	振荡电路正常，隔离电路不工作，没有反馈电压	44#，45# 端无直流电压输入	44# 或 45# 断开
			取样电路 R107 或 R108 断开
5	振荡电路正常，隔离电路正常，但没有反馈电压输出	VD5，VD6 断开	VD5，VD6 均烧坏或焊点脱焊
		RP1 断开	RP1 焊点脱焊

2. 修复故障，调试运行

操作 1 用直观法检查隔离电路板

①断开电源，抽出隔离电路板仔细观察、询问故障发生时产生的声、光、味等异常现象，初步确定故障范围。

②接通 +15V 电源，若没有蜂鸣声，则说明电路不工作。

操作 2 参数检测法。将隔离电路参数检测值填入表 11-4 中。

表 11-4 隔离电路故障参数检测记录表

序号	检测观察点名称	标准参数	实测 电压	实测 频率 kHz	波形图及说明	备注
1	电源电压 213#对 200#	+15V				
2	T1：1#端—2#端	~3.3V, 2kHZ				应为相位互差 180°的方波
3	T1：3#端—4#端	~3.3V, 2kHZ				
4	T2：1#端—4#端	电阻值 2.0Ω				检测条件：测电阻值时必须断开 +15V 电源
5	T2：5#端—8#端	电阻值 1.8Ω				电路正常时接通 +15V 电源就有蜂鸣声
6	T2：1#端—2#端	初相：0°				检测条件：在端可调直流电压
7	T2：3#端—4#端	初相：180°				
8	207#端电压	0V 至 10V				

隔离电路检测时电源设置方法：

①离线检测：在 213# 与 GND（200#）之间加 +15V 直流电压。

②在线检测：电源板正常工作，闭合控制电路。

操作 3 线路及器件处理与试运行

首先：离线实验。

①将 44#端与 45#端短接。

②接通 +15V 电源。

③若产生蜂鸣器，则表示振荡变压器工作正常，2kHz 方波已经产生。

在 44#端与 45#端之间接上可调直流电源（45#端为正、44#端为负），从 0V 开始缓慢增加其电压值，用电压表观察 207#端电压的变化，并用示波器观察 207#端电压。若已实现电压负反馈信号 U_f（207#端电压）无毛刺干扰，U_f 与 44#-45#可调直流电压成线性比例关系，则说明隔离电路已修复成功。

然后在线试运行。

习题与思考题

1. 分析各元件在隔离环节电路中的原理及功能。

(1) 描述晶体三极管 VT3、VT4 的工作状态，说明其功能。

(2) 描述晶体二极管 VD4、VD5、VD6、VD7 的工作状态，并说明其功能。

(3) 描述隔离变压器 T2 的工作原理，并说明其功能。

(4) 描述电位器 RP1 的工作原理，并说明其功能。

2. 描述电容器 C1、C2 的工作原理，并说明其工作原理。

(1) 为什么主电路与控制电路要进行隔离？

(2) 主电路与控制电路能否不用变压器进行隔离？

3. 拟定不用变压器的隔离电路方案，并进行可行性论证。

4. 分析各元件在振荡环节电路中的原理及功能。

(1) 描述晶体三极管 VT1、VT2 的工作状态，说明其功能。

(2) 描述稳压管 VZ1、VZ2 的工作状态，说明其功能。

(3) 描述晶体二极管 VD1、VD2、VD3 的工作状态，并说明其功能。

(4) 描述隔离变压器 T1 工作原理，并说明其功能。

(5) 描述电阻 R1、R2、R3、R4、R5 的作用。

5. 描述振荡环节电路原理，写出晶体三极管 VT1、VT2 工作过程。

(1) 分析并画出晶体三极管 VT1、VT2 基极电压信号 U_{b1} 的波形和集电极电压信号 U_{c1}、U_{c2} 的波形；

(2) 分析并画出稳压管 VZ1、VZ2 的电流波形和电压波形。

(3) 写出振荡变压器 T1 的结构特点；

(4) 画出振荡环节的输出信号波形，并说明其作用。

6. 分析选择 VT1、VT2 有哪些依据？选择 VT3、VT4 有哪些依据？如何选择 VZ1 和 VZ2？选择 VD1～VD7 的依据是什么？

第十二章　反馈电路调试与维护

项目引入

反馈在自动控制系统中起着非常关键的作用,它是自动控制的灵魂。在自动控制系统中,反馈环节相当于系统的"眼睛",能实时将实际输出量不断送回系统中与期望值做比较,从而使系统自动、及时地得以修正并趋于稳定。可以说正是由于反馈过程的存在,才使得自动控制成为可能。掌握反馈控制的思想、电路功能、调试及维护方法是直流调速系统的关键环节,必须认真领会。

在高精度数控机床(立式加工中心、卧式加工中心、高精度铣床、车床、磨床、镗床等)、高精度电动机伺服、电梯、城市电车等众多领域中广泛采用直流电动机驱动。因此,反馈电路可应用到直流电动机驱动生产机械的任何领域。

项目要求

(1) 能够读懂反馈电路的电路图。

(2) 了解电压负反馈环节、电流截止负反馈环节、转速负反馈环节电路的功能。

(3) 了解电流互感器的工作原理。

(4) 能够测绘各负反馈环节的电路,并绘出其电路图。

(5) 能够正确使用测量仪器、仪表,维护反馈电路。

项目内容

(1) 晶闸管直流调速系统的反馈电路工作原理的分析。

(2) 反馈电路调试和维护。

项目实施

根据反馈电路调试和维护工作需要,将反馈电路调试与维护教学项目分为两个工作任务来实施:

任务1　反馈电路调试

任务2　反馈电路维护

第一节　反馈电路调试

任务目标

(1) 能读懂各反馈电路的电路图。

(2) 了解各反馈电路的功能。

(3) 能进行各反馈环节电路的测绘,并绘出其电路图。

(4) 能进行各反馈环节电路的调试,实现反馈电路正常工作。

(5) 能够正确使用测量仪器、仪表。

任务引入与分析

在直流调速系统中,为了提高系统稳定性及控制精度,要求在外界负载或给定值发生变化时,系统能自动且快速地回到(或接近)原来的稳态值或跟随给定值稳定下来,即需要系统具有自动调节功能。其解决方法就是在系统中引入反馈与调节装置对参数进行实时监控和调整。闭环调速系统图如图12-1所示。

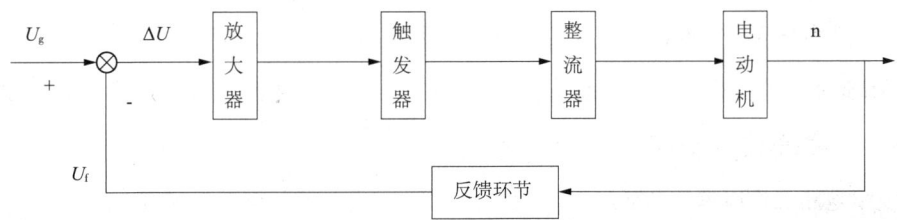

图12-1　闭环调速系统框图

本章主要介绍转速负反馈、电流截止负反馈、电压负反馈这三种调速系统中常用反馈方式的工作原理、测绘及调试方法。

根据电路结构,将反馈电路的调试工作分成以下3个子任务:

①分析反馈电路工作原理。通过电路原理分析,能描述电压负反馈、电流负反和转速负反馈环节电路的结构特点、功能及元器件作用。

②反馈电路测绘。能正确使用测绘仪器、工具,绘制电压负反馈、电流负反馈和转速负反馈环节电路的制作工艺图,会编制工艺文件。

③反馈电路调试。能熟练使用调试仪器、仪表及工具,调整、测试各反馈环节电路参数,记录与分析各测试点参数与波形。

调速系统从信号传递的路径来看,可分为两种,即开环调速系统和闭环调速系统。

控制量决定被控量,而被控量对控制量不能反施任何影响的调速系统称为开环调速系统,其系统框图如图12-2所示。

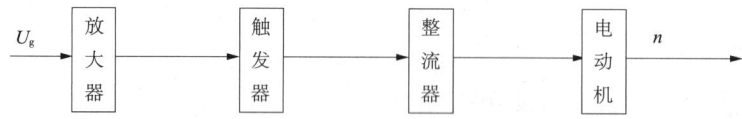

图12-2 开环调速系统框图

开环调速系统的显著特征是作用信号单方向传递。该系统给定一个输入电压 U_g,就对应一个转速 n,改变 U_g 就能调节调速 n,系统结构简单。但该系统缺乏自动调节用,输出量易受干扰而改变,系统不稳定且控制精度不高。

具有反馈的调速系统称为闭环调速系统,其系统框图如图12-1所示。

所谓反馈是指利用检测装置对被控量进行实时采样,并将变换后的检测参数 U_f 送回输入端与给定输入量 U_g 进行比较,用两者偏差 $\Delta U = U_g - U_f$ 来对系统进行自动控制修正(即偏差控制)的过程,偏差值控制是反馈控制的特点。反馈可分为负反馈和正反馈。负反馈是指输出信号与输入信号极性相反,使系统输出与系统目标的误差减小,系统趋于稳定;正反馈是指输出信号与输入信号极性相同,使系统偏差不断增大,使系统振荡,可以放大控制作用。显然,要提高直流调速系统的稳定性,应引入被控量的负反馈。

闭环调速系统可分为单闭环系统和多闭环系统。对调速指标要求不高的场合,采用单闭环系统,而对调速指标要求较高的则采用多闭环系统。

1. 反馈电路工作原理的分析

在自动控制中,被控量的负反馈可以用转速负反馈或电压负反馈等形式。要实现转速负反馈必须有转速检测装置,如测速发电机、数字测速的光电编码盘、电磁脉冲测速器等,其安装维护都比较麻烦。在调速指标要求不高的系统中,可采用更简单的电压负反馈来代替测速反馈。这是由于在电动机转速较高时，电动机转速近似与电枢端电压成正比，而检测电压显然比检测转速方便得多。电压负反馈环节系统框图如图 12-3 所示。

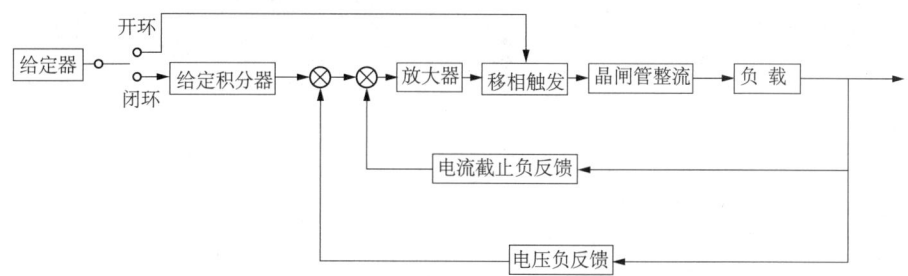

图 12-3 电压负反馈环节系统框图

①信号取出。典型直流调压柜采取的是电压并联负反馈，采样电压信号主回路的直流电压输出端经采样电路，在电阻 R108 上通过端口 44# 和 45# 取出。信号送入隔离板由直流电压隔离变换器进行变换隔离后，经隔离板电压反馈值调整电位器 RP1 的中心点输出给调节板 207# 端口作为电压反馈信号 U_{fn}。该系统各装置的接线如图 12-4 所示。

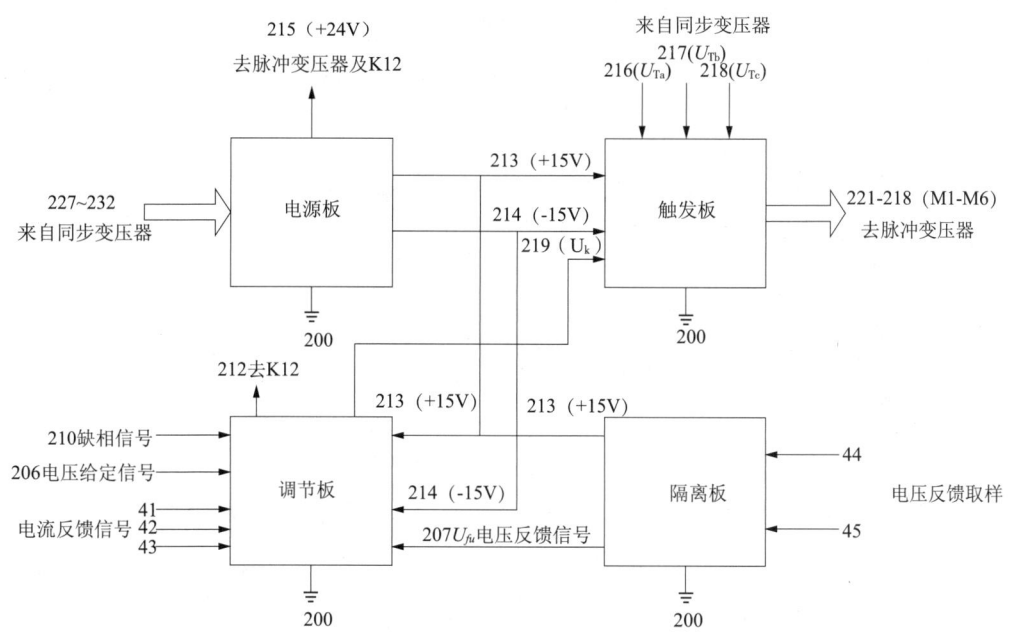

图 12-4 DSC-3 型直流调速系统各装置的接线图

②电压负反馈环节电路如图 12-5 所示。

③工作过程分析：电压反馈信号 U_{fn}（大于零的正值），经 RC 校正环节后，加至运算放大器 LM348 的 9 脚。给定信号 U_g 经过给定积分环节输出电压 U_g'，U_g' 与 U_{fu} 综合后作用于积分先行放大调节器。由于 $U_g' < 0$，$U_{fu} > 0$，U_g' 与 U_{fu} 极性相反，因此为负反馈。电压负反馈的作用是稳定转速，提高机械特性，加快过渡过程。图中，输出的电压为

$$U_k = -\left(U'_g \times \frac{R_{19}}{R_{16}+R_{17}} + U_{fu} \times \frac{R_{19}}{R_{22}+R_{23}}\right)$$

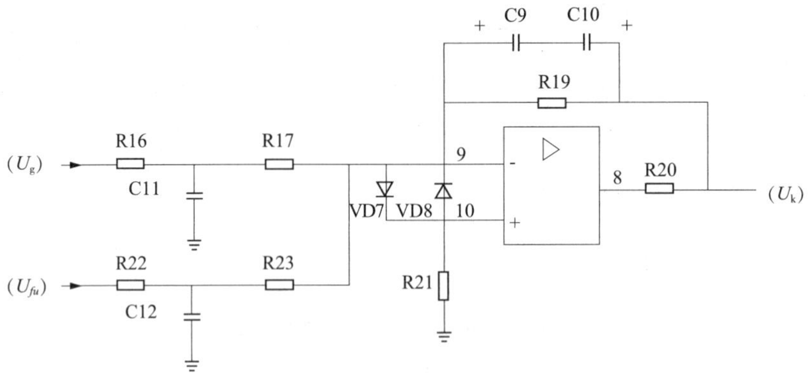

图 12-5 电压负反馈环节电路图

2. 集成运算放大器 LM348

LM348 是四运算集成电路，它采用 14 脚双列直插塑料封装（DIP-14），LM348 的引脚排列如图 12-6 所示。它的内部包含四组形式完全相同的运算放大器，除电源公用外，四组运放相互独立。

每一组运算放大器可用图 12-7 所示的符号来表示，它有 5 个引出脚，其"V_{i+}""V_{i-}"

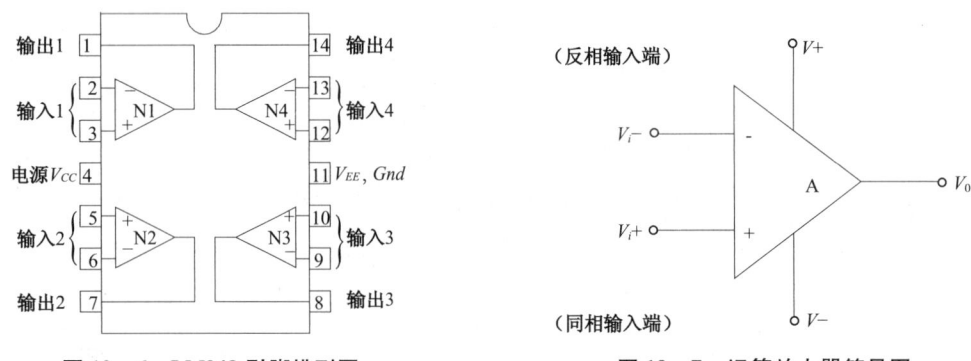

图 12-6 LM348 引脚排列图　　　　图 12-7 运算放大器符号图

为两个信号输入端，"V+""V-"为正、负电源端，"V_0"为输出端。两个信号输入端中，为反相输入端，表示运放输出端 V_0 的信号与该输入端的相位相反；V_{i+} 为同相输入端，表示运放输出端 V_0 的信号与该输入端的相位相同。

由于 LM348 四运放电路具有电源电压范围宽、静态功耗小、可单电源使用、价格低廉等优点，因此被广泛应用在各种电路中。

3. 电流截止负反馈环节电路原理分析

为了解决反馈闭环调速系统启动和堵转时电流过大的问题，系统中必须有自动限制电枢电流的环节。根据反馈控制原理，要维持哪一个物理量基本不变，就应该引入哪个物理量的负反馈。如引入电流负反馈,就应该保持电流基本不变,使其变化不超过允许值。但是,这种作用只应在启动和堵转时存在,在正常运行时又得取消,让电流自由地随着负载增减。这种当电流大到一定程度时才出现的电流负反馈,叫作电流截止负反馈,简称截流反馈。

直流调速系统中电流截止负反馈环节系统框图如图 12-3 所示。

①信号取出。电流截止负反馈信号取样环节电路如图 12-8 所示。该电路通过交流互感器在主电路的交流测将主电路电流信号经引脚（41#,42#,44#）以等比例电压信号方式取出,经三相桥式整流电路整流,将整流桥输出直流电压利用电阻进行分压,中心点接到零电位点,从而获得 $+U_{fi}$ 和 $-U_{fi}$ 两个信号。其中,$+U_{fi}$ 送入电路截止负反馈电路参与系统反馈调节,$-U_{fi}$ 送入系统过电流保护电路参与工作。

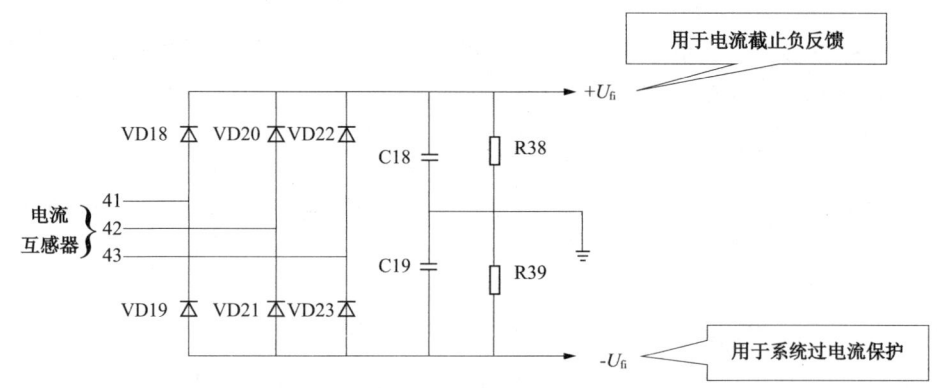

图 12-8　电流截止负反馈信号取样环节电路图

②原理分析。电流截止负反馈环节电路如图 12-9 所示。

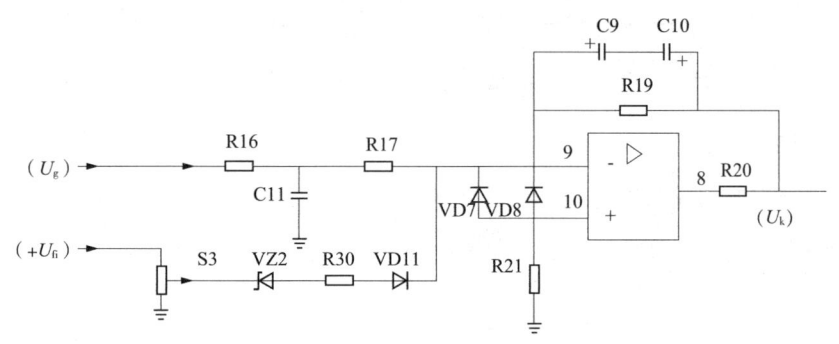

图 12-9　电流截止负反馈环节电路图

RP3 电位器从 $+U_{fi}$ 获得与主电路电流成正比关系的电压反馈信号,合理设置截流整定电位器 RP3 的中心抽头,调节反馈强度,使主电路正常工作时,其中心抽头电压小于 VZ2 的稳压值与 VD11 的管压降之和,保证稳压管不会被击穿,此时电流反馈信号电压对电路没有任何影响;当主电路电流增加（一般设定为 $1.25I_e$）,其中心抽头电压大于 VZ2 的稳压值与 VD11 的管压降之和时，稳压管被反相击穿导通，VD11 被正相导通，电流截止负反馈回路起作用。其中心抽头电压与 VZ2 稳压值、VD11 正相导通电压（0.7V）相减后，通过 R30 与给定积分器的输出信号 U'_g 在积分先行电路的输入端叠加，使 U_k 值减小，从而使输出电压变低。R30 的阻值大小决定了对输出电压降低的影响程度。U_k 为：

$$U_k = -\left[U'_g \times \frac{R_{19}}{R_{16}+R_{17}} + (U_{fi} - U_{VZ2} - 0.7V) \times \frac{R_{19}}{R_{30}+RP3} \right]$$

③作用。电流截止负反馈只能作用于直流电动机负载，它可以使电动机获得挖土机特性，即当负载电流 $I < 1.25I_e$ 时，电流截止负反馈不影响电路，此时电路中只有电压负反馈起作用，系统获得较硬的机械特性；当 $I > 1.25I_e$ 时，由于电流截止负反馈的作用使电动电枢两端电压下降，有效地进行过载保护，且当负载减小后还可以自动恢复正常进行。

从机械特性曲线来看，当电流截止负反馈起作用时，曲线有明显的下垂特点，故又名下垂特性。这种特性在实际应用中比较典型的是挖土机，当负载较大时，发动机被堵转，输出功率被限定，使发动机不被烧毁。当负载变小，发动机又可以转动工作，故而又名挖掘机（挖土机）特性。实际上电流截止负反馈是一种保护性运行措施，也属于保护的一种，如图 12-10 所示。

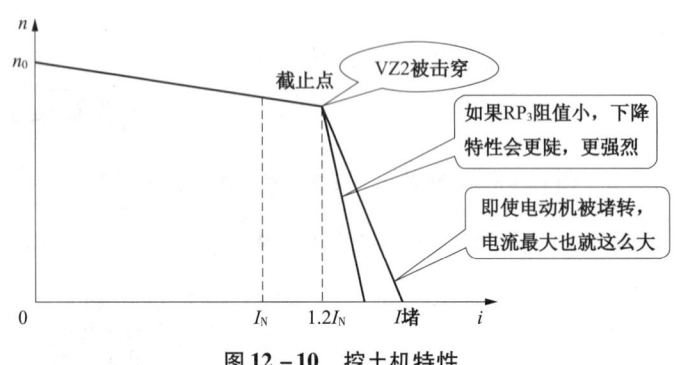

图 12-10 挖土机特性

4. 电流互感器

电流互感器的作用是可以把数值较大的一次侧电流通过一定的变比转换为数值较小的二次侧电流，用来进行保护、测量等用途。如变比为 400/5 的电流互感器，可以把实际为 400A 的电流转变为 5A 的电流。

电流互感器通常安放在开关柜内，是为了要接电流表之类的仪表和继电保护用。每个仪表不可能接在实际值很大的导线或母线上，所以要通过互感器将其转换为数值较小的二次侧电流值，再通过对比来反映一次侧电流的实际值。

电流互感器工作原理、等值电路与一般变压器相同，只是其一次绕组串联在被测电路中，且匝数很少；二次绕组接电流表、继电器电流线圈等低阻抗负载，近似短路。一次侧电流（即被测电流）和二次侧电流取决于被测线路的负载，与电流互感器二次侧负载无关。电流互感器运行时，二次侧不允许开路。因为在这种情况下，一次侧电流均成为励磁电流，将导致磁通和二次侧电压大大超过正常值而危及人身及设备安全。因此，电流互感器二次侧回路中不允许接熔断器，也不允许在运行时未经旁路就拆卸电流表及继电器等设备。

电流互感器的特点是：

①一次绕组串联在电路中，并且匝数很少，因此，一次绕组中的电流完全取决于被测电路的负荷电流，而与二次侧电流无关。

②电流互感器二次侧所接仪表和继电器的电流线圈阻抗都很小，所以正常情况下，电流互感器在近于短路状态下运行。

电流互感器一次侧、二次侧额定电流之比，称为电流互感器的额定互感比，即

$$k_n = I_{1n}/I_{2n}$$

电流互感器的作用就是用于测量比较大的电流。

5. 转速负反馈环节电路原理分析

在直流调速系统中，要维持电动机转速在负载电流变化时（或受其他量扰动时）基本不变，最直接和最有效的办法是采用转速负反馈构成转速闭环调节系统。通常采用测速发电机作为检测元件来检测主驱动电动机的转速。转速负反馈系统组成框图如图 12 – 11 所示。

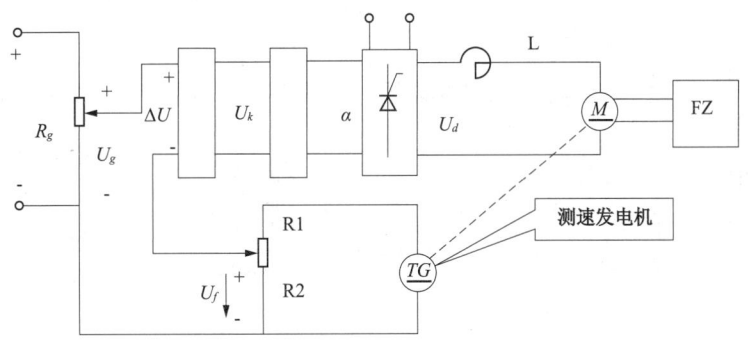

图 12 – 11　转速负反馈系统组成框图

（1）测速发电机的工作原理

测速发电机和电动机同轴相连或者经过变速器连接，其输出电压 U_{tg} 和主电动机的转速 n 成正比，即 $U_{tg} = C_n \times n$，C_n 为测速发电机的电势常数。反馈电压 $U_f = K_f \times U_{tg} = \beta n$，$K_f$ 为反馈电位器的分压系数，$\beta = K_f \times C_n$ 称为转速负反馈。U_f 与 U_g 极性相反，以满足负反馈关系。

（2）系统工作原理

由电位器 R_g 给出给定电压 U_g，测速发电机 TG 经反馈电位器输出反馈电压 U_f，二者之差 $\Delta U = U_g - U_f$ 经放大器放大后加到触发器输入端，触发器产生输出控制角为 α 的触发脉冲去触发可控整流器，整流器的输出电压 U_α 受控于 α 角。α 减小，U_d 增大；α 增大，U_d 减小。用电压

U_d（经平波电抗器 L 滤波）给直流电动机 M 供电，电动机便以一定的转速 n 带动负载 FZ 及与其同轴连接的测速发电机 TG 旋转。

（3）转速负反馈的自动调节作用

若负载变化，而给定电压 U_g 不变，则系统可通过测速发电机的反馈作用，稳定电动机的转速 n，其调整过程为：

负载↑（增大）$\to n\downarrow$（下降）$\to U_f\downarrow \to \Delta U = U_g - U_f\uparrow \to U_k\uparrow \to \alpha\downarrow \to U_d\uparrow \to n\uparrow$（回升）。同理，当负载减小而引起转速 n 上升时，系统也会自动调整使转速 n 回降，其过程类同。

（4）转速负反馈环节电路原理分析

转速负反馈环节电路的电路图如图 12-12 所示。

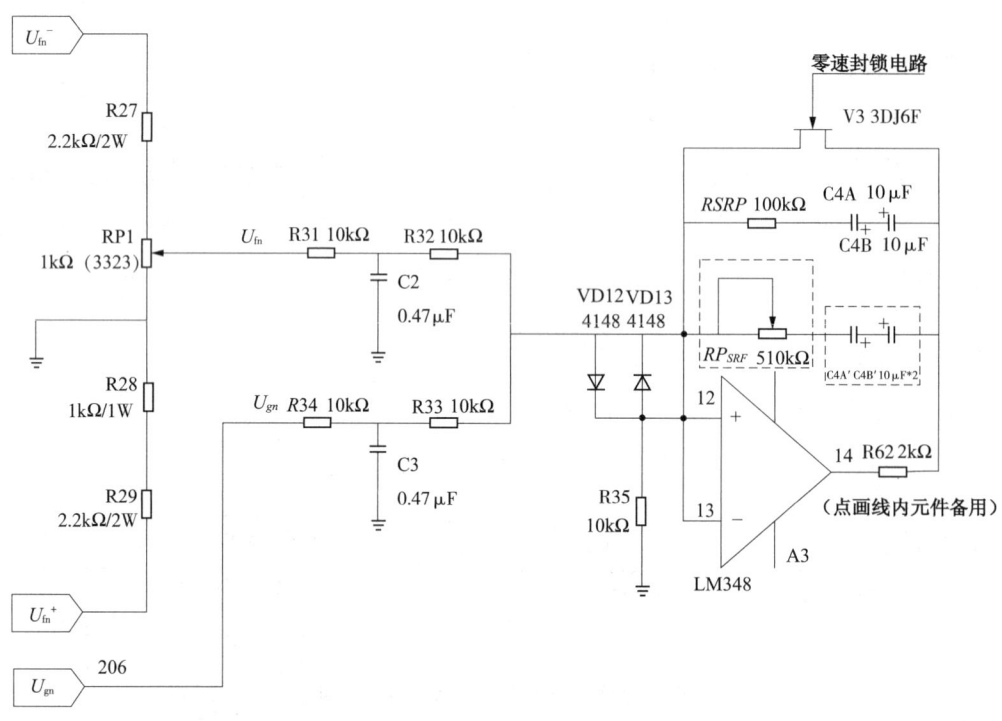

图 12-12 转速负反馈环节电路的电路图

图 12-12 中，电阻 R27、R28、R29 与转速反馈电位器 RP1 组成分压网络，R27、R28、R29 为功率电阻，主要作用是减小反馈电流，防止 RP1 被烧毁。$U_{fn}+$ 和 $U_{fn}-$ 通过 RP1 调节转速负反馈强度得到合适的转速负反馈信号 U_{fn}，U_{fn} 与给定信号 U_{gn} 分别经过两组 RC 滤波器（使信号稳定），综合作用于运算放大器 LM348 的 13#，参与系统调节。由于 $U_{gn}>0$，$U_f<0_u$，所以为负反馈，满足系统控制要求。

6. 电压负反馈电路原理

电压负反馈电路原理如图 12-13 所示，分析方法与转速反馈近似。

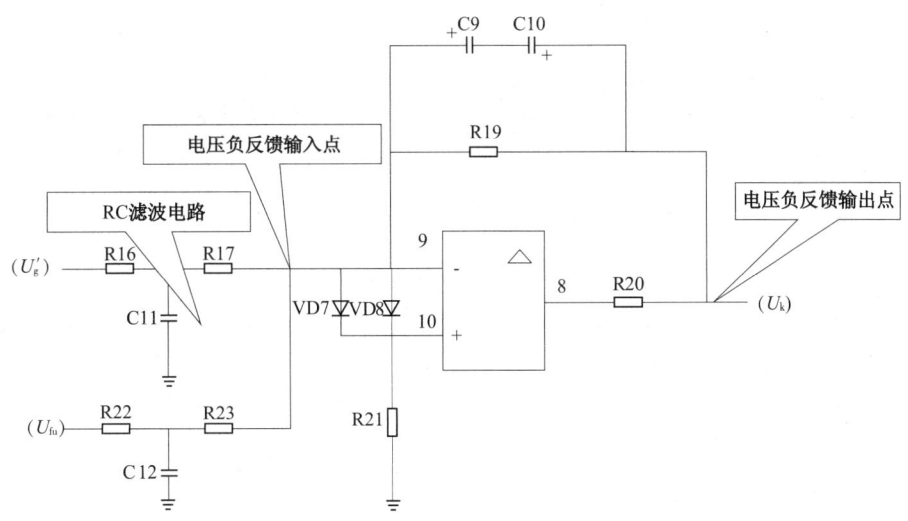

图 12-13 电压负反馈环节电路原理图

（1）系统开环机械特性测试

①将调节板中的跳线选择为开环控制方式，按顺序启动控制电路接通继电器 KM2、主电路接通继电器 KM1 和给定接通继电器 KA。

②缓慢增大给定电压 U_{g1}，使电动机转速逐渐上升，当电动机电枢电压达到额定值 $U_d = U_e$，即 $n = n_0$ 时，保持给定电压不变。调节电阻箱负载电阻，使负载电流 I_d 由空载电流增加到 $(1 \sim 1.2) I_e$，分别读取负载电流 I_d 和转速 n 等五组数据，记录于表 12-1 中。

③减小给定电压 U_{g2} 至原来的 1/2，保持给定电压不变，重复步骤②，将读取的新的负载电流 I_d 和转速 n 等五组数据也记录于表 12-1 中。

④绘制高、低速两条机械特性曲线 $n = f(I_d)$。

表 12-1 开环机械特性实验数据

U_g/V	U_{g1}				U_{g2}			
I_d/A	0	I_{d1}	I_e	I_{d2}	$1.2I_e$	0	I_{d1}	I_e	I_{d2}	$1.2I_e$
n/(r/min)									
额定参数	$P_E =$		$U_E =$		$I_E =$		$n_0 =$		

（2）系统闭环静特性测试

①将调节板中的跳线选择为闭环控制方式，按顺序启动控制电路接通继电器 KM2、主电路接通继电器 KM1 和给定接通继电器 KA。

②缓慢增大给定电压 U_{g1}，使电动机转速逐渐上升，当电动机电枢电压达到额定值 $U_d =$

U_e,即 $n=n_0$ 时,保持给定电压不变。调节电阻箱负载电阻,使负载电流 I_d 由空载电流增加到 $(1\sim1.2)$ I_e,分别读取负载电流 I_d 和转速 n 等五组数据,记录于表12-2中。

③减小给定电压 U_{g2} 至原来的1/2,保持给定电压不变,重复步骤②,将读取的新的负载电流 I_d 和转速 n 等五组数据也记录于表12-2中。

④绘制高、低速两条机械特性曲线 $n=f(I_d)$。

表12-2 电压负反馈实验数据

U_g/V	U_{g1}					U_{g2}				
I_d/A	0	I_{d1}	I_e	I_{d2}	$1.2I_e$	0	I_{d1}	I_e	I_{d2}	$1.2I_e$
n/(r/min)										
额定参数	$P_E=$		$U_E=$		$I_E=$		$n_0=$			

调试1 电流截止负反馈环节离线调试

观察电流截止负反馈环节电路图并画出调试部位,如图12-14所示。

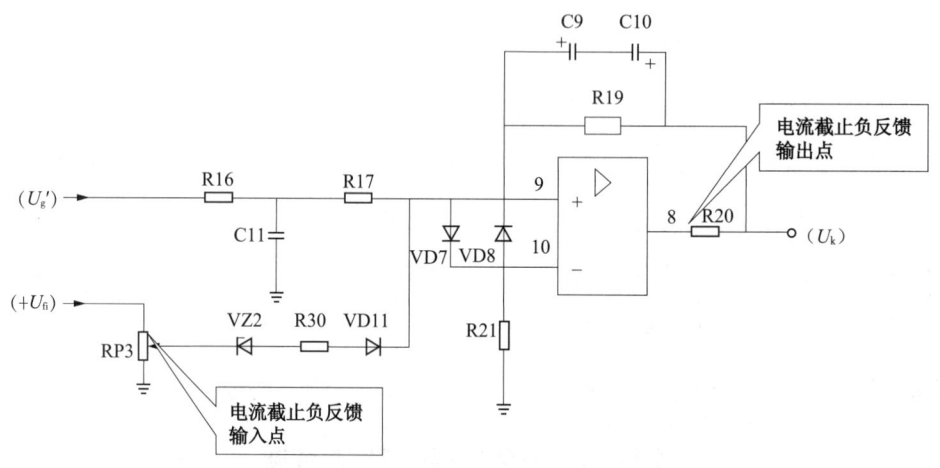

图12-14 电流截止负反馈环节电路调试范围

调试2 电流截止负反馈环节电路在线调试

调试前的准备:

①明确调节电位器和测试点的位置及含义。电流截止负反馈环节调节电位器和测试点在调试板上,RP3为截流值调整电位器,

②按整机调试步骤检查各参数值是否在初始状态。

③确定电流截止负反馈的极性。

(1)调整电流截止负反馈的深度

调试原则:当调压柜的负载电流超过负载额定电流的一定倍数(对于本系统为额定电流的

1.5 倍，即 $I_d = 1.5I_e$）的时候，使系统的电流截止负反馈电路起作用，形成挖土机特性。

调试方法（带模拟负载时的调试）

①将调节板上的电流截止负反馈电位器 RP3 顺时针调至最大，闭合电路，调节给定电位器，使输出电压达到 220V。

②增加负载（即调节电阻箱的电阻值），负载电流增加，当电流表指示电流值达到电枢额定电流值的 1.5 倍时（即 $I_d = 1.5I_e$），停止增加负载。

③缓慢调整调节板上的电流截止负反馈电位器 RP3（逆时针），当电压表数值开始减小时，停止调节 RP3，再增加负载，此时负载电流基本保持不变，而输出电压却在下降。这说明电流截止负反馈电路中的稳压二极管已经被击穿，电流截止负反馈电路已经起作用，则电流截止负反馈整定完成。注意整定余姚在高电压下进行，同时调整时间要尽量短。

（2）带电动机负载的调试

①将调节板上的电流截止负反馈电位器 RP3 顺时针调制最大，闭合电路，调节给定电位器，使输出电压达到 220V。

②增加负载使电动机堵转，缓慢调整调节板上的电流截止负反馈电位器 RP3（逆时针），当电压表数值开始减小时，停止调节 RP3，再增加负载，此时负载电流基本保持不变，而输出电压却在下降。这说明电流截止负反馈电路中的稳压二极管已经被击穿，电流截止负反馈电路已经起作用，则电流截止负反馈整定完成。

计算反馈系数 β。系统完成电流截止负反馈深度整定后，用万用表测量 U_{fi}，并计算反馈系数为 $\beta U_{fi} = \beta I_d$。

结合调试过程总结电流负反馈环节的在线调试步骤与功能。

调试 3 转速负反馈离线调试

①在 U_{gn} 端使用可调电压源加一个 0 ~ 0.7V 的直流电压（每次增加 0.1V），再将 GRP1 调至 0Ω，使用万用表测量 LM348 - 14# 脚电压并填写表 12 - 3。

表 12 - 3 转速负反馈输入输出调试记录

U_{gn} 电压/V	U_{fn} 电压/V	LM348 - 14# 电压/V
0	0	
0.1	0	
0.2	0	
0.3	0	
0.4	0	

续表

U_{gn}电压/V	U_{fn}电压/V	LM348 – 14#电压/V
0.5	0	
0.6	0	
0.7	0	

②总结当无转速负反馈时,电压 U_g 与 LM348 – 14#电压的关系。

③调节电阻 RP1,使 W1 承受的电压在 – 0.7 ~ 0V 之间(每次增加 0.1V),再将 U_{gn} 接 + 0.7V,使用万用表测量 LM348 – 14#电压并填写表 12 – 4。总结转速负反馈电路的作用。

表 12 – 4　转速负反馈输入输出端调试记录

U_{gn}电压/V	U_{fn}电压/V	LM348 – 14#电压/V
0	0.7	
– 0.1	0.7	
– 0.2	0.7	
– 0.3	0.7	
– 0.4	0.7	
– 0.5	0.7	
– 0.6	0.7	
– 0.7	0.7	

调试 4　转速负反馈环节在线调试

调试前的准备:

①明确调节电位器和测试点的位置及含义。转速负反馈环节电位器和测试点在双闭环调节板上,RP1 为转速负反馈调整电位器,S2 为转速换输出值测试点。

②按整机调试步骤检查各参数值是否在初始状态。

③确定转速负反馈信号极性。断开电源,接好电动机励磁、电枢及测速发电机。接通电源,接通主回路,给定回路。缓慢调整给定电位器,增加给定电压,电动机从零速逐渐上升,调到某一转速,用万用表电压档测量电位器 RP1 中间点,看其值是否为负极性,并将电压值调为最大。

调整转速负反馈深度（带电动机调试）

①确定速度反馈电位器 RP1 的位置（此位置时，速度反馈电压值为最大）。将调节板 K1 跳线至于闭环位置。

②调整速度环 ASR。接通系统电源，缓慢增加给定电压（U_g），由于设计原因，电动机转速不会达到额定值。此时，调节速度反馈电位器 RP1，减小转速反馈系数，是系统达到电动机额定转速（此时 $U_d = 220V$ 即可），速度环 ASR 即调好。

③计算转速反馈系数 β。系统完成转速负反馈深度整定后，用万用表测量 U_{fi}，并计算转速反馈系数为 $\beta U_{fi} = \beta n$。

调试 5 单闭环系统过流值的整定

调试前的准备：

①明确调节电位器和试点的位置及含义。单闭环调节板上过流值整定环节的调节电位器和测试点：RP4 为过流值大小调整电位器，RP5 为过流值设定电位器，S3 为过流值测试点。

②按整机调试步骤检查各参数值是否在初始状态。

调试步骤：

①调试原则：当调压柜的负载电流超过负载额定电流的一定倍数（对于本系统为额定电流的 2.2 倍，即 $I_d = 2.2I_e$）的时候使系统的过电流保护电路动作，封锁可控硅的触发脉冲，演示一段时间后去切断调压柜主电路。

②调试方法：将调节版内的 RP5 输出电压调到 6~7V，闭合各电路，调节给定电位器，使输出电压达到 220V，缓慢增加负载（即调节电阻箱的阻值），负载电流增加，当电流表指示电流值达到电枢额定电流值的 2.2 倍（$I_d = 2.2I_e$）时，停止增加负载。缓慢调整调节板上的电位器 RP4，使保护电路动作。当调节到某一个点时，系统输出电压突然降为 0V，一会儿，过流指示灯亮起，同时主电路接触器断开，过流保护整定完成。此时调节板上的电位器 RP4 的电压值即为过电流的整定值。切断控制回路，将电阻箱的阻值复原。注意，过流保护整定需要在高电压下进行，要防止高压，且调整时间要尽量短。

调试 6 双闭环系统过流值的整定

调试前的准备：

①明确调节电位器和测试点的位置及含义。双闭环调节板上过流值整定环节的调节电位器和测试点：RRP4 为过流值大小整定电位器，S_4 为过流值测试点。

②按整机调试步骤检查各参数值是否在初始状态。

调试方法：

增加负载使电动机堵转，将电位器 RP4 调为反馈最弱（逆时针旋转到头）。调节电位器

RP2 使电枢电流为额定电流的 2~2.5 倍,本系统取 2.5A 左右,调节电位器 RP4 使系统保护,$U_d = 0V$,延时后主电路断开,故障灯亮。

任务实施

反馈电路常见故障及原因见表 12-5。

表 12-5 反馈电路常见故障及原因分析

序号	故障现象	故障原因分析	
		故障点	故障原因
1	U_d 值偏低	(1) 减小单闭环调节板 R22 或 R23 阻值;单闭环隔离板 RP1 反馈强度过大	(1) 电压负反馈强度过大
		(2) 双闭环调节板 RP1 或 RP2 反馈强度过大	(2) 双闭环速度环或电流环反馈强度过大
		(3) VZ2 被击穿	(3) 电流截止负反馈参与调节
2	电流截止负反馈电路不能正常工作	(1) 电流截止负反馈取样电路整流管被击穿	(1) 电阻混入交流成分
		(2) 电流截止负反馈取样电路 41#~43# 端口断开	(2) 41#~43# 端口虚焊漏焊或烧毁,无电流截止负反馈信号
		(3) 电流截止负反馈电路任意元件烧毁	(3) 电流截止负反馈电路断路,无电流截止负反馈信号
		(4) 电位器 RP3 反馈系数调节过小	(4) 无法击穿 VZ2
3	电动机转速不稳定	(1) 电压负反馈环节断路;电容器 C12 被击穿;隔离板出现问题	电压负反馈环节不起作用
		(2) 双闭环调节板转速负反馈环节断路	转速负反馈环节不起作用
4	没有 U_k 输出	(1) 运放失效	(1) LM348 损坏或虚焊漏焊
		(2) ±15V 电压不正常	(2) LM348 无工作电压,无法正常工作
		(3) 电阻器 R10 断开	(3) 输出断开

附图 1,2 为大家学习反馈电路的组成提供直观认识。

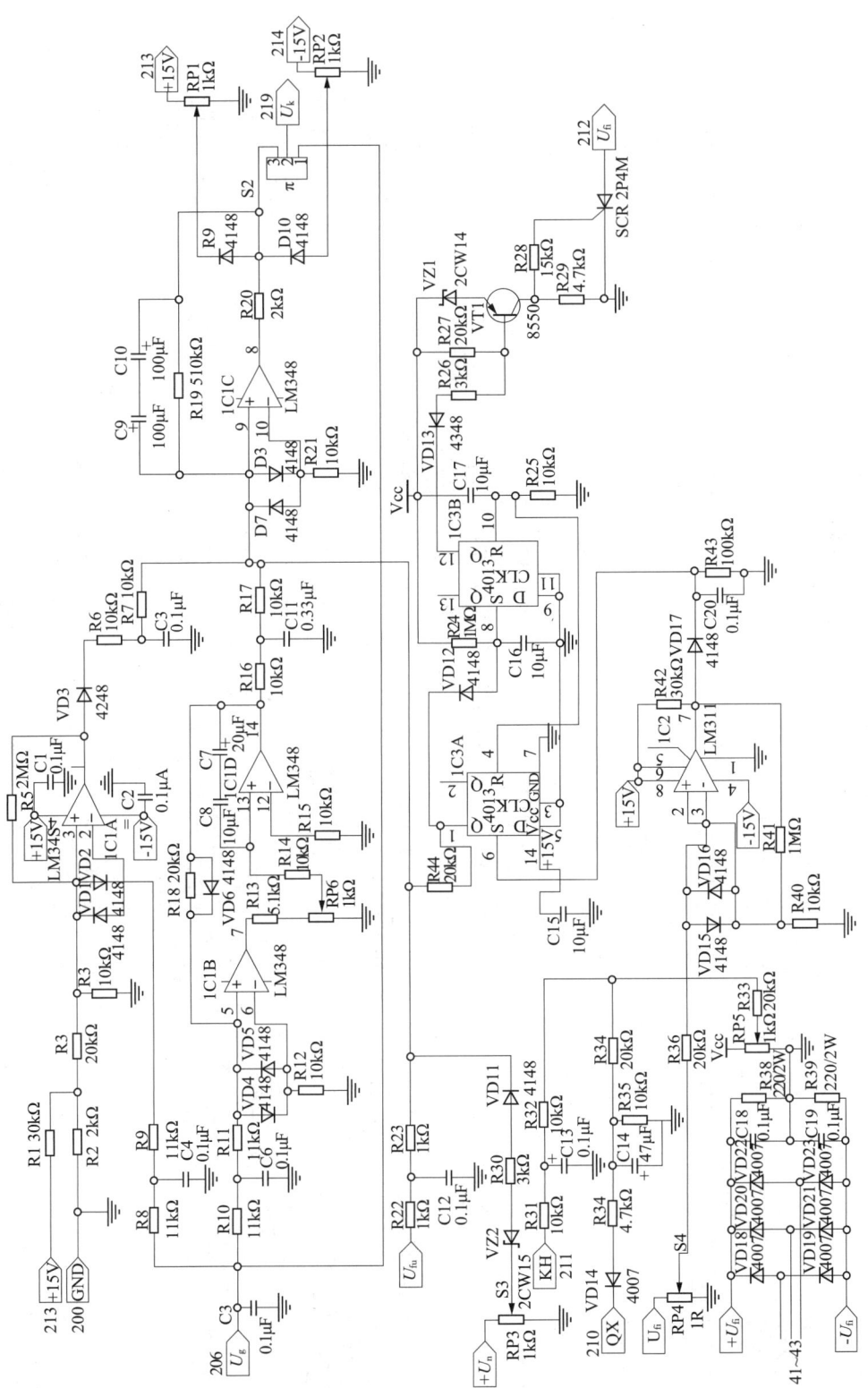

附图1

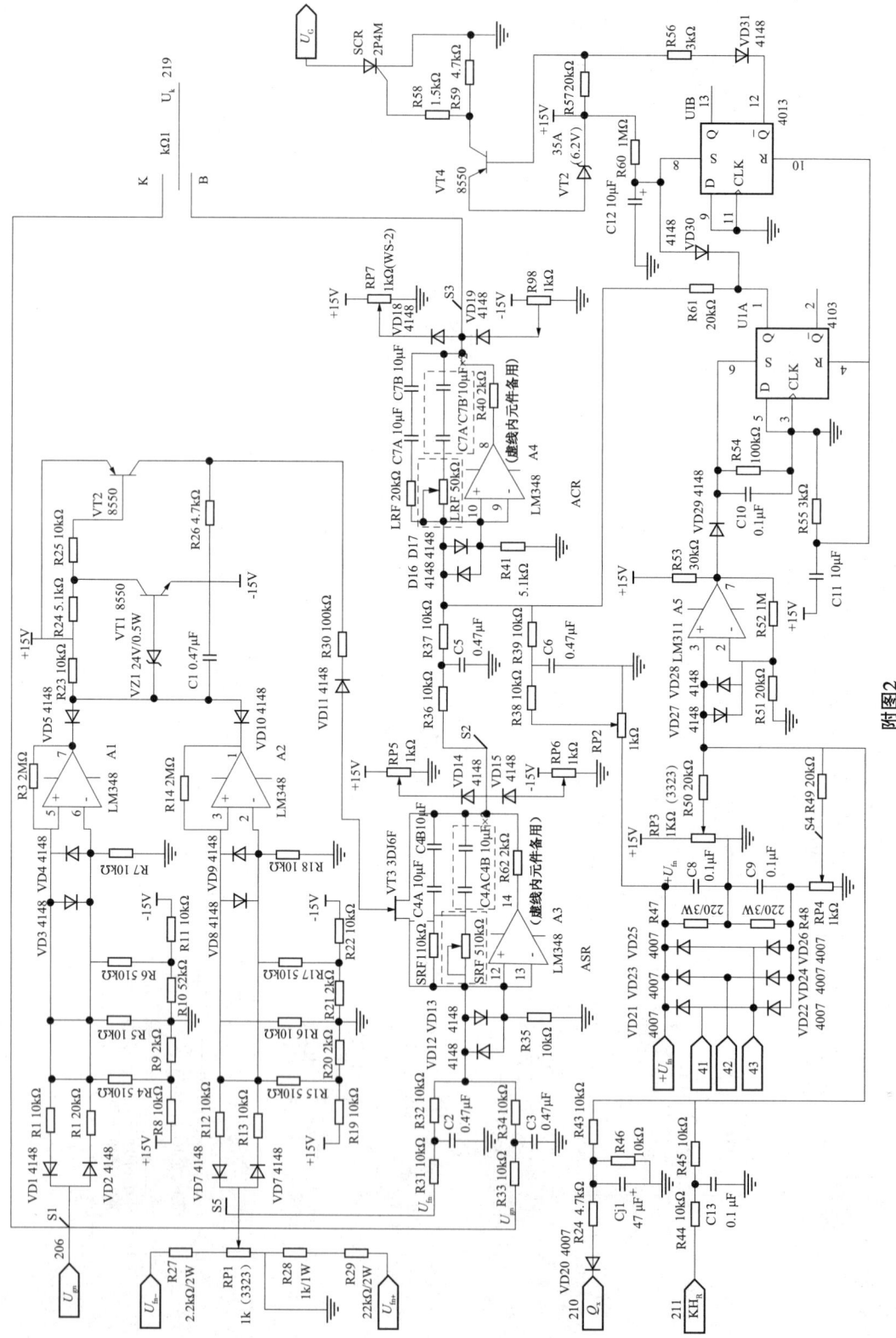

附图2

习题与思考题

1. 生活、生产中常见的反馈实例有哪些？常见的反馈方式有哪些？

2. 描述反馈环节电路的元件作用及特点。

3. 描述反馈环节电路工作原理：

（1）电压负反馈信号的取出过程。

（2）偏差信号的产生过程。

（3）思考如何测定电压负反馈信号 U_{fu} 的极性。

（4）结合调节板电路分析给定信号 U_g 经积分先行放大环节后输出的 U'_g 的极性。

（5）电阻器 R22、R23 和电容器 C12 组成电路的作用。

4. 描述电流截止负反馈环节电路的元件作用及特点。分析各元件在电流截止负反馈环节电路中的工作原理及功能。

（1）描述电位器 RP3 的工作原理，并说明其功能。

（2）描述稳压管 VZ2 的工作状态，并说明其功能。

（3）描述晶体二极管 VD11 的工作状态，并说明其功能。

（4）描述电阻 R30 的作用。

5. 描述转速负反馈环节电路的元件作用及特点。分析各元件在转速负反馈环节电路中的工作原理及功能。

描述电位器 RP1 的工作原理，并说明其功能。描述电阻 R27、R28、R29 的作用。

描述电阻器 R31、R32、R33、R34 和电容器 C2、C3 的工作原理，并说明其功能。

6. 为什么"开环系统"或"无电流截止负反馈"的单闭环系统不得阶跃启动，只能缓慢改变给定电压和电动机转速？

第十三章　调节电路原理和调试维护

调节电路是自动控制系统的重要组成部分,也是直流调速系统的核心部件,在系统中起处理信号、提高控制特性、优化工作状态的作用,可以说是系统工作的"大脑"。调节电路设计的好坏直接关系到生产设备的稳定运行及调速优劣,所以调节电路是直流调速系统设备重要的调试维护环节。

第一节　调节电路简介

项目内容

(1) 晶闸管直流调速系统的调节电路工作原理的分析;
(2) 调节电路调试和维护。

一、调节电路工作原理的分析

为了提高直流调速系统的动静态性能指标,需在闭环调速系统中引入调节电路对输入信号进行处理,使系统达到稳定性、准确性、快速性三方面的平衡。对调速指标要求不高的场合,采用单闭环调速系统,而对调速指标较高的则采用多闭环调速系统。在学习过程中,需总结各类型调节器组成的调节电路的作用和特点,正确选取及调试各调节器,保证系统稳定、高性能地运行。

二、单闭环调节电路原理分析

直流调速系统单闭环调节电路系统框图如图 13-1 所示。

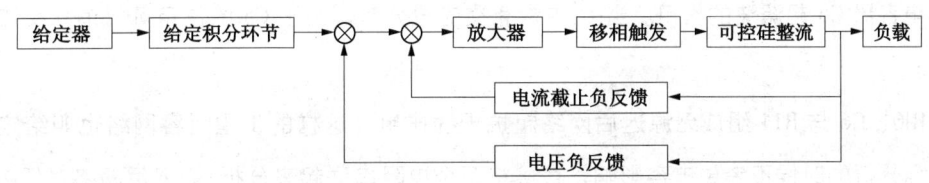

图 13-1 单闭环调速系统框图

单闭环调速系统的控制原理是将与转速成正比关系的电枢电压以及反映电流变化的电流互感器输出电压信号作为反馈信号,加在调节器输入端,与给定电压相比较后的差值经调节器比例放大后,得到触发移相控制电压,用于控制整流桥的触发电路,触发脉冲经功放后加到晶闸管的门极和阴极之间,以改变三相全控整流的输出电压,从而改变电动机转速。

该系统调节环节主要由给定积分电路、电压调节电路组成,并在设计时引入了零速封锁环节作为系统保护。

1. 给定积分电路

在实际控制系统中,当给系统突加一个阶跃给定信号时,系统会产生冲击效果,这是人们所不希望的。在直流电动机调压调速系统中,首先当启动突加给定时,由于电动机转速为零,电枢内没有反电动势形成,此时将会产生很大的负载电流,该电流可能会使晶闸管损坏;其次,因为晶闸管的导通是一个过程,过大的电流也会使其局部击穿最后,电流的上升率太快,短时间内通过过大的电流,载流子会集中在门极局域,可能会导致晶闸管的门极击穿。基于这些可能产生的后果,必须设计能把阶跃信号变换为缓变信号的电路,而积分调节器能满足这一要求。因为该积分器工作在给定电路中,故称为给积分电路器。向给定积分电路器提供给定电压的电路如图 13-2 所示,给定积分的电路如图 13-3 所示。

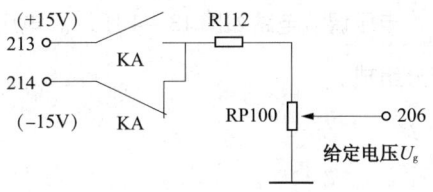

图 13-2 给定电压的电路图

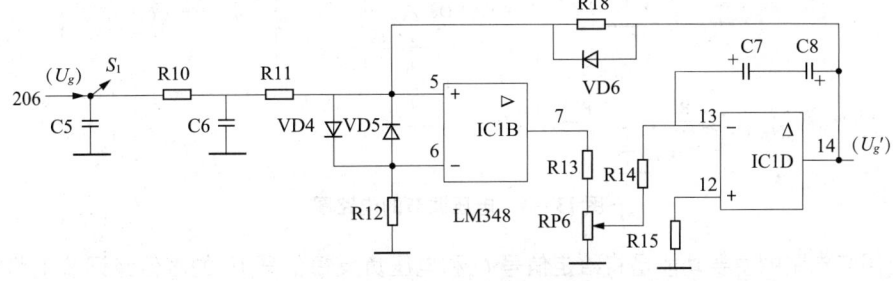

图 13-3 给定积分的电路图

给定积分电路由两部分组成,一是前级的电压求和器;二是后级的积分器。

(1) 电压求和器中各元件的作用

①电容器 C5 起滤波的作用。当 U_g 中含有交流成分时，由于 C5 的作用可以消除交流成分的影响。

②Rl0、C6 与 R11 组成无源迟后网络起抗干扰作用（这样的 T 型阻容网络也叫给定滤波器，实际分析的时候不考虑电容影响，直接将两个电阻串联起来分析）。迟后网络对低频有用信号不产生衰变，而对高频噪声信号有削弱作用，电容器容量越大，通过网络的噪声电平越低。

③运算放大器 IC1B 与其他元件组成电压求和器。

④VD4、VD5 并接在运算放大器的同相与反相输入端起正负限幅，即箝位作用，用以保护运算放大器。

（2）积分器中各元件的作用

①RP6、Rl4、IC2 与 C7、C8 组成积分器，将阶跃信号变成连续缓慢变化的信号。其中电位器 RP6 用来改变积分常数。

②Rl8 作为反馈电阻器，将积分器的输出反馈到输入端与给定电压 U_g 求和，保证给定积分电路器的输入信号与给定信号保持一定的比例关系。VD6 的作用为限定给定积分电路积分输出电压极性，按图 13 - 3 连接时，给定积分电路器将只能获得负极性的输出电压。

③C7、C8 为积分器的电容器，两个有极性的电容器同极串联使用是为了获得大容量无极性的电容。

2. 电压调节电路

电压调节电路如图 13 - 4 所示。电压调节电路由电压负反馈环节和积分先行放大调节器两部分组成。

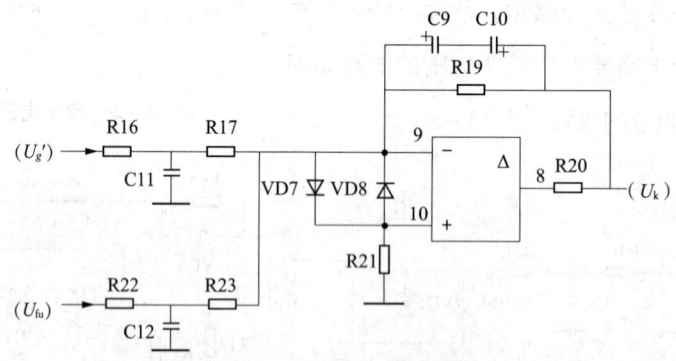

图 13 - 4　电压调节的电路图

电压调节电路的主要功能是将给定信号 U_g 和电压负反馈信号 U_{fu} 的差值经调节电路放大后送入下一级进行控制。但因为系统若只有比例（P）调节器起调节作用的话，容易造成系统的不稳定，所以在电路中增加积分环节，构成积分先行放大调节器，起减小静差率、提高稳定性的作用。

如图 13-4 所示，积分先行放大调节器由运放电路 LM348、二极管 VD7 和 VD8、电阻器 R19 和 R20、电容器 C9 和 C10 等元件组成。C9、C10 的反向串联使其电容值减小一半，而耐压增大 1 倍，并组成一无极性的电容。R19 为产生反馈比例系数的电阻。给定积分电路器的输出信号 U_g、低压低速封锁信号 U_F、电压反馈信号 U_{fu}、电流截止负反馈信号和过电流封锁信号综合以后，加到运放的 9# 脚作为输入。

当通电的一瞬间，电容器两端的电压不能突变，电容器相当于短路，使运放输出端的 8# 脚电位不能突变，只能随着电容器的充电逐渐上升，此时积分的效应明显（积分先行），电阻暂时不起作用；当电容器两端的电压达到一定值之后，两端电压稳定，不再发生充放电过程，电容器失去作用，相当于电容器开路，此时电阻发挥作用，放大器的输出最终值取决于 R19 与放大器的输入电阻之比。

该电路近似于积分调节器的惯性环节，可将信号成比例放大的同时，还具有减小静差率，提高稳定性的作用。放大倍数可靠放大，由于 C9、C10 的作用，使输出信号不能突变，只能缓慢变化。

3. 零速封锁电路

在启动突加给定时或给定信号很小时，系统中的电动机会出现爬行现象。此时电枢内没有反电动势形成，将会产生很大的负载电流，使晶闸管损坏。另外，晶闸管的导通需要过程，过大的电流也会使其局部击穿。为避免这种现象的发生，在设计时应考虑保护电路，即零速封锁电路。

零速封锁的电路如图 13-5 所示。

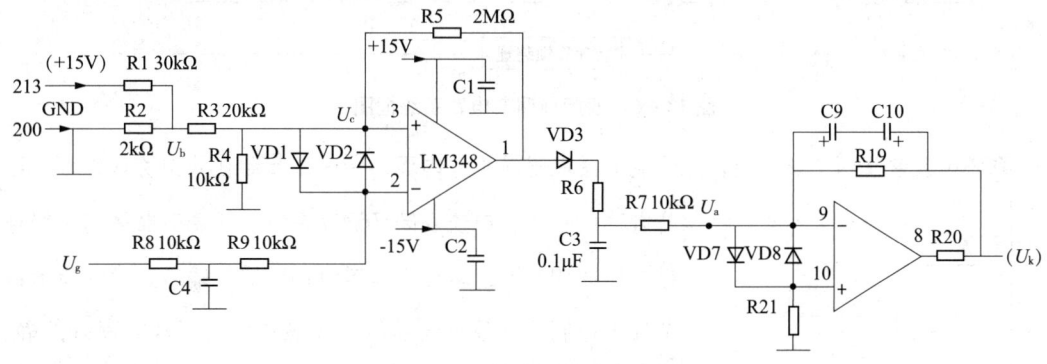

图 13-5 零速封锁的电路图

（1）电路组成

零速封锁电路主要由运算放大器 LM348、电阻器和二极管等元件构成电压比较器。为防止放大倍数过大，取电阻器 R5 的阻值为 2MΩ，电阻器 R1、R2、R3、R4 为取得标准电压设置，二极管 VD3 是为了防止负电压加到积分先行放大器的输入端，造成电动机转速失控而设计的。

低速时的标准电压设定为 0.3V，当给定电压小于此值时，该电路起作用。

（2）原理分析

当 $0 < U_g < 0.3V$ 时，运算放大器输出端 $1^\#$ 为 +15V，二极管 VD3 导通，U_a = +15V。电压 U_a 与给定积分电路器的输出信号及反馈电压信号综合叠加后作用于积分先行放大调节器输入端 $9^\#$。此时放大器的输出端 $8^\#$ 输出电压 $U_k < 0V$，可控硅电路输出电压 $U_d = 0V$。

当 $U_c < U_g$ 时，即 $U_g > 0.3V$ 时，运算放大器输出端 $1^\#$ 为 −15V，二极管 VD3 截止，U_a = 0V。电压 U_a 与给定积分电路器的输出信号及反馈电压信号综合叠加后作用于积分先行放大调节器输入端 $9^\#$。则此时放大器的输出端电压 $U_k > 0V$，可控硅电路有电压输出。

当 U_g 较小时，如没有封锁电路，则产生积分先行放大调节器的输出端电压 $U_k > 0V$，但很小；U_d 有一定的数值，也很小。若此时电动机有负载则容易出现堵转现象，导致电动机损坏。

三、双闭环调节电路原理分析

对系统的动态性能要求较高时，例如要求快速启制动、突加负载动态降速小时则采用双闭环直流调速系统。转速、电流双闭环控制的直流调速系统是应用最广、性能很好的直流调速系统。

直流调速系统双闭环调节电路系统框图如图 13 − 6 所示。

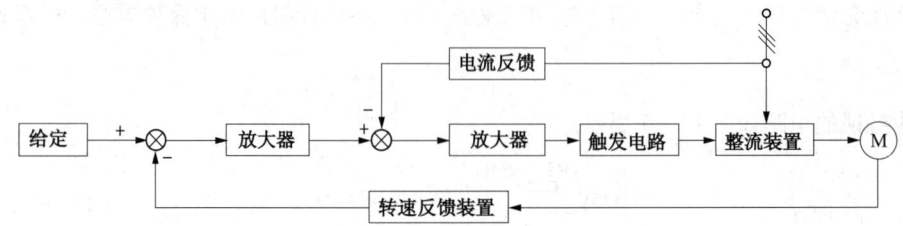

图 13 − 6 双闭环调节电路系统框图

系统中设置了两个调节器，电流调节器在里面称作内环，转速调节器在外面称作外环，这样就形成转速、电流双闭环调速系统。两调节器采用串级连接，转速调节器的输出当作电流调节器的输入，电流调节器的输出控制晶闸管整流器的触发装置。为了获得良好的静、动态性能，消除系统静差，转速和电流两个调节器都采用比例（P）、积分（PI）调节器。该系统能实现在启动过程中，只有电流负反馈起作用，没有转速负反馈，使系统快速启动；而稳态时，转速负反馈起主要调节作用，使系统稳定运行。系统理想启动过程如图 13 − 7 所示。

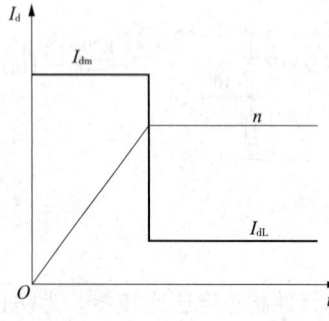

图 13 − 7 转速、电流双闭环调速系统理想启动过程

1. 速度环调节电路原理分析

速度环调节的电路图如图13-8所示,速度环调节电路由转速负反馈电路、速度环PI调节电路、正负限幅电路组成。

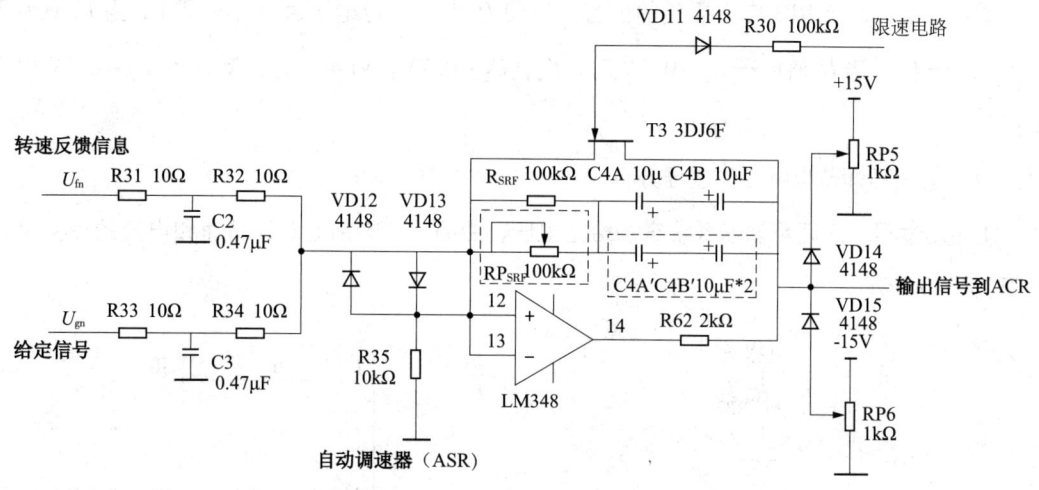

图13-8 速度环调节的电路图

(1) 转速负反馈电路原理分析

转速负反馈电路原理详见第十二章。

(2) 速度环PI调节电路原理分析

①电路组成。速度环PI调节电路由运放电路LM348、电阻器R_{shr}、电容器C4A、C4B等元件组成。其中,虚线框内的元件为备用件。

②原理分析。当输入电压为一恒定U_i值时,输出电压为:

$$U_0 = \left(\frac{R_f}{R_1}U_i + \frac{1}{C_fR_1}\int_0^t U_i \mathrm{d}t\right) = U_i\left(\frac{R_f}{R_1} + \frac{1}{C_fR_1}\right)$$

备注:为简化公式便于分析,令R31、R32、R33、R34组成的电阻混联网络为等效R_1,R_{SFR}为R_f,C4A、C4B总容值为C_f,$U_i = U_{gn} - U_{fn}$,U_0为LM348输出端电压。

此公式第一项R_f/R_1为比例调节,第二项t/C_fR_1为积分调节。由公式可知,C_f越大,积分强度越强;R_f越大,放大比例越大,积分强度也越强。

(3) 正负限幅电路原理分析

限幅电路的作用是控制输出电压U_k值幅度限定在一定的范围之间变化(本系统为U_2 - 0.7V,U_1 + 0.7V),即当输入电压U_b超过或低于参考值后,输出电压将被限制在这一电平(称作限幅电平),且再不随输入电压变化。调节合理的U_1及U_2可以有效地控制U_k的变化范围。

限幅电路的电路图如图 13-9 所示。

①正限幅。调节 RP2 中心插头的位置，可使 U_1 为一需要电压。当 U_b 值小于 $U_1 + 0.7\text{V}$ 时，$U_k = U_b$；当 $U_b > U_1 + 0.7\text{V}$ 时，$U_k = U_1 + 0.7\text{V}$ 不变，VD3 导通，使 U_k 在 $U_c + 0.7\text{V}$ 以下变化。

②负限幅。调节 RP3 中心插头的位置，可使 U_2 为一固定电压值（小于零）。当 U_b 值大于 U_2 时，$U_k = U_b$；当 U_b 值小于 $U_2 - 0.7\text{V}$ 时，$U_k = U_2 - 0.7\text{V}$，VD4 导通，使 U_k 在 $U_2 - 0.7\text{V}$ 以上变化。

（4）速度环调节电路工作过程分析

①启动过程：双闭环调速系统突加给定电压，由静止状态启动时，转速和电流的过渡过程如图 13-10 所示。

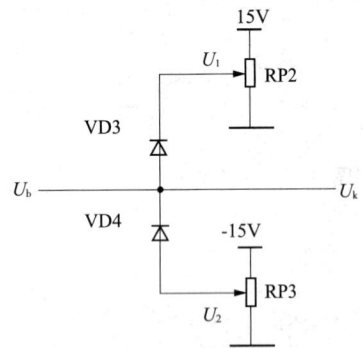

图 13-9　限幅电路的电路图

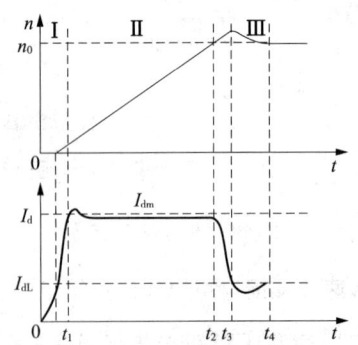

图 13-10　双闭环调速系统启动过程

第Ⅰ阶段，$0 \sim t_1$ 是电流上升的阶段，在突加给定电压后，通过两个调节器的控制作用，当 $I_d \geqslant I_{dL}$ 后，电动机开始转动。由于电动机惯性的作用，转速的增长不会很快，因而速度调节器（ASR）的输入偏差电压数值较大，通过比例积分放大环节后，其输出很快达到限幅值，强迫电流 I_d 迅速上升。在此阶段，由于输出值达到限幅值，所以速度环不起调节作用，变为开环阶段。

第Ⅱ阶段，$t_1 \sim t_2$ 是恒流升速阶段，从电流升到最大值 I_{dm} 开始，到转速升到给定值为止，属于恒流升速阶段，是启动过程中的主要阶段。在这个阶段中，速度环 ASR 一直是饱和的，转速环相当于开环状态，系统表现为在恒值电流给定电压 U_{im} 作用下的电流环调节系统。

第Ⅲ阶段，t_2 以后是转速调节阶段，在这阶段开始时，转速已经达到给定值，速度调节器的给定与反馈电压相平衡，输入偏差为零，但其输出却由于积分作用还维持在限幅值 U_{im}，所以电动机仍在最大电流下加速，必然使转速超调。转速超调以后，ASR 输入端出现负的偏差电压，使它退出饱和即开环状态，系统 PI 调节器起作用。

②稳态过程。稳态时，处于外环速度环起主要调节作用，最终使系统达到转速跟随给定电压 U_g 变化，且能对负载变化起抗扰作用的稳态无静差运行状态。

2. 电流环调节电路

电流环调节电路如图 13 – 11 所示。电流环调节电路由电流负反馈电路、电流环 PI 调节电路、正负限幅电路组成。

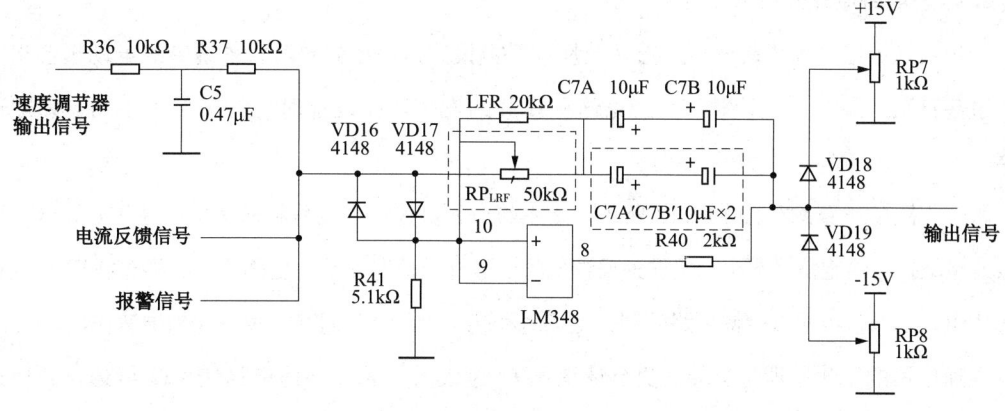

图 13 – 11　电流环调节电路图

（1）电流负反馈电路原理分析

电流负反馈电路原理分析详见第十二章。

（2）电流环 PI 调节电路组成

电流环 PI 调节电路由运放电路 LM348，电阻器 R_{lrf}，电容器 C7A、C7B 等元件组成。其中，虚线框内的元件为备用件。

（3）电流环调节电路工作过程分析

①启动过程。双闭环调速系统突加给定电压，由静止状态启动时，转速和电流的过渡过程如图 13 – 10 所示。

第Ⅰ阶段，$0 \sim t_1$ 是电流上升的阶段，在突加给定电压后，I_d 上升，当 I_d 小于负载电流 I_{dL} 时，电动机还不能转动。当 $I_d \geqslant I_{dL}$ 后，电动机开始启动，由于速度环很快达到限幅值即开环状态，强迫电流 I_d 迅速上升。直到 $I_d = I_{dn}$，$U = U_{im}$ 时电流调节器很快就压制 I_d 的增长，标志着这阶段的结束。在这一阶段中，电流环的自动电流调节器（ACR）一般不饱和。

第Ⅱ阶段，$t_1 \sim t_2$ 是恒流升速阶段，在这个阶段中，系统表现为在恒值电流给定电压 U_{im} 作用下的电流环调节系统，基本上保持电流 I_d 恒定，因而系统的加速度恒定，转速呈线性增长。与此同时，电动机的反电动势 E 也接线性增长，对电流调节系统来说，E 是一个线性渐增的扰动量，为了克服它的扰动，U_{d0} 和 U_c 也必须基本上接线性增长，才能保持 I_d 恒定。当 ACR 采用 PI 调节器时，要使其输出量按线性增长，其输入偏差电压必须维持一定的恒值，也就是说，I_d 应略低于 I_{dm}。

第Ⅲ阶段，t_2 以后是电流调节阶段，在这阶段开始时，速度环起主要调节作用。

②稳态过程。稳态时，处于外环的速度环起主要调节作用，最终使系统达到电流跟随给定电压 U_g 变化，且能对负载变化起抗扰作用的稳态无静差运行状态。

3. 限速电路原理分析

如果给定电压过大或转速负反馈环节反馈系数设定过小或失灵时，系统中的电动机会出现转速过高甚至"飞车"的现象。为避免这种现象的发生，在设计时应考虑保护电路，即限速电路。

限速电路的电路图如图 13-12 所示。本系统分别针对给定信号和转速负反馈信号设计了两路限速电路，当给定信号或电动机转速反馈信号超过标准值时，限速电路导通，通过 VT3 短接速度环 ASR，从而直接通过限幅电路限制给定信号和转速负反馈信号最大值，起到限速作用。

限速电路的工作原理是当转速负反馈电压 U_{fn} 过大时，通过限速电路使 VT3 导通，致使速度环调节电路短路，失去调节作用，电路在正负限幅电路的控制下限制输出电压，从而限制转速。

（1）电路的组成

限速电路主要由运算放大器 LM348、电阻和二极管等元件构成的电压比较器、电阻器 R4、R5、R8、R9 构成的标准电压分压网络、三极管 VT1-VT3 等环节构成。限速时，标准电压设定为 0.048V，当给定电压超过此值时，该电路起作用。

（2）原理分析

以给定信号 U_{gn} 环节为例。

如图 13-12 所示，+/-15V 电压经过电阻器 R4、R5、R8、R9 组成的分压网络分压后，使得运算放大器同相输入端电压为标准电压 $U_{ref} = 0.048V$。

即：

$$U_{ref} = \left(\frac{+15V \times R_9}{R_8 + R_9} \right) \times \left(\frac{R_5}{R_4 + R_5} \right) = 0.048V$$

当输入电压 $U_{gn} > U_{d2} + U_{ref} = 0.7V + 0.048V = 0.748V$ 时，LM348-7# 电压由 +15V 翻转为 -15V。即：

当 $U_g < 0.748V$ 时，运算按放大器输出端 LM348-7# 为 +15V，二极管 VD6 截止。限速电路不起作用。

当 $U_g > 0.748V$ 时，运算放大器输出端 1# 为 -15V，二极管 VD3 导通，将 VT1、VT2 组成的三极管网络导通，进而导通 N 沟道结型场效应管 VT3，使速度环短接，失去对速度调节的响应，进而由正负限幅电路限制其输出电压。

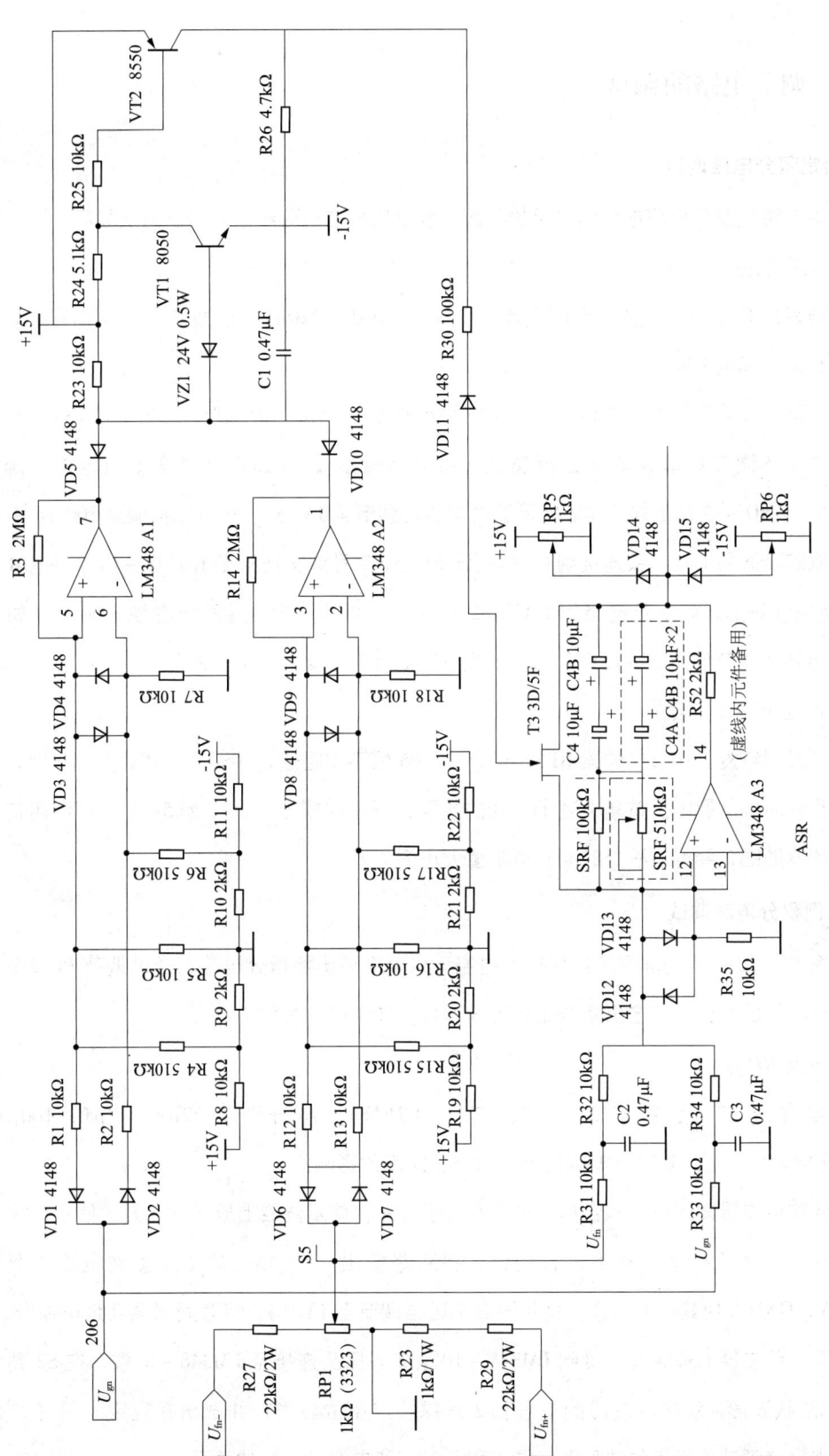

图13-12 限速电路的原理图

四、调节电路的调试

1. 给定积分电路调试

通过调节给定积分电路电容和电阻的参数,整定出最佳积分参数。调试方法如下:

(1) 固定电位器 RP6

改变电容器 C7、C8 大小分别至 22μF、47μF、100μF、220μF,观察突加给定信号时,电容大小对积分时间的影响。

① 将双踪示波器调到直流耦合挡,校正双踪示波器,使示波器上显示标准方波信号。

② 将单闭环调节板单独取下进行调试,将双路输出 +/−15V 电源连接到电路电源端 (+/−15V,GND) 使其正常工作。将示波器电压挡调节至 1V/格,将时间挡调至 500ms/格。

③ 将双踪示波器 1 号探头连接到 C5 的正端 S1 处,2 号探头连接至 LM348−14#,在 UR 端给个 1V 的阶跃波形,观察示波器的 1 号和 2 号探头产生的波形,并画出在规定时间(如 5s 内)不同电容值调节作用下的波形图,了解积分时间和电容量大小的关系。

(2) 固定电容器电容值

用一字形螺钉旋具调节电位器 RP6,记录下 RP6 的不同阻值,并观察突加给定信号时,放大比例对积分时间的影响。重复上述①~③的步骤,画出在规定时间(如 5s 内)不同阻值调节作用下的波形图,并得出积分时间和电阻值大小的关系。

2. 比例积分电路调试

调试图 13−13 中双闭环调节电路板上电流环和速度环比例积分电路,通过调节 PI 调节器电容器和电阻器的参数,整定出最佳比例积分参数。其调试方法如下:

(1) 固定 RP_{LRF}

改变电容器 C7(包括 C7A、C7B、C7A′、C7B′)大小分别至 22μF、47μF、100μF、220μF,观察突加给定信号时,电容量大小对积分时间的影响。

① 将双踪示波器调到直流耦合挡,校正双踪示波器,使示波器上显示标准方波信号。

② 将双闭环调节板单独取下进行调试,将双路输出 +/−15V 电源连接到电路电源端 (+/−15V,GND) 使其正常工作。将示波器电压挡调节至 1V/格,将时间挡调至 500ms/格。

③ 将双踪示波器 1 号探头连接到 LM348−10#,2 号探头连接至 LM348−8#端,在 S2 端给一个 1V 的阶跃波形,观察示波器的 1 号和 2 号探头产生的波形,并画出在规定时间(如 5s 内)不同电容值调节作用下的波形图,得出积分时间和电容量大小的关系。

（2）固定电容器 C7 电容值

用一字形螺钉旋具调节电阻 RP_{LRF}，记录下 RP_{LRF} 的不同阻值，并观察突加给定信号时，放大比例对积分时间的影响。重复上述①~③的步骤并画出在规定时间（如5s内）不同阻值调节作用下的波形图，得出积分时间和电阻值大小的关系。

3. 速度环比例积分电路调试

通过调节 PI 调节器电容器和电阻器的参数，整定出最佳比例积分参数。其调试方法如下：

（1）固定 RP_{SRF}

改变电容器 C4（包括 C4A、C4B、C4A′、C4B′）大小分别至 $22\mu F$、$47\mu F$、$100\mu F$、$220\mu F$，观察突加给定信号时，电容量大小对积分时间的影响。

①将双踪示波器调到直流耦合挡，校正双踪示波器，使示波器上显示标准方波信号。

②将双闭环调节板单独取下进行调试，将双路输出 +/-15V 电源连接到电路电源端（+/-15V，GND）使其正常工作。将示波器电压挡调节至1V/格，将时间挡调至500ms/格。

③将双踪示波器 1 号探头连接到 LM348 的（12）脚，2 号探头连接至 LM348 的（14）脚，在 U_g 端给一个 1V 的阶跃波形，观察示波器的 1 号和 2 号探头产生的波形，并画出不同电容值下规定时间（如5s内）的波形图，得出积分时间和电容量大小的关系。

（2）固定电容器 C4 电容值

用一字形螺钉旋具调节电阻 RP_{SRF}，记录下 RP_{SRF} 的不同阻值，并观察突加给定信号时，放大比例对积分时间的影响。重复上述①~③的步骤，画出在规定时间（如5s内）不同阻值调节作用下的波形图，得出积分时间和电阻值大小的关系。

4. 零速封锁电路调试

①将双踪示波器调到直流耦合挡，校正双踪示波器，使示波器上显示标准方波信号。

②启动调速系统，将示波器电压挡调节至1V/格，将时间挡调至500ms/格。

③将双路输出 +/-15V 电源的 +15V 接单闭环调节板的导线 213 端、200 端接地，在 U_g 端接信号发生器，输入 0.4V，100Hz 的三角波，将双踪示波器 1 号探头连接到 LM348 - $2^\#$ 的负端，2 号探头连接至 LM348 - $1^\#$ 处，观察示波器的 1 号和 2 号探头产生的波形，并画出规定时间（如5s内）的波形图。

④系统在线测量：插上各电路板、通电，调节给定信号 U_g 使系统正常运行。缓慢调节使 U_g 减小，当减小到一定程度时，电动机停转。测量此时 U_g 值。

5. 限速电路调试

限速电路原理如图 13-13 所示。

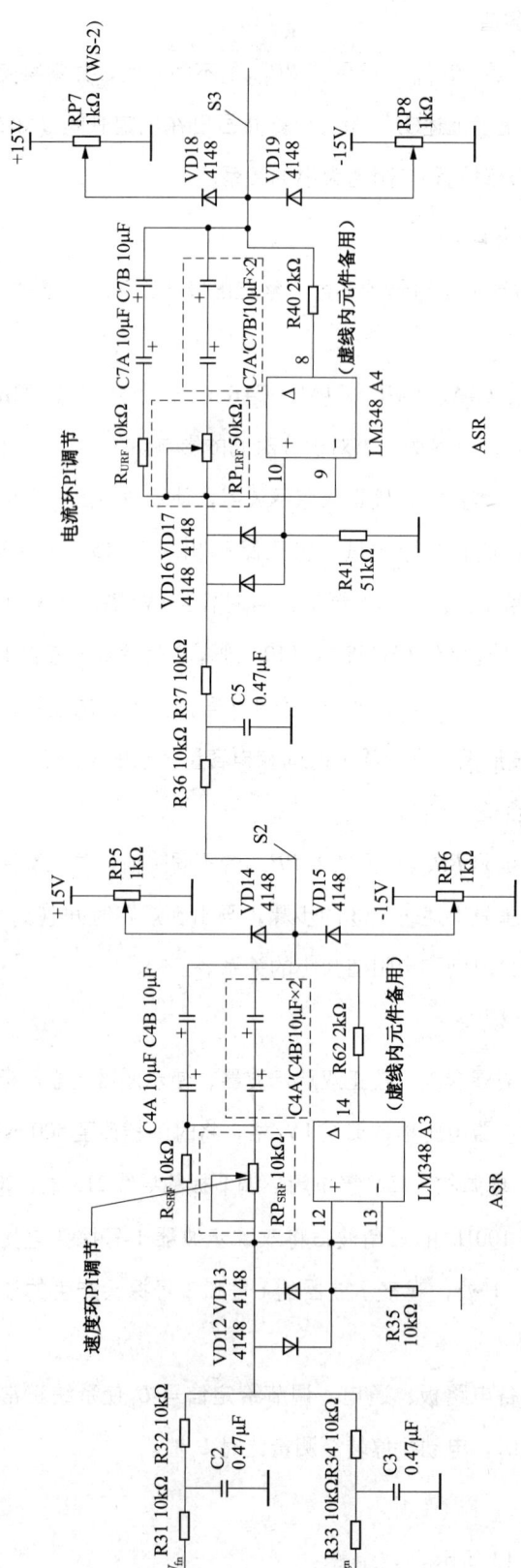

图13-13 比例积分电路工作原理图

①将双踪示波器调到直流耦合挡，校正双踪示波器，使示波器上显示标准方波信号。

②启动调速系统，将示波器电压挡调节至1V/格，将时间挡调至500ms/格。

③在206端加载0~10V直流电压源，从0V开始调节电压，观察运放的7#输出变化。将双踪示波器1号探头连接到运放的6#正端，2号探头连接至运放的7#处，观察示波器的1号和2号探头产生的波形，并画出示波器探头1、探头2的波形图。

④测试晶闸管VT3在运放状态发生偏转前后的阻值变化。

⑤系统在线测量。捕上各电路板后通电，调节给定信号U_g使系统正常运行。缓慢调节使U_g增大，观察电动机转速的变化。当增大到一定程度时，电动机转速保持不变，测量此时的U_g值。

第二节 调节电路的维护

单闭环调节系统的调节电路由给定积分环节、电压调节环节、零速封锁环节电路组成，双闭环调节系统的调节电路由转速调节环节、电流调节环节、限速环节组成，调节电路在直流调速系统中对系统输入、输出信号起着处理、调节和保护的作用，它的稳定运行直接影响调速品质。因此，掌握调节环节的维护至关重要。

调节电路常见故障见表13-1。

表13-1 调节电路常见故障

序号	故障现象	故障原因分析	
		故障点	故障原因
1	单闭环调节系统中电动机始终振荡	(1) 减小C7、C8电容值	(1) 给定积分环节积分强度不足
		(2) 增大R19电阻值	(2) 放大器增益过大，导致系统不稳
		(3) 减小C9、C10电容值	(3) 积分先行放大器积分强度不足，导致静差过大
		(4) 机外干扰	(4) 防干扰差
		(5) 反馈环节出问题	(5) 无电压负反馈调节

续表

序号	故障现象	故障原因分析	
		故障点	故障原因
2	$U_g=0$ 时仍有 U_k 值，$U_d>0$	反接 VD9	正限幅的限幅电压接入电路，影响 U_k 值
3	U_k 值偏低，U_d 达不到最大值	减小 R19 电阻值	比例系数过小，导致 U_k 偏低
4	没有 U_k 输出	LM348 损坏	给定积分环节、比例放大环节无效
5	电压较低时不能调节	减小 R1 电阻值	零速封锁电压过高
6	双闭环调速系统调节速度环不能达到额定转速	减小 RP5、RP6 阻值	限幅电压过低

习题与思考题

1. 在直流调压调速系统中，给定积分电路的作用是什么？
2. 给定积分电路中，RP6 的调节起到什么作用？
3. 给定积分电路中，R18 称作什么，起到什么作用，为什么要并联二极管 VD6？
4. 零速封锁电路主要由哪些元件构成，所起的作用是什么？
5. 速度环调节电路中，RSFR，C4A、C4B 是如何工作的，其功能是什么？
6. 电流环调节电路中，RSFR，C7A、C7B 是如何工作的，其功能是什么？
7. 简述系统刚启动时，速度环调节电路的工作过程。
8. 简述系统刚启动时，电流环调节电路的工作过程。
9. 限速电路主要由哪些元件构成，所起的作用是什么？
10. 简述电流环调节电路的比例积分环节如何调试？
11. 简述零速封锁电路如何调试？
12. 简述限速电路工作原理？
13. 如果出现双闭环调速后，电动机达不到额定转速，应如何解决？

第十四章　直流调速系统调试与维护

直流调速系统是一个典型的系统，该系统一般含晶闸管可控整流主电路，移相控制电路，转速、电流双闭环调速控制电路，以及缺相和过流保护电路等。给定信号为 0~10V 的直流信号，可对主电路输出电压进行平滑调节。采用双 PI 调节器，可获得良好的动、静态效果。为使系统在阶跃扰动时无稳态误差，并具有较好的抗扰性能，速度环设计成典型 II 型系统，电流环校正成典型 I 型系统。若任一个环节上出现故障，整个系统将无法正常运行，故对整个系统的调试和维护是不容忽视的，它决定着系统的稳定性和可行性。直流调速系统连续运行各部位允许温升极限如表 14-1 所示。

表 14-1　直流调速系统连续运行各部位允许温升极限

部　位		温升极限/℃	测试方法
整流变压器	绕组	80	电阻法
	铁心	85	点温计
铜　排		35	点温计
导线螺栓固接处	镀锡	55	点温计
	镀银	70	点温计
电阻元件		待定	点温计
绝缘导线外表皮（护套）处		20	点温计

一、典型晶闸管直流调压调速装置

典型晶闸管直流调压调速实训装置，专供驱动直流电动机调速使用，也可作为可调直流电源使用。晶闸管整流器将交流电整流成为可调直流电，对直流电动机电枢供电，并引入电压负反馈、电流截止负反馈、转速负反馈等，组成自动稳速的无级调速系统。由于本系统各项性能良好，能满足一般生产机械对调速的要求。

晶闸管直流调压调速装置可作为直流电动机的可调电源，对其电枢供电；其主电路采用三相全控桥式整流电路，使用交流电流互感器检测负载电流。由整流变压器、给定环节、给定积分放大器、零速封锁电路、集成脉冲触发器、电流截止负反馈、电压负反馈、滤波型调节器、电压隔离电路、过流保护电路、缺相保护电路、继电操作电路组成自动稳压的无级调速系统，并设有保护报警电路。它还具有独立的励磁电源，向直流电动机提供励磁电流。该系统分为单闭环和双闭环直流调速，系统的使用条件也有一定的限制，使用条件如下：

①海拔高度不超过 1000m；

②环境温度为 10～40℃，空气相对湿度不大于 85%；

③周围介质无腐蚀、爆炸及其他危险性气体，无严重灰尘及导电尘埃，无冰雪、雨水浸入机柜内，工作间通风良好，室内无剧烈振动；

④应用于阻性负载时，不允许在低于 65% 额定电压下输出额定电流，否则会使硅元件及整流变压器超过额定温升，致使烧毁。

二、直流调速系统调速分析

1. 直流调速系统

晶闸管直流调压调速装置采用功能模块化设计，设备内装有保护报警电路，当快速熔断器熔断、直流输出过流或短路，保护电路发出报警指令，可自动切除主电路电源；同时故障指示灯亮，直至操作人员切断控制装置电源，故障指示灯才可熄灭。保护电路的设置提高了设备运行的可靠性。

2. 单闭环直流调速系统调速工作原理

单闭环直流调速系统框图如图 14-1 所示。

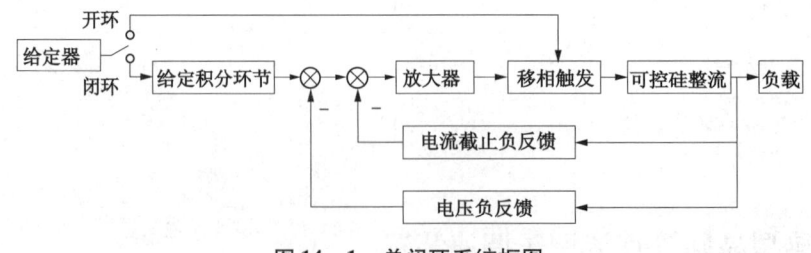

图 14-1 单闭环系统框图

先使系统处于闭环状态。由中间继电器 KA 控制的给定电源通过一电阻器 R12 加到控制盘上的给定电位器，调节此电位器可得到 0～10V 的直流给定电压，前级信号 U_0 经电阻 R13 和电位器 RP6 分压后，作为积分器的输入信号，调节 RP6 可改变积分常数（即积分时间），经由

IC_2、C7、C8 等元件组成的积分输出,再经校正网络输出 U_a 与其他信号综合,作用于后面的放大器,可将信号比例放大的同时,还具有减小静差率,提高稳定性的作用。由于 C9、C10 的作用,使输出信号不能突变,只能缓慢变化。然后通过调节电阻值来改变电容器的充放电时间,从而改变单结晶体管的振荡频率,实际改变控制晶闸管的移相触发角,达到移相触发目的,交流电源经整流后,输出可控直流电源,向被控电动机电枢馈送电能。通过控制晶闸管整流元件的导通角度,就可以调节整流电路的输出直流电压。通过电压隔离器将取自主回路的电压反馈信号 $44^\#$、$45^\#$ 变换、隔离后,作为电压负反馈的输入信号。当负载电流超过负载额定电流的一定倍数(对于本系统为额定电流的 1.2 倍,即 12A)时,使系统的电流截止负反馈电路起作用,形成挖土机特性。电流截止负反馈,由主电路的直流侧通过直流互感器件将信号取出。电压、电流反馈量均与给定电压并联综合。从晶闸管整流器输出端按一定比例反馈过来的直流电压,经电压隔离器隔离后加到调节放大单元。由于给定电压和反馈电压是反极性连接,所以构成电压负反馈。加到运算放大器输入端的电压为给定电压与反馈电压的差值 ΔU。其值经 PI 调节运算后,加到触发器的输入端作为触发器的控制电压,最终可以使系统达到稳定。

3. 双闭环直流调速系统调速工作原理

双闭环系统框图如图 14-2 所示。

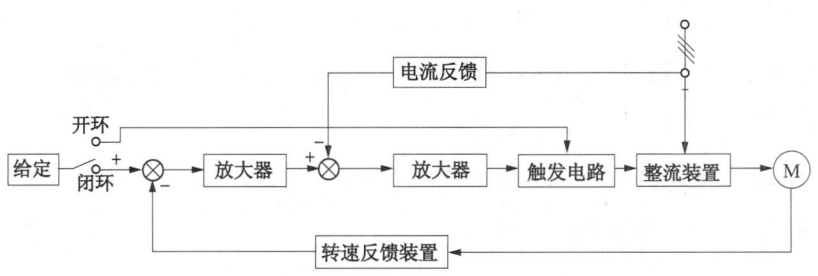

图 14-2 双闭环系统框图

将调节板 K1 跳线置于闭环位置,由给定电路给出信号,前级信号 U_0 经电阻 R13 和电位器 RP6 分压后,作为积分器的输入信号,给定积分器的输出信号 U_a 加到运放的⑤脚作为输入,将信号给触发电路,触发电路主要为三相可控整流电路提供双窄的脉冲。在触发电路中,由 KC04 与电阻和电容组成振荡电路。将由同步变压器提供的同步电压 U_{ta}、U_{tb}、U_{tc} 分别接入三片 KC04 的同步电压引脚,通过 RP1、RP2、RP3 可调节锯齿波斜率,最终由运放①脚得到触发信号,再经 VT1、VT3、VT5 的功率放大加到晶闸管的门极及阴极作为触发脉冲使用。VD1-VD12 组成六个或门,其中 VD12 与 VD9,VD7 与 VD10,VD3 与 VD6,VD1 与 VD4,VD11 与 VD2,VD5 与 VD8 各组成一个或门,触发电路将信号输入整流装置,经过整流装置获得电流负反馈信号,通过转速检测反馈装置,将转速反馈信号反馈给比较器。在主电路的交流侧通过交流互感器将信号（41#，42#，43#）取出，检测负载电流达到电动机预期运行目标。

三、单闭环直流调速系统的安装与检查

1. 安装接线及检查

①系统的接线。将三相四线制 380V 交流的 U、V、W 三相接至交流接触器 KM1 上，零线接在中性线接线柱 N 上。

②将励磁输出线与直流电动机的励磁接线端子相连接，注意极性。

③将整流输出线与直流电动机的电枢接线端子相连接，注意极性。

注意：如果使用模拟负载，只需将输出线与模拟负载的接线端子相连接。

2. 单闭环直流调速系统的调试

（1）操作方法

①启动

a. 闭合 QS1（本身带自锁），KM2 线圈得电，主触头闭合，将 U、V、W 和导线 36#、导线 37#、导线 38# 接通，使同步和电源变压器得电，控制电路开始工作。导线 36# 得电，KM2 辅助常开触头闭合，为主电路和给定回路的接通做好准备。

b. 闭合 QS2（本身带自锁），KM1 线圈得电。主触点接通三相电源与主变压器得电。KM1 辅助常开触点闭合，使得控制电路接触器 KM2 线圈始终接通，保证主电路得电时，控制电路不能被切断，同时为给定回路的接通做好准备。

c. 按下 SB2，给定回路接通，KA 得电自锁，启动完成。

d. 调节给定电位器，逐渐增加至最大。

②停止

a. 调节给定电位器，逐渐减至最小。

b. 按下 SB1，切断给定回路。

c. 断开 QS2，切断主电路。

d. 断开 QS1，切断控制电路。

③注意事项：

a. 在进行继电线路和各功能板首次调试时，应断续供电，以免存在故障损坏设备。

b. 调节反馈量时，负反馈应从最强位置往小调节。

c. 调锯齿波斜率时，应以示波器显示为准。

d. 设备在出厂时，均经过系统调整，符合技术条件，使用前一般无须调整，若因搬运或久置，使电位器锁紧螺母松动及某些部位接触不实而影响正常工作时，如需复调可参照下述步

骤进行：先单元电路测试，后整机测试；先静态调试，后动态调试；先开环调试，后闭环调试；先轻载调试，后满载调试。

（2）通电调试前检查

在通电调试前，应先对整机（包括接线提示、绝缘、冷却等方面）进行全面的检查。确认无误后方可通电。

校对电源相序：用示波器（或相序表）校对主电源与同步变压器的相序是否对应。使用示波器时，要特别注意安全保护，应将电源接地端断开，但此时机壳带电，必须注意对地绝缘，以防人身触电。

继电控制电路：接通电源，按规定顺序操作面板上的按钮，检查继电器工作状态和控制顺序是否正常，此时各控制板均已拆下，不工作。

（3）开机操作顺序

①接通标有"控制电路接通"的主令开关 QS1，控制回路接触器 KM2 线圈得电，常开触点闭合，控制回路电源接通。

②接通标有"主电路接通"的主令开关 QS2，主回路接触器 KM1 线圈得电，常开触点闭合，整流变压器 T1 得电，并将三相交流电送至晶闸管整流桥输入端，同时励磁电源得电。

③按下标有"给定回路得电"按钮 SB2，给定回路继电器 KA 线圈得电，常开触点闭合，给定回路电源接通。

（4）停机操作顺序

①按下"给定回路断开"按钮，给定电路被切断。

②关断"主电路接通"主令开关 QS2，KM1 线圈失电，常开触点断开，切断主电路电源。

③关断"控制电路接通"主令开关 QS1，KM2 线圈失电，常开触点断开，切断控制电路电源。

（5）单闭环直流调速系统调试

①对各控制板的调试

电源板：电源板主要由整流桥（Q1～Q3）组成的桥式整流电路，滤波后接 LM7815 和 LM7915 集成稳压器的输入端，其输出为各控制板及脉冲变压器提供电源。

首先检查各输入量是否正常。将转接线插入电源板的插座内，接通电源，闭合"控制电路接通"主令开关，使用万用表逐点测量各输入电压是否正常。以上测试电压正确后，断电将电源板安装好，再次闭合控制电路，测量各输出点电压是否正确，即有无 +24V、+15V、-15V 输出。如果数值正确，前面板的三个发光二极管应正常发亮。

隔离板：首先检查各输入量是否正常，即 +15V 是否正常，接线是否正确。而后插入电源板和隔离板，此时主电路尚未工作，所以导线44#与45#均无电压。闭合控制电路，若有蜂鸣声，则表示振荡变压器工作正常，2kHz方波已经产生。前面板的各调节电位器和测试点的含义如下：

RP1：电压反馈值调整电位器，S1：电压反馈值测试点。

触发板：触发板主要为晶闸管提供双窄脉冲。前面板的各调节电位器和测试点的含义如下：

RP1：斜率（U相的斜率）电位器，S1：斜率值（U相）。

RP2：斜率（V相的斜率）电位器，S2：斜率值（V相）。

RP3：斜率（W相的斜率）电位器，S3：斜率值（W相）。

RP4：偏置电压（初相角）电位器，S4：偏置电压。

此时由于没有安装调节板，所以 $U_k=0V$。闭合控制电路，首先用转接线分别测量各输入量是否正确，即 +15V、-15V、U_{ta}、U_{tb}、U_{tc}、0V。正确后断电，将触发板安装好，再次闭合控制电路，调节电位器RP1、RP2、RP3，并测量各测试点S1、S2、S3电压均为直流电压6V。调节电位器RP4即改变 U_p 的值，调节 U_p 到 -6V。

调节板：调节板是控制电路的核心，它主要由给定积分放大器、零速封锁电路、滤波型调节器、速度调节器、电流调节器、过电流整定电路、缺相保护电路、保护报警电路、过流保护电路等组成。前面板的各调节电位器和测试点的含义如下：

RP1：正限幅电位器，其整定值为最小整流角，S1：电压给定值测试点。

RP2：负限幅电位器，其整定值为最小逆变角，S2：PI调节器输出值测试点。

RP3：截流值大小调整电位器，S3：过流值测试点。

RP4：过流值大小调整电位器，S4：截流值测试点。

RP5：过流值设定电位器。

RP6：给定积分值调整电位器（在线路板上）。

首先检查各输入量是否正常，-15V、+15V、$U_g=0\sim10V$、$U_{fu}=0V$，而后将调节板安装好，把短路环放在开环位置，测量 $U_k=0\sim10V$。闭合主电路，观察输出是否连续可调。

②开环调整（阻性负载），各板调整好以后，进行整机联调

初始相位角的调整。将四块功能板安装好，将调节板置于开环状态，给定调节电位器调至最小，并接通控制电路、主电路和给定电路，调节给定调节电位器使 $U_g=0V$，调整触发板的RP电位器，使 $U_d=0V$，初始相位角调整结束。

调节给定调节电位器，逐渐加大给定电压至最大值，观察电压表的变化，电压指示应连续增加至300V，且线性可调。

确定各反馈量极性。调节给定电位器，使主电路有直流输出，测量各反馈量极性是否正确，$U_{fu}=0\sim 10\mathrm{V}$。

至此系统开环状态已调整好。其正常状态为：

$U_{WA}=6\mathrm{V}$，$U_{WB}=6\mathrm{V}$，$U_{WC}=6\mathrm{V}$，$U_{WP}=-6\mathrm{V}$；$U_g=0\sim 10\mathrm{V}$，$U=0\sim 300\mathrm{V}$，且连续可调；负载电流表有一定的电流值。注：参数为参考电压值，不同负载可能参数整定有偏差。

③闭环调试

将隔离板上的电压反馈电位器 RP1（逆时针）调整到最大（即取消反馈电压）；将调节板上的限幅电位器 RP1 调至限幅值为 5V 左右；调节给定电位器，逐渐加大给定电压，使给定值达到最大，输出电压应为最大，即 $U_d=300\mathrm{V}$；调节调节板上的限幅电位器 RP1，使输出电压 $U_d=270\mathrm{V}$；逐渐加大隔离板上的电位器 RP1（顺时针），使输出电压 $U_d=220\mathrm{V}$，此时闭环调整结束。其正常状态为：

$U_{WA}=6\mathrm{V}$、$U_{WB}=6\mathrm{V}$、$U_{WC}=6\mathrm{V}$，$U_{WP}=-6\mathrm{V}$；限幅值为 5V 左右；$U_g=0\sim 10\mathrm{V}$，$U_d=0\sim 220\mathrm{V}$，且连续可调；负载电流表有一定的电流值。

④带模拟负载时，过流值的整定和截流值的整定

过流值的整定：将调节板内的 RP5 的输出电压调到 6~7V，闭合各电路，调节给定电位器，使输出电压达到 220V；增加负载（即调节电阻箱的阻值），负载电流增加，当电流表指示电流值达到电枢额定电流值的 2.2 倍时（$I_d=2.2I_e$），停止增加负载；调整调节板上的电位器 RP4，使保护电路动作，即切断主电路，故障指示灯亮；此时调节板上的电位器 RP4 的电压值为过流值的整定值。切断控制回路，将电阻箱的阻值复原。

截流值的调整：将调节板上的电流截止负反馈电位器 RP3 顺时针调到最大，闭合各电路，调节给定电位器，使输出电压达到 220V；增加负载（即调节电阻箱的阻值），负载电流增加，当电流表指示电流值达到电枢额定电流值的 1.5 倍时（$I_d=1.5I_e$），停止增加负载；调整调节板上的电流截止负反馈电位器 RP3（逆时针），当电压表数值开始减小时，停止调节电流截止负反馈电位器 RP3，再增加负载，此时负载电流基本保持不变，而输出电压却在下降。至此，截流值整定调试完毕，直流调速带模拟负载系统调整完毕。

⑤带电动机负载时，保护环节调试

过流值的整定：将调节板内的 RP5 的输出电压调到 6~7V，闭合各电路，调节给定电位器，使输出电压达到 220V；增加负载，负载电流增加。当电流表指示电流值达到电枢额定电流值的 2.2 倍时（$I_d=2.2I_e$），停止增加负载；调整调节板上的电位器 RP4，使保护电路动作，即切断主电路，故障指示灯亮；此时调节板上的电位器 RP4 的电压值为过流值的整定值。

电动机堵转截流值的调整：将调节板上的电流截止负反馈电位器 RP3 顺时针调到最大，闭

合各电路，调节给定电位器，使输出电压达到 220V；增加负载使电动机堵转，调整调节板上的电流截止负反馈电位器 RP3（逆时针），当电压表数值开始减小时，停止调节电流截止负反馈电位器 RP3，再增加负载，此时负载电流基本保持不变，而输出电压却在下降。至此，截流值整定调试完毕。

（6）双闭环直流调速系统的调试

双闭环调节板各调节电位器和测试点的含义如下：

RP1：转速反馈电位器，S1：电压给定值测试点。

RP2：电流反馈电位器，S2：ASR 输出值测试点。

RP3：保护值调整电位器，S3：ACR 输出测试点。

RP4：过流值大小调整电位器，S4：过流值测试点。

①继电控制电路的通电调试。取下各插接板，然后通电，检查继电器的工作状态和控制顺序等，用万用表查验电源是否通过变压器和控制触头送到了整流电路的输入端。

②系统开环调试（带电阻性负载）。

控制电源测试：插上电源板，用万用表校验送至其所供各处电源电压是否正确，电压值是否符合要求。

触发脉冲检测：插入触发板，调节斜率值，使其为 6V 左右。调节初相位角，在感性负载时，初始相位角在 $\alpha = 90°$ 位置，调节 U_p，使得 U_d 在给定最大时能达到 300V，给定为 0 时，$U_d = 0$。

调节板的测试：插上调节板，将调节板处于开环位置。

ASR、ACR 输出限幅值的调整。输出限幅值的依据，分别取决于 $U_d = f(U_k)$ 和 $U_{f2} = \beta I_d$，其中 β 是反馈系数。本系统中，ACR 输出限幅值如下整定：正限幅值给定最大，调 RP7，使 $U_d = 270V$，取裕量 50V，正限幅值 RP7 为 5.5V，负限幅值 RP8 为 -3V。ASR 的限幅值由 ASR 的输出最大值与电流反馈环节特性 $U_{fi} = \beta I_d$ 的最大值来权衡选取，应取两者中的较小值，正限幅值 RP5 为 6V；负限幅值为 -6V。给 RP6 一个翻转电压，其值也由系统负载决定，一般取 6V。

反馈极性的测定：从零逐渐增加给定电压，U_d 应从 0~300V 变化，将 U_d 调节到额定电压 220V，用万用表电压挡测量 RP2 电位器的中间点（对 L），看其极性是否为正，如正则正确，将电压值调为最大。断开电源，将电动机励磁与电枢连接好，测速发电机接好，接通电源，接通主电路，给定回路，缓慢调节给定电位器，增加给定电压，电动机从零速逐渐上升，调到某一转速，用万用表电压挡测量电位器 RP1 的中间点，看其值是否为负极性，将电压值调为最大。

③系统闭环调试（带电动机负载）。将调节板 K1 跳线置于闭环位置。接通系统电源，缓

慢增加给定电压，由于设计原因，电动机转速不会达到额定值。此时，调节 RP1 电位器，减小转速反馈系数，使系统达到电动机额定转速（此时 $U_d = 220V$），速度环 ASR 即调好。

去掉电动机励磁，使电动机堵转（电动机加励磁时，转矩很大，不容易堵住）。缓慢调节 RP2，使电枢电流为电动机额定电流的 1.5～2 倍，本系统调为截流值为 1.8A，电流环即调好。若 I_d 已达规定的最大值，还不能被稳住，说明电流负反馈没起作用，电流反馈信号 U_{fi} 偏小或 ASR 输出限幅值 U_{gi} 定得太高；还有一种原因，可能是由于 ACR 给定回路及反馈回路的输入电阻有差值。出现上述现象后，必须停止调试，重新检查电流反馈环节的工作是否正常，ASR 的限幅值是否合理。重新调整电流反馈环节的反馈系数，使 U_{fi} 增加，然后再进行调试。

过电流的整定：电动机堵转，将 RP4 调为反馈最弱（逆时针旋到头），稍微给一点。调节 RP2 使电枢电流为额定电流的 2～2.5 倍，本系统取 2.5A，左右调节 RP4 使系统保护，$U_d = 0V$，延时后主电路断开，故障灯亮。重复上一自然段的工作，将系统调为正常值（$I_d = 1.8A$）。

④整机统调。系统运行时可以选择开环形式运行或闭环形式运行，两种形式下的系统运行结构是不同的。开环运行形式比较简单，系统的机械特性较软（本系统为调试方便而设计了开环运行方式），系统正常工作时应为闭环运行形式，闭环运行形式相对复杂，系统的机械特性较硬。

开环运行形式下的调试：系统开环运行时控制形式比较简单，主要是调整三相触发电压平衡和脉冲的初始相位角，具体操作步骤如下：

a. 确认系统电源的相序。确认系统的相序正确无误。因为三相全控桥式调压柜采用了双窄脉冲触发电路形式，所以辅助的补脉冲应该在主脉冲发出后 60° 出现。如果电路相序连接不对，会造成补脉冲在主脉冲之前出现的情况，此时只要将调压柜的三相电源进线其中的任意两根对调，就可以改变这种情况。

b. 三相锯齿波斜率平衡的调解。调节触发板（CFD）上的 RP1，RP2 和 RP3 电位器，使晶闸管导通对称，输出三相电压平衡。调节检测方法有三种：第一种，调节时可以用双踪示波器观测任意两相锯齿波的斜率，调节 RP1，RP2 和 RP3 电位器，使其斜率相等即可；第二种，使用示波器观测主电路输出直流电压，调节 RP1，RP2 和 RP3 电位器，直至输出电压波形对称，晶闸管导通一致；第三种，使用万用表检测锯齿波斜率测试点的直流电压值，调节 RP1，RP2 和 RP3 电位器，使三相锯齿波测试点的直流电压值相等，因为触发电路选择的是 KC04 集成触发电路，所以此时三相晶闸管导通也一定是对称的。根据本系统采用的参数，锯齿波测试点的直流电压调节到 6.3V 即可。

c. 脉冲初相角调节。调节给定电位器，使给定电压 $U_g = 0V$，此时控制电压 $U_k = 0V$，调节偏置电位器 RPP，改变偏置电压值的大小。偏置电压减小，脉冲就会往 α 角增大的方向移动；

偏置电压增大，脉冲就会往 α 角减小的方向移动。对于不同的主电路，所需要的脉冲初始相位角并不一样，三相全控桥式调压柜带电阻性负载时，其触发角 α 移相范围应为 0°~120°，所以需要调节偏置电压，使脉冲的初始位置在 α = 120°或更大的位置上，此时主电路的输出电压应该为零。

d. 主电路输出直流电压波形调整。缓慢增加给定电压 U_g，此时脉冲应该向 α 角减小的方向移动，主电路直流输出电压会缓慢上升。当增加 U_g 到一定电压值时，α 角应该等于 0°，此时所有的可控硅全部完全导通，相当于 6 个二极管整流，输出直流电压应该在 300V，使用示波器观察主电路输出直流电压，应该是波形完整，无缺相现象。

e. 在系统由开环形式转为闭环形式前，为闭环调试做准备。在开环情况下，确定所有的反馈信号（如电压反馈信号、电流反馈信号）的极性正确，幅值足够并且连续可调，对系统中的一些反馈信号需要提前做一些调整，以保证系统在闭环调试时顺利进行，具体有以下一些调整点需要注意：

隔离板（VSD）上 RP1 电位器：U_{fu}，电压负反馈整定。对于电阻性负载，初始值 $U_{fu}=0V$。

调节板（TJB）上 RP3 电位器：U_{fi+}，电流截止负反馈整定，初始值 $U_{fi+}=0V$。

调节板（TJB）上 RP4 电位器：U_{fi-}，电流保护整定，初始值 $U_{fi-}=0V$。

调节板（TJB）上 RP5 电位器：电流保护设定，初始值为某一正电压，一般取 2.5~4V。

调节板（TJB）上 RP1 电位器：U_{kmax}，最小整流角限定，具体电路具体要求，一般先取 5V。

调节板（TJB）上 RP1 电位器：U_{kmin}，最小逆变角限定，具体电路具体要求，一般先取 -1V。

调节板（TJB）上 RP6 电位器：给定积分器积分时间整定，初始值为电位最大位置。

⑤闭环运行形式下的调试

a. 首先调整系统最小整流角。原则是当给定电压 U_g 达到最大值 U_{gmax} 时，调压柜的晶闸管触发角 α 不小于 0°，此时调压柜的输出直流电压达到最大值 U_{dmax}。调试时可以先将给定电位器调节到最大值，此时因为系统原来的 RP1 已经被限定在 5V，所以输出直流电压是达不到最大输出值的，也就是可控硅触发角 α 根本达不到 0°。这时需要调节 TJB 的 RP1 电位器，使输出电压升高，直到输出电压达到最大输出电压值为止（对于本系统 $U_{dmax}=300V$）。

b. 调整系统的电压负反馈深度。原则是当给定电压 U_g 达到最大值 U_{gmax} 时，调压柜的输出直流电压达到负载需要的额定电压值 U_e。调试时，可以先将给定电位器调节到最大值，此时因为系统没有电压负反馈作用，所以输出直流电压是最大输出值 U_{dmax}，而负载需要的电压值一般是低于这个电压值的。所以需要调节 YGD - RP1 电位器，使输出电压降低，直到输出电压降低到负载需要的额定电压值为止（对于本系统 $U_e = 220V$）。

表 14-2 直流调速系统常见故障

序号	故障现象	故障原因分析	
		故障点	故障原因
1	该相脉冲没有输出	KC04 损坏	根据 U_d 和 U_{vt} 波形，判断故障
2	相序不正确，电压在小范围内波动	U_{tu}，U_{tv}，U_{tw} 的顺序	改变 U_{tu}，U_{tv}，U_{tw} 的顺序
3	KM1 不闭合	(1) U 相电压 (2) KM2 主触头 (3) U 相熔断器及其处电路 (4) QS2 无法闭合及接线断路 (5) KM2 的常开 (6) KM1 线圈或外接线	(1) U 相电压为零 (2) KM2 主触头没有闭合 (3) U 相熔断器及其处电路断开 (4) QS2 无法闭合及接线断路 (5) KM2 常开闭合不上 (6) KM1 线圈或外接线断路
4	没有 U_k 输出	LM324 损坏	给定积分器、比例放大器均损坏 $U_k = 0V$
5	通电，保护电路工作	RP5 的 15V 电源断开	比较电压过低

c. 调整系统的过流保护整定。原则是当调压柜的负载电流超过负载额定电流的一定倍数（对于本系统为额定电流的 1.5 倍，即 15A）时，使系统的过流保护电路动作，封锁晶闸管的触发脉冲，延时一段时间后切断调压柜主电路。调试时先将输出电压调节到最大输出电压值，然后缓慢增加负载，使调压柜的输出电流上升到 15A，然后缓慢调整 TJB 的 RP4。当调节到某一个点时，系统输出电压突然降为 0V，过一会过流指示灯亮起，同时主电路接触器断开，过流保护整定完成。注意，过流保护整定需要在高电压下进行，应注意安全防护，同时调整时间要尽量的短。

d. 调整系统的电流截止负反馈值。原则是当调压柜的负载电流超过负载额定电流的一定倍数（对于本系统为额定电流的 1.2 倍，即 12A）时，使系统的电流截止负反馈电路起作用，形成挖土机特性。调试时先将输出电压调节到最大输出电压值，然后缓慢增加负载，使调压柜的输出电流上升到 12A，然后缓慢调整 TJB 的 RP3。在开始调整时，输出电压应该保持不变，当调节到某一个点时，系统输出电压有所降低，说明此时电流截止负反馈电路中的稳压二极管已经被击穿，电流截止负反馈电路已经起作用，则电流截止负反馈整定完成。同样，整定需要在高电压下进行，故调整时间要尽量的短。

e. 调整系统的给定积分时间的方法：调整 TJB 的 RP6，然后突加给定，观察系统输出电压的上升情况，直到达到理想的电压上升速度。

习题与思考题

1. 典型的直流调速系统一般包含哪些电路，各电路有何作用。
2. 直流调速系统的故障处理的一般步骤是什么？
3. 如何整定过电流？
4. 对速度和电流调节器如何进行限幅？
5. 典型的直流调速系统的调试分为哪几个步骤？
6. 如何整定速度反馈系数和电流反馈系数？
7. 怎样用示波器判断晶闸管好坏？
8. 直流电动机调压调速系统，如果不加励磁，会产生什么后果？
9. 简述直流调速系统的开机顺序和关机顺序。
10. 如何模拟机械负载？
11. 双闭环调速系统比单双闭环调速系统有哪些优越性？
12. 如何设计一个双闭环调速系统？
13. 如何实现计算机直流电动机调速？

参考文献

[1] 中国就业培训技术指导中心组织编写. 典型直流调速系统调试与维护. 中国劳动社会保障出版社, 2010

[2] 史国生主编. 交直流调速系统. 第二版. 北京：化学工业出版社, 2006

[3] 陈伯时主编. 电动拖动自动控制系统. 第三版. 北京：机械工业出版社, 2003

[4] 童福尧编著. 电力拖动自动控制系统习题列题集. 北京：机械工业出版社, 1996

[5] 陈伯时主编. 电力拖动控制系统（修订版）. 北京：中央广播电视大学出版社, 1998

[6] 陈伯时, 陈敏逊编著. 交流调速系统. 北京：机械工业出版社, 1999

[7] 姜泓等编. 交流调速系统. 武汉：华中理工大学出版社, 1990

[8] 王耀德主编. 交直流电力拖动控制系统. 北京：机械工业出版社, 1994

[9] 唐永哲编著. 电力传动自动控制系统. 西安：西安电子科技大学出版社, 1998

[10] 刘竞成主编. 交流调速系统. 上海：上海交通大学出版社, 1984

[11] 杨兴瑶编著. 电动机调速的原理及系统. 北京：水利电力出版社, 1979

[12] 历无咎等编. 可控硅串级调速系统及其应用. 上海：上海交通大学出版社, 1985

[13] 继锴等编著. 电气传动自动控制原理与设计. 北京：北京工业大学出版社, 1997

[14] 苏彦民编. 电力拖动系统的微型计算机控制. 西安：西安交通大学出版社, 1988

[15] 廖晓钟编著. 电气传动与调速系统. 北京：中国电力出版社, 1998

[16] 余永权等编. 单片机应用系统的功率接口技术. 北京：北京航天航空大学出版社, 1992

[17] 李欣生主编. 机电控制学. 大连：大连理工大学出版社, 1986

[18] 张明达主编. 电力拖动自动控制系统. 北京：冶金工业出版社, 1983

[19] 黄俊主编. 半导体交流技术. 北京：冶金工业出版社, 1986

[20] 周德泽编著. 电气传动控制系统的设计. 北京：机械工业出版社, 1985

[21] 宋书中主编. 交流调速系统. 北京：机械工业出版社, 1999

[22] 陈坚编著. 交流电动机数学模型及调速系统. 北京：国防工业出版社, 1988

[23] 郭庆鼎著. 异步电动机的矢量变换控制原理及应用. 辽宁：辽宁民族出版社, 1988

[24] 张燕宾编著. SPWM变频调速应用系统. 北京：机械工业出版社, 1997

[25] 许大中编著. 交流调速理论. 杭州：浙江大学出版社, 1991

[26] 叶金虎等编著. 无刷直流电机. 北京：科学出版社, 1982

[27] 朱震莲主编. 现代交流调速系统. 西安：西北工业大学出版社, 1994

[28] 张立，赵永健编著. 现代电力电子技术器件、电路及应用. 北京：科学出版社，1992

[29] 王离九主编. 电力拖动自动控制系统. 武汉：华中理工大学出版社，1991

[30] 上山直彦编著. 现代交流调速，吴铁坚译. 北京：水利电力出版社，1989

[31] 王鉴光主编. 电机控制系统. 北京：机械工业出版社，1994

[32] 何冠英编著. 电子逆变技术及交流电动机调速系统. 北京：机械工业出版社，1985

[33] 张东立主编. 直流拖动控制系统. 第二版. 北京：机械工业出版社，1999

[34] 刘祖润，胡俊达主编. 毕业设计指导. 北京：机械工业出版社，1996

[35] 孔凡才编. 自动控制原理与系统. 第二版. 北京：机械工业出版社，1999